普通高等教育"十四五"规划教材

# 材料制备与成型加工技术

郭艳辉　孙　筱　张　娜　郑晓虹　主编

北　京
冶　金　工　业　出　版　社
2024

# 内 容 提 要

本书共 10 章，主要内容包括金属液态成型技术、半固态成型技术、轧制成型技术及工艺、锻造成型技术及工艺、挤压拉拔技术及工艺、塑料及其成型模具设计、挤塑成型、无机非金属材料制备方法及成型工艺、非金属材料成型工艺、复合材料制备工艺技术。

本书可作为高等院校材料科学与工程、复合材料工程、材料物理、材料成型及控制工程等专业的教材，也可供相关专业工程技术人员参考。

**图书在版编目(CIP)数据**

材料制备与成型加工技术/郭艳辉等主编 . —北京：冶金工业出版社，2024.3

普通高等教育"十四五"规划教材

ISBN 978-7-5024-9727-9

Ⅰ. ①材… Ⅱ. ①郭… Ⅲ. ①材料制备—高等学校—教材 ②成型加工—高等学校—教材 Ⅳ. ①TB3 ②TQ320.66

中国国家版本馆 CIP 数据核字(2024)第 037472 号

**材料制备与成型加工技术**

| | | | |
|---|---|---|---|
| 出版发行 | 冶金工业出版社 | 电 话 | (010)64027926 |
| 地 址 | 北京市东城区嵩祝院北巷 39 号 | 邮 编 | 100009 |
| 网 址 | www.mip1953.com | 电子信箱 | service@ mip1953.com |

责任编辑 杜婷婷 马媛馨 美术编辑 吕欣童 版式设计 郑小利
责任校对 梅雨晴 责任印制 禹 蕊
北京印刷集团有限责任公司印刷
2024 年 3 月第 1 版，2024 年 3 月第 1 次印刷
787mm×1092mm 1/16；14.75 印张；356 千字；224 页
定价 49.00 元

投稿电话 (010)64027932 投稿信箱 tougao@cnmip.com.cn
营销中心电话 (010)64044283
冶金工业出版社天猫旗舰店 yjgycbs.tmall.com
(本书如有印装质量问题，本社营销中心负责退换)

# 前　言

材料在我们的生产生活中起到了举足轻重的作用。历史上，社会的发展和材料的发展密切相关。事实上，早期的文明就是通过材料发展来命名的，如石器时代、青铜器时代、铁器时代等。材料的制备与成型加工在国民经济的发展和国家建设中发挥着重要的作用。

本书是在"爱科技""六融合""双协同"卓越引领的应用创新型人才培养模式的背景下，结合材料科学与工程、复合材料工程、材料成型及控制工程、材料物理等专业的需要而编写的，满足了上述专业人才培养方案的基本内容。本书原理与工艺相结合，按照金属材料、高分子材料、无机非金属材料、复合材料的顺序进行编写，每一部分又按照材料的制备、加工、成型的顺序进行编写，有助于读者更好地理解和学习材料和工艺等相关知识。

本书较为系统地介绍了金属材料、高分子材料、无机非金属材料、复合材料的制备与成型加工技术相关知识，如铸造、半固态成型、塑性加工技术、塑料成型技术及模具、复合材料制备等。在介绍原理的基础上融入新材料、高性能材料的制备与成型加工技术，如高性能钢的温轧技术、剧烈塑性变形技术等，体现学术前沿，尽可能使读者了解新材料、新技术，对前沿专业知识有所理解与掌握。

本书由上海应用技术大学郭艳辉、新疆天山职业技术大学孙筱、上海应用技术大学张娜和郑晓虹任主编，上海应用技术大学付斌和周冰、冶金工业信息标准研究院王市均参编。具体编写分工为：第1、5章由郭艳辉编写，第2章由郭艳辉和周冰共同编写，第3章由郭艳辉和付斌共同编写，第4章由郭艳辉和王市均共同编写，第6、7章由孙筱编写，第8~10章由张娜和郑晓虹共同编写。

本书在编写过程中，参考了有关文献资料，在此向文献资料的作者表示感谢。

由于作者水平所限，书中不妥之处，敬请广大读者批评指正。

作　者

2023 年 3 月

# 目　　录

# 1 金属液态成型技术

## 1.1 概  述

金属液态成型技术通常称为铸造，它是指熔炼金属，制造铸型并将熔融金属浇入铸型凝固后，获得具有一定形状、尺寸和性能的金属零件或毛坯的成型方法。图 1-1 为传统铸造的工艺流程。金属液态成型在工业生产制造中的应用非常广泛。液态成型技术的主要优点是投资小、生产周期短、技术过程灵活性大、能制造形状复杂的零件。但铸件内部组织疏松、晶粒粗大，易产生缩孔、缩松、气孔等缺陷；铸件外部易产生黏砂、夹砂、砂眼等。因此，与同样材料的锻件相比，铸造件的力学性能低，特别是冲击韧性。再有就是由于铸造工序多，精确控制比较困难，铸件产品质量不够稳定。

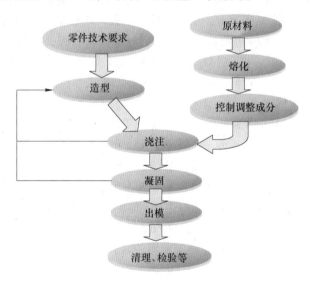

图 1-1  传统铸造的工艺流程

### 1.1.1  液态成型技术的发展历史

我国的铸造技术已有 6000 多年的历史，是世界上应用铸造技术最早的国家之一，古代冶金技术非常发达，为世人留下很多宝贵的青铜、铸铁件精品，如永乐大钟、司母戊方鼎等，即便是现在也使人惊叹当时的工艺精湛。

我国也是最早应用铸铁的国家之一，我国商朝制造的铜钺具有铁刃，据考证，那时的铁刃是用陨铁锻造而成的，然后镶铸上铜背。自周朝末年开始有了铸铁，铁制农具发展很快，秦、汉以后，我国农田耕作大都使用了铁制农具，如耕地的犁、锄、镰、锛、锹等，表明我国当时已具有相当先进的铸造生产水平，到宋朝我国已使用铸造铁炮和铸造地雷。沧州铁狮为中国五代后周大型铸件，在今河北省沧州市东南 20 km 的沧州故城开元寺前，是我国现存铁狮中最大的一件。铁狮身长 5.3 m、高 5.4 m、宽 3 m，重约 40 t，采用泥范按照分节叠铸法浇注而成，外面有明显的范块拼接痕迹，有的范块上还可以找到浇注时留下的气孔。狮身铸有"狮子王"字样，背驮莲座，前胸及臀部饰束带，发鬘曲呈波浪形，形态威武，呈奔走状。铸造工艺过程大致是：先塑好铁狮泥模型，然后翻制铸型，再将铸型分成小块，逐层取下，刮去一层相当于铁狮壁厚，留下的即为铁狮的泥芯。浇注时，边浇边合上铸型。制作型腔的面料是经过研磨、筛选或淘洗的细泥，以保证铸件的表面质量，由此可见当时高度发展的铸造技术。

我国的青铜器更是举世无双。1978 年，湖北省随县出土的曾侯乙墓青铜器重达 10 t，其中有 64 件的一套铜编钟，分八组，包括辅件在内用铜达 5 t。钟面铸有变体龙纹和花卉纹饰，有的细如发丝，钟上共铸有错金铭文 2800 多字，标记音名、音律。每钟发两音，一为正鼓音，一为右鼓音。整套编钟音域宽达五个半八度，可演奏各类乐曲，音律准确和谐，音色优美动听。铸造工艺水平极高，可称得是我国古代青铜铸造的代表作。这套编钟的铸造时代是距今 2400 年前的战国初期。

司母戊方鼎的形体之大、造型之精，世所罕见。该方鼎重 875 kg，高 1330 mm，口长 1100 mm，宽 780 mm，壁厚 60 mm，立耳，长方形腹，四柱足空，所有花纹均以云雷纹为底。耳外廓饰一对孩纹，虎口相向，中一人头，好像被虎吞噬，耳侧缘饰鱼纹。鼎腹四隅皆饰扉棱，以扉棱为中心，有三组兽面纹，上端为牛首纹，下端为饕餮纹，足部饰兽面纹，下有三道弦纹。司母戊方鼎是我国商代青铜器的代表作，为一次铸造而成，标志着商代锡铅青铜器铸造技术的水平。

现存于北京大钟寺内的明朝永乐大钟，铸于明永乐十八年（公元 1418—1422 年）前后，全高 6.75 m，钟口外径 3.3 m，钟唇厚 0.185 m，重 46.5 t。据考证，钟体铸型为泥范，分七段。在地上挖出 10 m 见方的深坑巨穴，先按设计好的大钟模型，分七节制出供铸造使用的外范，低温阴干，焙烧成陶。再根据钟体不同断面的半径和厚度设计车刮板模，做出大钟的内范。先铸成钟钮，然后再使钟钮与钟体铸接成一体。化学分析结果为：$w(Cu)=80.54\%$，$w(Sn)=16.4\%$ 及微量的 Zn、Pe、Si、Mg、Ca 等。钟体的内外铸满经文，共 227000 余字。大钟至今完好，声音幽雅悦耳，距钟 15~20 km 都能听见，是世界上罕见的古钟之一。

中国古代留下很多熔模铸件精品，如春秋晚期的王子午鼎、铜禁，战国的曾侯乙尊、盘，汉代的铜错金博山炉、长信宫灯，隋朝的董钦造弥陀鎏金铜像，明代浑天仪、武当真武帝君像，清故宫太和门铜狮等。

曾侯乙青铜器尊盘，由尊和盘组成，尊置于盘中，也可以分开，尊高 33.1 cm，口径 26 cm；盘高 24 cm，口径 57.6 cm，深 12 cm。尊是盛酒器，盘则是盛水器。出土时尊置于盘内，两件器物浑然一体。尊呈喇叭状，唇沿外折下垂，宽沿上饰玲珑剔透的蟠虺透空花纹，花纹分上下两层，形似朵朵云彩。颈部较长，附饰有四头豹形爬兽，皆由透空的蟠虺纹构成兽身，作攀附上爬状，反顾吐长舌。腹圆鼓，镂孔高圈足，腹与足均浅浮雕及镂空蟠虺纹，其上各加饰四条高浮雕的虬龙，相互对应，层次丰富、主次分明。盘口也外折下垂，直壁平底，下附四只龙形蹄足，口沿上另附四个抠手状方耳，耳的两侧为扁平镂空夔纹，在四耳之间各有一条虬龙攀附，其整体艺术风格与同出的尊相一致。尊和盘均铸有"曾侯乙作持用终"七字铭文。尊盘全器构思巧妙，造型奇特，工艺精湛，为古代青铜器中罕见。盘口沿和尊圈足上的镂空花纹及镂空附饰，更是异常精巧。全部附饰皆靠铜梗支持，而铜梗又分多层，依次联结，构成一个整体，显得玲珑剔透，艺术效果极佳。分析其工艺，可知这套尊盘，兼用整铸、分铸、锡焊、铜焊综合工艺制成。其中铸造采用失蜡法，即先用调好的油蜡制模，然后外敷泥料制型。阴干后，加热化去蜡模，入窑焙烧，烧成后的泥模即可用来浇注。

总的来说，中国古代的铸造工艺精湛，铸造经验丰富，既有实用性，又闪烁着艺术美，不仅体现了中华优秀传统文化的精髓，还具有独特的工艺水准，展现了铸造工作者的聪明才智。

中国现代铸造技术的发展开始于 1949 年新中国成立之时。经过半个多世纪充满痛苦与艰辛、奋斗与胜利的历程换来了中国现代铸造技术的空前发展与繁荣。目前，中国不仅在铸造生产技术、工业基础、科学研究、专业教育和学术交流等方面建立起了一个以现代科技为基础的行业体系和学科体系，而且 1996 年的铸件产量已达 1200 万吨而居世界第二位，成为屈指可数的铸造生产大国。当然，面对当前发达国家的迅猛发展，以及未来年代在铸件质量、经济效益、材料、能源消耗和环保要求等方面的严峻挑战。中国现代铸造技术的发展任重而道远。

## 1.1.2　液态成型技术发展趋势

### 1.1.2.1　自动化铸造设备开发与应用

在新厂建设和老厂改造中，传统铸造企业不再像以往一样拘泥于资金投入，积极采用国内外先进设备，就造型方面来说，KW 线、维尔线等先进生产线越来越多地被引进，制芯设备也已从单机作业逐步向安全、可靠、高效的自动化制芯线过渡。越来越多的铸造工艺过程由机器人来完成，尤其是熔炼、清理等高强度的工作内容交给自动化机器人解放了大量劳动力，大幅度提升生产效率和铸件质量。智能化铸造车间中，可追溯性编码也融入智能化生产线中，设备与工艺相互交流对某些工业企业来说并不新鲜，但对于铸造企业来说这种方式的交流还可以提高铸造水平。

### 1.1.2.2　新型铸造技术开发

随着科学技术的发展，传统铸造工艺已经难以满足不断变化的市场需求，尺寸精确、性能优良、成本低廉成为基本要求。为适应这些要求，越来越多新的铸造技术被应用，如金属型铸造、压力铸造、熔模铸造、低压铸造、消失模铸造、真空吸铸等。这些新型铸造工艺技术不仅改善了液体金属充填铸型及随后的冷凝条件，还改变了铸型的制造工艺或材料。新型铸造技术具备传统黑色金属铸造难以达到的优点：

（1）铸件尺寸精确，表面粗糙度地，可以预设更小的加工余量，降低后续加工难度；

（2）铸件内部质量好，力学性能高，铸件壁厚可以减薄；

（3）降低金属消耗和铸件废品率；

（4）优化铸造工序，便于实现生产过程的机械化、自动化、信息化；

（5）改善劳动条件，提高劳动生产率。

### 1.1.2.3  3D 打印技术与传统铸造相结合

3D 打印机根据三维数模将塑料、金属粉末或固体无机物粉末等可黏合材料通过不同类型的喷头，逐层堆积在工作台上并最终形成目标零件。孟宪宝、张文朝认为 3D 打印技术与传统的"减材"制造工艺不同，3D 打印是通过逐渐添加材料完成工件的成型技术，在制作难度大或无法加工材料时有着明显的优势。目前，虽然 3D 打印金属成型件工艺尚不是很成熟，而且成本相对较高，但在铸造企业新产品开发中，3D 打印砂芯再进行传统浇注的工艺方法，可大幅度节约新产品开发周期，精度较高，并且节约了开模等成本费用，同时能帮助解决一些铸造中无法解决的疑难问题。

### 1.1.2.4  计算机技术的应用

随着计算机应用技术的不断发展，以及计算机模拟软件等在工业领域的不断扩展应用，铸造领域的研究和实际生产中也越来越多地开始应用计算机技术，并且取得了重大经济效益。

计算机辅助设计（CAD）是利用计算机帮助设计人员完成产品设计、计算、制图、分析和信息存储等；计算机辅助工程（CAE）是指利用计算机对工程或产品进行性能和安全可靠性分析，具体可以用来求解复杂工程、工艺设计或产品结构强度、刚度、屈服稳定性等；而计算机辅助制造（CAM）是利用计算机控制机床和设备自动完成离散产品加工、装配、检测和包装等制造过程。CAD、CAE、CAM 在铸造企业的应用中往往不是单独存在的，将三者相互结合使用，可以覆盖了产品制图、工艺编制、模具设计、机械加工、远程控制以及数据管理等过程。即便是复杂的射芯过程现在也能用计算流体力学（CFD）来模拟，这些工具能够显著缩短铸件形成概念到进行规模生产的时间。

# 1.2  液态成型工艺过程及特点

## 1.2.1  液态成型工艺过程

根据生产的铸件的需要，预先制备好铸型及一定的化学成分的液态金属或合金，然后在重力或其他力的作用下将液态合金材料注入铸型，其中，充填是否充分、平稳对铸件的最终质量有重要的影响，特别是对于某些形状复杂、壁厚差异大或易氧化的合金更为重要。铸件到底选择什么铸造方法来制造，必须根据这个铸件的合金种类、重量、尺寸精度、表面粗糙度、批量、铸件成本、生产周期、设备条件等方面的要求综合考虑才能决定。在各种铸造方法中，砂型铸造是应用最广的方法，大约占世界铸造总产量60%，我国的情况也大致如此。以铸造用型砂为主要原材料制作铸型，使液态金属完全靠重力充满整个铸型型腔并形成铸件的方法称为砂型铸造。如图 1-2 所示为齿轮毛坯的砂型铸造简图。

## 1.2.2  液态金属的工艺性能

金属在铸造过程中表现出来的工艺性能，称为金属的铸造性能，主要有流动性、收缩性、偏析等。铸件的质量与金属的铸造性能密切相关。

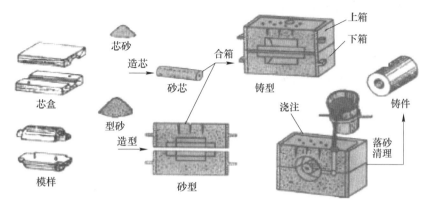

图 1-2　齿轮毛坯的砂型铸造简图

#### 1.2.2.1　金属的流动性

金属的流动性是指液态金属本身的流动能力。在铸造生产中，流动性是指液态金属充满铸型的能力。流动性好的金属，容易充满铸型，可获得轮廓清晰、尺寸精确的铸件，不易产生不足、冷隔等缺陷，有利于气体和非金属夹杂物的上浮逸出，有利于补缩，减少缩孔、缩松等缺陷。因此，金属的流动性是保证铸件成型质量的一个重要因素，主要与金属本身的化学成分、浇注条件等有关。

影响金属流动性的因素有以下几点。

（1）金属的化学成分。化学成分不同的金属具有不同的结晶特点和流动性。当铸铁成分为共晶白口铁时流动性最好；亚共晶铸铁随含碳量增加，结晶间隔减小、凝固区域缩短、流动性提高。铸铁中其他元素如 Si、Mn、P、S 对流动性也有一定影响，如 P 可显著提高铁水流动性，而硫则使铁水的流动性降低。

（2）浇注条件。在一定温度范围内，浇注温度越高，液态合金的过热度越大，金属保持液态的时间越长，流动性越好。液态金属在流动方向所受的充型压力越大，流动性就越好。如加直浇口高度，利用人工加压方法，如压铸、低压铸造等都可增加流动性。浇注系统结构越复杂，流动时阻力就越大，流动性就越低。

（3）铸型。在金属型中型中的流动性差；预热后温度高的铸型比温度低的铸型流动性好；砂型中水分过多其流动性差等。

（4）铸件结构。当铸件壁厚过小、厚薄部分过渡面多、有大的水平面等结构时，都会使金属液流动困难以上是影响液态金属流动的主要因素，由于影响因素较多，在实际生产中它们又是错综复杂的，必须根据具体情况具体分析，找出其中的主要矛盾，采取措施，才能有效地提高金属液的充型能力。

#### 1.2.2.2　金属的收缩

液态金属浇入铸型后，由于铸型的吸热，金属温度下降，空穴数量减少，原子间距离缩短，液态金属的体积减小。温度继续下降时，液态金属凝固，发生由液态到固态的状态变化原子间距离进一步缩短；金属凝固完毕后，在固态下继续冷却时，原子间距离还要缩短。铸件在液态、凝固态和固态的冷却过程中，所发生的体积减小现象称为收缩。

因此，收缩是铸造合金本身的物理性质收缩是铸件中许多缺陷如缩孔、缩松、热裂、应力、变形和冷裂等产生的基本原因，是获得符合要求的几何形状和尺寸以及致密优质铸件的重要铸造性能之一。

收缩包括液态收缩、凝固收缩、固态收缩三个过程。其中，液体收缩和凝固收缩决定铸件的体积变化，是产生铸件缩孔、缩松缺陷的主要因素。固态收缩决定铸件尺寸的变化，是铸件产生应力、变形、裂纹的主要因素。

影响收缩的因素有化学成分、浇注温度、铸件结构和铸型条件等。不同成分的铁碳合金收缩率也不同。铸钢收缩大而灰铸铁的收缩小，其原因是灰铸铁中的碳大部分是以石墨状态存在，石墨的比热容大，在结晶过程中，析出石墨产生体积膨胀，简称石墨化膨胀，它抵消了部分收缩。所以，含碳量越高，灰铸铁的收缩越小。

# 1.3 传统液态成型工艺

## 1.3.1 传统砂型铸造

### 1.3.1.1 砂型铸造工艺流程

砂型铸造是属于传统的金属成型工艺。砂型铸造是指在砂制的型腔中浇入熔融的金属，等金属冷却凝固后取出所铸造的工件的工艺方法。此工艺适合各种形状、大小的金属铸件的生产与制造。

砂型铸造广泛应用于铸铁件、非铁合金铸件以及小型铸钢件的成型，在各类铸造成型方法中占据重要生产地位。铸造的造型材料价廉易得，铸造合金的种类、铸件结构大小等几乎不受限制，既可以制造外形和内腔十分复杂的铸件，如箱体、叶轮和机架等，还能用于生产几克到几百吨的铸件，满足了各种生产批量的需求。砂型铸造的造型方式可以分为手工造型和机器造型。其中手工造型适用于制造单件、小批量和复杂的大型铸件，机器造型则适用于批量生产中小型的铸件。利用机器造型尺寸精度和表面质量较高，但是经济成本会增加。

砂型铸造的生产工部分为造型工部、制芯工部、砂处理工部、熔化工部和清理工部，它们组成了数十道工序。在这些工序之中，随着工艺设计特征的关联参数的改变，存在随之变化的工序。砂型铸造的工艺流程如图 1-3 所示。

砂型铸造工艺设计与铸件结构的铸造工艺性相关。在工艺设计阶段，需要结合技术要求及生产条件对造型、制芯方法以及铸型类型进行合理的选择，并且确定浇注位置和分型面。铸造工艺方案的设计受诸多因素影响，例如合金种类、造型材料、浇道和冒口的布置方式以及尺寸等。其中，合金种类的选择需要考虑铸件的应用场景及铸件的力学性能，合金成分、结晶潜热、热导率及金属液黏度等将直接导致金属液充型能力的不同，从而对金属液凝固过程中的气体、杂质排出以及补缩、防裂等产生影响。并且金属液与铸型之间的相互作用可能使得铸件产生夹砂、气孔、表面氧化等铸造缺陷。造型材料的选择与企业的铸造工艺和铸件的尺寸精度及表面粗糙度等相关，不同的造型材料选择会导致后续的造型、制芯方法以及其他铸造工序的不同。此外，浇注系统和补缩系统的设计会对铸型的结构设计、分模方式等产生影响。

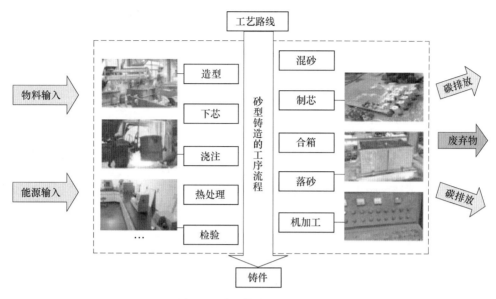

图 1-3　砂型铸造的工艺流程

### 1.3.1.2　砂型铸造的特点

砂型铸造的特点主要有以下几点：

（1）可以制造形状复杂的毛坯或零件；

（2）加工余量小，金属利用率高；

（3）适应性强，应用面广，用于制造常用金属及合金的铸铁件；

（4）铸件的成本低；

（5）铸件的晶粒比较粗大，组织疏松，常存在气孔、夹渣等铸造缺陷，力学性能比锻件差；

（6）铸造生产工序多，铸件质量不够稳定，废品率较高；

（7）铸件表面较粗糙，多用于制造毛坯。

常用砂型的主要特点和适用范围见表 1-1。

表 1-1　常用砂型的主要特点和适用范围

| 铸型种类 | 铸型特征 | 主要特点 | 适用范围 |
| --- | --- | --- | --- |
| 湿型砂（湿型） | 以黏土作黏结剂，不经烘干可直接进行浇注的砂型 | 生产周期短、效率高、易于实现机械化、自动化，设备投资和能耗低；但铸型强度低、发气量大，易于产生铸造缺陷 | 单件或批量生产，尤其是大批量生产。广泛用于铝合金、镁合金和铸铁件 |
| 干砂型（干型） | 经过烘干的高黏土含量（黏土质量分数为 12%～14%）的砂型 | 铸型强度和透气性较高，发气量小，故铸造缺陷较少；但生产周期长、设备投资较大、能耗较高，且难以实现机械化与自动化 | 单件、小批生产品质要求较高，结构复杂的中大型铸件 |
| 表面烘干型 | 浇注前用适当方法将型腔表层（厚 15 mm）进行干燥的砂型 | 兼有湿砂型和干砂型的优点 | 单件、小批生产中、大型铝合金铸件和铸铁件 |

| 铸型种类 | 铸型特征 | 主要特点 | 适用范围 |
|---|---|---|---|
| 自硬砂型 | 常用水玻璃或合成树脂作黏结剂，靠砂型自身的化学反应硬化，一般不需烘烤，或只经低温烘烤 | 铸型强度高、能耗低，生产效率高，粉尘少；但成本较高，有时易产生黏砂等缺陷 | 单件或批量生产各类铸件，尤其是大、中型铸件 |

依据造型手段的不同，砂型铸造可以分为手工造型和机器造型两大类。手工造型以手工操作为主，劳动强度大，劳动生产率低，铸件缺陷率较高，适用于重型铸件和形状复杂铸件的单件、小批量生产。机器造型生产效率高，劳动条件得到改善，精度比手工造型铸件高；设备投资较大，适于形状不太复杂但生产批量较大的铸件的生产。造型方法和适用范围见表 1-2。

**表 1-2　造型方法和适用范围**

| 造型方法 | 主要特点 | 适用范围 |
|---|---|---|
| 两箱造型 | 用两个砂箱制造砂型。可采用多种模样（整体模、分块模、刮板模等）和多种造型方法（挖砂、假箱等），操作一般较简便 | 单件或批量生产各种尺寸的铸件，是最基本的造型方法 |
| 多箱造型 | 用 3 个或以上砂箱制造砂型，需采用分块模，操作费工，生产效率低 | 单件、小批生产需两个以上分型面的铸件或高大、复杂的铸件 |
| 脱箱造型 | 在可脱砂型内造型，合型后脱去砂箱。操作简便灵活，生产效率高，适应性较强 | 单件或批量生产湿型铸造的中小型铸件 |
| 刮板造型 | 不用模样或芯盒而用刮板造型，可节省制造模样的材料和工时，但操作技术要求高，生产效率低，铸件精度低 | 单件、小批生产等截面或回转体类的大中型铸件 |
| 地坑造型 | 在砂坑或地坑中制造下型，可省去下砂箱，也可不用上型，但技术要求高，生产效率低 | 单件生产大中型铸件 |

机器全部完成或至少完成紧砂操作的造型工序，常用的机器造型方法有震实造型、微震实造型、高压造型、抛砂造型、气冲造型等。

### 1.3.1.3　砂型铸造的关键参数

砂型铸造工艺中，参数条件的变化会明显影响熔体在型腔中的流动和凝固过程，使铸件的显微组织和力学性能产生不同变化。因此，根据砂型与浇注材料的特点，设计合理的砂型铸造工艺参数，是保证铸件质量的必要条件。在砂型铸造中，影响铸件成型质量的关键工艺参数包括树脂添加剂含量、预热温度、浇注初温、浇注时间及浇注系统设计等，针对这些工艺参数进行优化，便可获得成型质量好、性能佳的铸件产品。

#### A　树脂添加剂含量

砂型铸造前，需要用树脂添加剂将砂料在模具中固化成型，使之达到一定的形状与使用强度。而砂型内树脂添加剂含量的多少，对铸件成型效果影响较大。基于砂型多是用于高温熔体浇注，所以沸点较低的树脂添加剂会在熔体浇注过程中迅速气化，从而向型腔内部带入气流；另外，熔体在充型中也可能卷入气体，并在凝固后产生缩孔缩松或气孔类缺陷。当铸型制备时，树脂添加过少也会导致铸型强度低，无法成型与使用，或在浇注时被高温熔体冲击溃散，产生铸造事故。所以适当的树脂添加剂含量，可以保证铸型的使用强度，也可以降低铸造过程中的发气量，有利于铸件的高质量成型。

B　铸型预热温度

铸型在浇注前的预热，主要影响浇注过程中铸型与熔体的热交换效应，延缓熔体的冷却时间，使其具有足够的充型动力。当铸型无预热或预热温度过低时，熔体便会向铸型传递大量热能，冷却速度变快，易造成充型动力不足，对于内腔复杂或流道过长的铸件型腔来说，容易形成浇不足、冷隔等凝固缺陷；另外，较低预热温度的铸型在高温熔体的作用下，也可能出现热胀、裂纹等危险影响。铸型预热温度过高时，熔体具备较好的流动性，但会造成凝固成型时间变长、枝晶过度长大和第二相析出等不利情况产生；铸型也会因过度受热产生变形、强度下降等情况。针对铸型是否需要预热，以及预热温度的大小范围，需要根据材料特性与试验结论来合理制定。

C　浇注初温

浇注初温特指熔体从浇口处刚进入浇道时的初始温度，浇注初温的大小显著影响铸件的铸造质量。合理的浇注初温中，金属熔体的合金化程度较佳，同时可以给予熔体足够的充型动力，有利于铸件在凝固后期的成型效果。浇注初温过高时，熔体的内部元素可能在熔炼时受到破坏，产生吸气、氧化等情况，无法保证成型质量，且充型凝固时的体积收缩率较大，容易产生缩孔缩松、枝晶粗大等不良现象；浇注初温过高也会对铸型产生一定影响，例如破坏型腔内壁和过热导致铸型炸裂等情况。同样，浇注初温过低时，会造成熔体的充型能力差、凝固过早、铸件成型不完整等现象。对于铝合金材料来说，浇注初温应当在液相线以上的一定范围（20~100 ℃），该温度下的初生 α-Al 可以凝固成球状或粒状，晶粒细小，分布均匀，铸件力学性能较好。

D　充型速度

重力铸造中的充型速度是指单位时间内熔体通过浇口进入型腔的流量大小，常见铝合金熔体的充型速度在 0.4~0.6 m/s。熔体在充型时，其前端存在一层氧化膜，合理的充型速度可以保证熔体流动的平稳性，同时保证氧化膜完整，就不会因紊流形成氧化夹渣。当熔体的充型速度过大时，熔体会冲破表层氧化膜，导致氧化膜破裂、回卷，形成氧化夹渣，对铸件的最终力学性能影响较大，特别是重要铸件的疲劳性能。当熔体的充型速度过小时，熔体自身的热量损失较大，凝固较早进行，无法将型腔充填完整。

E　浇注系统设计

合理的浇注系统设计是保证铸件成型质量的关键环节，可以有效引导熔体的充型凝固，以及消除不利影响因素。常见的浇注系统包含开放式、半封闭式和封闭式三种。开放式浇注系统中，熔体进入型腔时的充型速度小，充型平稳，冲刷影响较低；但是熔体充填型腔的速度较慢，在横浇道的充满过程中，熔体容易产生紊流，表层氧化膜易破碎，从而进入型腔，影响铸件质量。封闭式浇注系统能够保证较快的充型速度，有利于夹杂的上浮与去除，具备较好的阻渣能力，也可以较好防止熔体充型过程中的气体卷入；但其内浇口处的充型压力较高，熔体多以喷射状态高速充填型腔，容易造成飞溅，从而形成较多的二次氧化夹渣及其他缺陷。因此，进行浇注系统设计时，需着重考虑铸件的形状，结构及材料特性，结合铸造成型工艺原理选用合理的浇注体系。铝合金材料在重力铸造工艺中一般采用开放式浇注系统设计。

## 1.3.2　无模砂型铸造

传统的砂型铸造大多通过木模或金属模样构建铸型型腔和芯头座等结构，它对铸件的几何形状、尺寸精度以及表面粗糙度有着重要影响，并与铸件的生产效率和成本直接挂钩。通常采用分模铸造的形式将模样与芯盒分开制成上型与下型部分，从而方便造型工序的进行。而无模砂型铸造无须造型过程中模样的使用，是基于数字化设计、自动控制、新材料等技术创新的复杂金属件快速制造方法。在实现一体化造型的基础上，大幅提高了铸件生产的柔性以及成型精度，对获得优质铸件有促进作用，同时其工艺过程与传统模样造型方法有较多不同。

以砂型 3D 打印和砂型数控铣削为例。砂型 3D 打印是基于离散-堆积原理的制造方式，通过打印喷头选择性地喷射液态黏结剂，型砂逐层堆积的原理实现铸型的成型。其舍弃了填砂、振实以及起模等耗费大量时间和人力的工序，将造型工序集中在打印成型仓中进行，有效地避免了因人为因素导致的铸型缺陷。其中混砂在机器的砂处理中心完成，并根据打印进程和落砂漏斗的剩余砂量阶段性向成型仓中输送型砂。得益于逐层堆积的成型原理，3D 打印在铸型和型腔的结构方面没有特别的限制，可以实现复杂结构的打印，避免了飞边和尺寸偏差的产生。并且，在铸型强度方面远高于普遍的砂型（芯）强度要求，可完全满足重力铸造对于砂型（芯）的性能要求。在完成造型后，可根据铸型表面强度和耐火性能选择是否对铸型表面进行流涂工作。

根据铸造工序的生产需求和工艺特点，传统的铸造车间中通常设有四个生产工部，分别为造型工部、砂处理工部、熔化工部以及清理工部。其中，造型工部是铸造车间生产的核心工部，采用单一技术或无模复合成型的手段能进一步减轻造型工部的生产压力。图 1-4所示为无模砂型铸造铸型复合成型的工序流程及资源流向图。在准备阶段，需要设计铸件及铸型的 3D 模型，对基于复合成型的铸型进行模块划分，浇注验证确定工艺方案的可行性后投入生产。每个铸造工序中都涉及物料、能源流以及污染物流。资源消耗与能耗等取决于铸型成型方法和铸造工艺方案的设计。

传统的模样造型一般采用密实的铸型结构，根据模样的结构设计、摆放位置以及分型规则分为上型和下型两部分。并且使用砂箱对上下铸型进行准确合型定位。在无模砂型铸造中，砂型 3D 打印可以摆脱砂箱内造型的限制，需要根据铸件的结构特征划分铸型模块，打印完成后对铸型模块组装即可。砂型 3D 打印逐层堆叠的造型原理颠覆了传统铸型的设计规则，不仅使铸型趋向于模块化设计，在节省型砂方面也有巨大潜力。相关学者提出了镂空铸型的设计案例，其中包括四面体桁架架构、表面加强筋结构、冷却通道型等，如图 1-5 所示。

无模砂型铸造的铸型型腔的设计也与传统铸型不同，包括铸造（起模）斜度、型腔主体结构以及浇道位置布置等。其中，铸造斜度的设置在传统铸型中是必须的，合理的铸造斜度便于起模或取出砂芯，统一的铸造斜度能够简化铸件的机加工工序，提高生产效率。无模砂型铸造可有效避免铸件因铸造斜度而增加壁厚，从而导致金属用量的增加。同时，可实现较高的型面精度，对于表面精度要求高的铸件可减少机械加工余量，进一步提高薄壁铸件的加工可行性。因此，在面对薄壁类铸件的成型时可适当减小铸型型腔的体积。

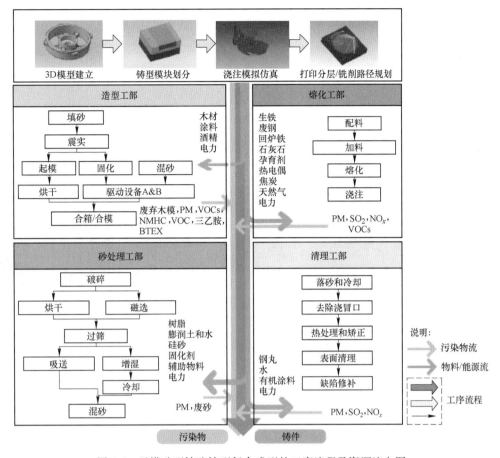

图 1-4 无模砂型铸造铸型复合成型的工序流程及资源流向图

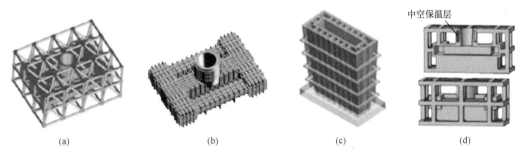

(a)　　　　　　　(b)　　　　　　　(c)　　　　　　　(d)

图 1-5 镂空铸型结构

（a）镂空铸型结构（四面体桁架结构）；（b）镂空铸型结构（表面加强筋结构）；
（c）镂空铸型（冷却通道型）；（d）镂空铸型（冒口处中空保温层）

# 1.4 特种液态成型工艺

特种液态成型工艺也称为特种铸造，指铸型用砂较少或不用砂、采用特殊工艺装备进行铸造的方法，如熔模铸造、金属型铸造、压力铸造、低压铸造、离心铸造、陶瓷型铸造和实型铸造等。特种铸造具有铸件精度和表面质量高、铸件内在性能好、原材料消耗低、工作环境好等优点，但铸件的结构、形状、尺寸、重量、材料种类往往受到一定限制。

### 1.4.1　熔模铸造

熔模精密铸造可得到力学性能与普通铸造相当且表面品质和尺寸精度更高的铸件。尤其对于大型、复杂的薄壁铸件，熔模铸造有其独特的优势。熔模制造工序包括蜡模压制、模组组焊、消脂、制壳、脱蜡焙烧、熔炼浇注、清壳打磨精整及无损检测等工序。熔模铸造工艺过程如图1-6所示。

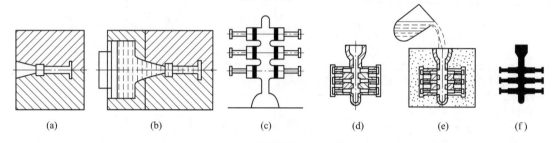

图 1-6　熔模铸造工艺过程

（a）压型；（b）压制蜡模；（c）焊蜡模组；（d）结壳脱模；（e）浇注；（f）带有浇注系统的铸件

熔模铸造具有以下优点。

（1）适合生产结构复杂的铸件。对于结构复杂的铸件，普通的铸造方式很难进行整体设计，开模困难；而熔模铸造可将蜡模分别压制，再组焊连接成一个整体，熔蜡后进行整体浇注。再结合快速成型技术如3D打印可进行大尺寸、复杂结构铸件的蜡模制作，以及模拟仿真技术金属液充型过程进行模拟从而有效预测铸件中可能存在的浇注不足、缩松、偏析等问题，根据预测结果改进设计方案，缩短了改进流程和时间，熔模精密铸造与这两种技术相结合进一步提高了生产效率，降低设计开发新产品的成本和时间。

（2）熔模铸造可近净型成型。熔模铸件尺寸精度高，表面品质好，铸件棱角清晰，尺寸精度可达 CT4~CT6，表面粗糙度 $Ra$ 可达 3.2 μm。熔模铸造生产出的铸件接近成品要求，加工量小或不需要加工。

（3）适合各种薄壁、复杂铸件的生产。随着新工艺、新材料的不断发展，熔模铸造的铸件壁厚可小至 0.5 mm，孔径可小至 1 mm 以下。质量最小可至 1 g，最大可达 1000 kg，外形尺寸可达 2000 mm 以上。

在工业制造过程中，通过熔模铸造生产的零部件产品包括齿轮、凸轮、牙夹、涡轮叶片等和其他一些具有复杂几何形状的零部件。

### 1.4.2　金属型铸造

金属型铸造也称为永久型铸造，是将液体金属在重力作用下浇入金属铸型，以获得铸件的一种方法。铸型用金属制成，可以反复使用，故又称为永久型。金属型的构造按照分型面的位置，分为整体式、垂直分型式、水平分型式和复合分型式。图1-7为金属型结构简图。

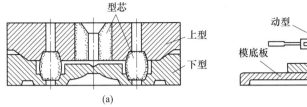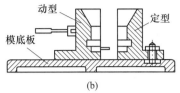

图 1-7 金属型结构简图

（a）水平分型式；（b）垂直分型式

金属型铸造工艺要点如下。

（1）金属型预热。金属型浇注前需预热，预热温度为铸铁件 250~350 ℃，非铁合金铸件 100~250 ℃。

（2）涂料。为保护铸型，调节铸件冷却速度，改善铸件表面质量，铸型表面应喷刷涂料。

（3）浇注温度。由于金属型导热快，所以浇注温度应比砂型铸造高 20~30 ℃，铝合金为 680~740 ℃，铸铁为 1300~1370 ℃。

（4）及时开型。因为金属型无退让性，铸件在金属型内停留时间过长，容易产生铸造应力而开裂，甚至会卡住铸型。因此，铸件凝固后应及时从铸型中取出。

金属型铸造的特点如下。

（1）机加工余量小，尺寸精度 IT12~IT16；表面粗糙度 $Ra$ 为 12.5~6.3 μm。

（2）冷却速度快，铸件晶粒较细，力学性能提高。金属型生产的铸件，其力学性能比砂型铸件高。同样合金，其抗拉强度平均可提高约 25%，屈服强度平均提高约 20%，其抗蚀性能和硬度亦显著提高。

（3）一型多铸，提高生产率，节约造型材料，减轻环境污染，改善劳动条件。

（4）成本高，不宜大型，形状复杂和薄壁铸件；铸铁件易白口化，切削困难，尺寸限制在 300 mm，重量 8 kg 以下。

（5）铸件的精度和表面光洁度比砂型铸件高，而且质量和尺寸稳定。

（6）铸件的工艺收得率高，液体金属耗量减少，一般可节约 15%~30%；用砂或者少用砂，一般可节约造型材料 80%~100%。

在工业制造过程中，通过金属型铸造生产的零部件产品包括铝合金活塞、汽缸体、油泵壳体和轴瓦轴套等。

### 1.4.3 压力铸造

压力铸造：熔融金属在高压下高速充型并凝固而获得铸件的方法称为压力铸造，简称压铸。压力铸造的示意图如图 1-8 所示。

压力铸造的特点如下：

（1）铸件尺寸精度高，IT11~IT13 级；表面粗糙度 $Ra$ 为 6.3~1.6 μm，可不经机械加工直接使用，而且互换性好；

（2）可压铸形状复杂的薄壁精密铸件，铝合金铸件最小壁厚可达 0.4 mm，最小孔径 $\phi$0.7 mm；

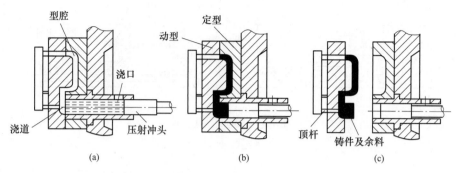

图 1-8　压铸示意图

（a）合型；（b）压铸；（c）开型

（3）铸件组织致密，力学性能好，其强度比砂型铸件提高 25%～40%；

（4）生产率高，材料利用率提高 60%～70%、实现少切削和零切削，经济效益好，并容易实现机械化和自动化；

（5）由于压射速度高，型腔内气体来不及排除而形成针孔，铸件凝固快，补缩困难，易产生缩松，影响铸件的内在质量；

（6）设备投资大，铸型制造费用高，周期长，故适于大批量生产。

压铸工艺过程如图 1-9 所示。压铸通过压铸机完成，压铸机分为热压室和冷压室两大类，应用于生产锌合金、铝合金、镁合金和铜合金等铸件，汽车、拖拉机制造业、仪表和电子仪器工业、在农业机械、国防工业、计算机、医疗器械等制造业。

## 1.4.4　低压铸造

用较低的压力（0.02～0.06 MPa），使金属液自下而上充填型腔，并在压力下结晶以获得铸件的方法称为低压铸造。低压铸造的示意图如图 1-10 所示。缓慢地向坩埚炉内通入干燥的压缩空气，金属液受气体压力的作用，由下而上沿着升液管和浇注系统充满型腔。开启铸型，取出铸件。

低压铸造的特点和应用范围为：

（1）液体金属充型平稳，无冲击、飞溅现象，不易产生夹渣、砂眼、气孔等缺陷；

（2）借助压力充型和凝固，铸件轮廓清晰，对于大型薄壁、耐压、防渗漏、气密性好的铸件尤为有利；

（3）铸件组织致密，力学性能高；

（4）浇注系统简单，浇口兼冒口，金属利用率高；

（5）浇充型压力和速度便于调节，可适用于金属型、砂型、石膏型、陶瓷型及熔模型壳等；

（6）劳动条件好，设备简单，易实现机械化和自动化。

在工业制造过程中，通过低压铸造生产的零部件产品包括减速器壳体、电机壳、电机盖和机体等。

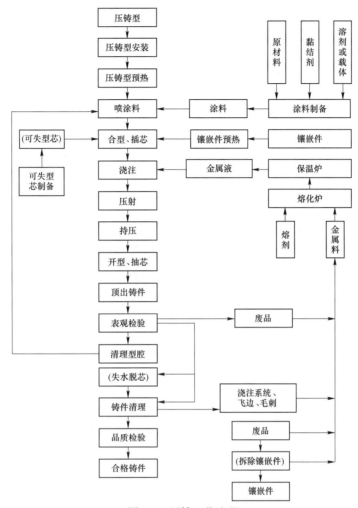

图 1-9 压铸工艺流程

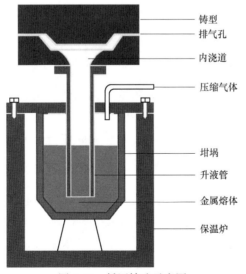

图 1-10 低压铸造示意图

## 1.4.5  离心铸造

离心铸造是将液态金属浇入高速旋转的铸型，在离心力作用下凝固成型的铸造方法。根据铸型旋转轴空间位置不同，离心铸造机可分为立式和卧式两大类。离心铸造的示意图如图 1-11 所示。

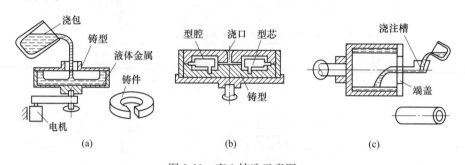

图 1-11　离心铸造示意图

(a) 立式离心铸造；(b) 立式离心浇注成型铸件；(c) 卧式离心铸造

离心铸造的特点是：

(1) 液体金属能在铸型中形成中空的自由表面，不用型芯即可铸出中空铸件，简化了套筒、管类铸件的生产过程；

(2) 由于旋转时液体金属所产生的离心力作用，离心铸造可提高金属充填铸型的能力，因此一些流动性较差的合金和薄壁铸件都可用离心铸造法生产；

(3) 离心力的作用改善了补缩条件，气体和非金属夹杂物也易自金属液中排出，产生缩孔、缩松、气孔和夹杂等缺陷的概率较小；

(4) 无浇注系统和冒口，节约金属。

不足：金属中的气体、熔渣等夹杂物，因密度较轻而集中在铸件的内表面上，所以内孔的尺寸不精确，质量也较差；铸件易产生成分偏析和密度偏析。

应用：铸铁管、汽缸套、铜套、双金属轴承、特殊钢的无缝管坯、造纸机滚筒等铸件的生产。

## 1.4.6  实型铸造

实型铸造又称为气化模铸造和消失模铸造，其原理是用泡沫塑料（包括浇冒口系统）代替木模或金属模进行造型，造型后模样不取出，铸型呈实体，浇入液态金属后，模样燃烧气化消失，金属液充填模样的位置，冷却凝固成铸件。实型铸造工艺过程如图 1-12 所示。

实型铸造的特点主要有：

(1) 由于采用了遇金属液即气化的泡沫塑料模样，无须起模，无分型面，无型芯，因而无飞边毛刺，铸件的尺寸精度和表面粗糙度接近熔模铸造，但尺寸却可大于熔模铸造；

(2) 各种形状复杂铸件的模样均可采用泡沫塑料模黏合，成型为整体，减少了加工装配时间，可降低铸件成本 10%~30%，也为铸件结构设计提供充分的自由度；

(3) 简化了铸件生产工序，缩短了生产周期，使造型效率比砂型铸造提高 2~5 倍。

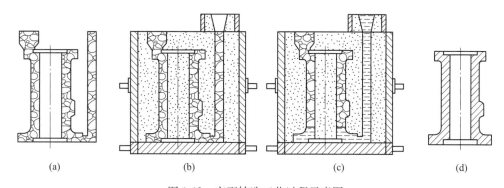

图 1-12 实型铸造工艺过程示意图

（a）模样；（b）浇注前的铸型；（c）浇注；（d）铸件

缺点：实型铸造的模样只能使用一次，且泡沫塑料的密度小、强度低，模样易变形，影响铸件尺寸精度；浇注时模样产生的气体污染环境。

用途：实型铸造主要用于不易起模等复杂铸件的批量及单件生产。

### 1.4.7 陶瓷型铸造

将液态金属在重力作用下注入陶瓷型中形成铸件的方法称为陶瓷型铸造，它是在砂型铸造和熔模铸造的基础上发展起来的一种精密铸造方法。陶瓷型铸造工艺流程如图 1-13 所示。

陶瓷型铸造工艺具体流程如下。

（1）砂套造型先用水玻璃砂制出砂套。制造砂套的模样 B 比铸件模样 A 应大一个陶瓷料厚度。砂套的制造方法与砂型铸造相同。

（2）灌浆与胶结其过程是将铸件模样固定于模底板上，刷上分型剂，扣上砂套，将配制好的陶瓷浆料从浇注口注满砂套［见图 1-13（c）］，经数分钟后，陶瓷浆料便开始结胶。陶瓷浆料由耐火材料（如刚玉粉、铝矾土等）、黏结剂（如硅酸乙酯水解液）等组成。

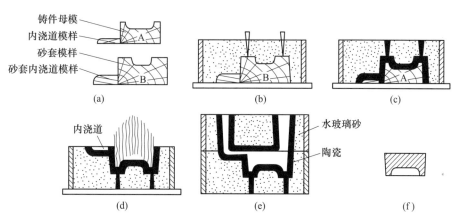

图 1-13 陶瓷型铸造的工艺过程

（a）模样；（b）砂套造型；（c）灌浆；（d）喷烧；（e）合型；（f）铸件

（3）起模与喷烧浆料浇注 5~15 min 后，趁浆料尚有一定弹性便可起出模样。为加速固化过程提高铸型强度，必须用明火喷烧整个型腔。

（4）焙烧与合型浇注前要加热到 350~550 ℃焙烧 2~5 h，烧去残存的水分，并使铸型的强度进一步提高。

（5）浇注温度可略高，以便获得轮廓清晰的铸件。

目前，陶瓷型铸造已成为大型厚壁精密铸件生产的重要方法，广泛用于塑料模、玻璃模、橡胶模、压铸模、锻压模、冲压模、金属型、热芯盒、工艺品等表面形状不易加工铸件的生产。一些重要机件如叶轮等也是用陶瓷型铸造生产的。

### 1.4.8  挤压铸造

挤压铸造（又称液态模锻）是用铸型的一部分直接挤压金属液，使金属在压力作用下成型、凝固而获得零件或毛坯的方法。挤压铸造工艺的示意图如图 1-14 所示。

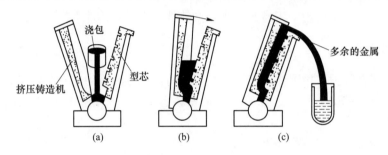

图 1-14  挤压铸造工艺

（a）浇注；（b）挤压；（c）去除多余的金属

最简单的挤压铸造法工作原理是在铸型中浇入一定量的液态金属，上型随即向下运动，使液态金属自上而下充型。挤压铸造的压力和速度较低，无涡流飞溅现象，因此铸件致密而无气孔。

挤压工艺过程：挤压铸造所采用的铸型大多是金属型。铸型由两扇半型组成，一扇固定，另一扇活动。挤压工艺过程为：（1）铸型准备；（2）浇注；（3）合型加压；（4）完成。

挤压铸造特点：挤压铸造与压力铸造、低压铸造具有共同点，即利用比压的作用使铸件成型并予"压实"，获得致密铸件。

挤压铸造主要特点如下：

（1）挤压铸件的尺寸精度和表面质量高，尺寸精度达 IT11~IT13；表面粗糙度值 $Ra$ 达 1.6~6.3 μm；

（2）无须开设浇冒口，金属利用率高；

（3）适用性强，大多数合金都可采用挤压铸造；

（4）工艺简单，节省能源和劳力，容易实现机械化和自动化，生产率比金属型铸造高 1 倍。

挤压铸造工艺主要用于汽车零件制造方面。

## 思 考 题

（1）说明古代液态成型技术的作用。

（2）砂型铸造的工艺过程。

（3）什么是熔模铸造？说明其工艺过程，适用产品的范围。

（4）离心铸造的特点是什么？一般用来生产什么产品？

## 参 考 文 献

[1] 施江澜，赵占西. 材料成形技术基础 [M]. 北京：机械工业出版社，2013.

[2] 黄天佑. 材料加工工艺 [M]. 北京：清华大学出版社，2004.

[3] 徐萃萍，孙方红，齐秀飞. 材料成型技术基础 [M]. 北京：清华大学出版社，2013.

[4] 陈安凯. 无模砂型铸造工艺过程低碳建模及复合铸型优化设计 [D]. 杭州：浙江科技学院，2020.

[5] 何宇豪. 先进制造技术在传统铸造企业中的应用 [J]. 集成电路应用，2021，38（3）：148-149.

[6] 魏尊杰. 金属液态成形工艺 [M]. 北京：高等教育出版社，2010.

[7] 李远才. 金属液态成形工艺 [M]. 北京：化学工业出版社，2007.

[8] 聂小武. 中国古代的主要铸造技术 [J]. 金属加工，2008（9）：52-54.

[9] 陈其善，方家骅. 中国铸造技术发展沿革研究 [R]. 杭州：中国科协首届学术年会，1999.

# **2** 半固态成型技术

## 2.1　半固态成型技术概述

20 世纪初，美国麻省理工学院等研究人员在自制的高温黏度剂中测量一种合金的高温黏度时发现了金属在凝固过程中的特殊力学行为，如金属在凝固过程中进行强烈搅拌熔体中初生的固相就会形成圆球形的非枝晶组织。在部分凝固状态下形成的细小圆滑球形或类球形初生固相晶粒均匀分散在低熔点液态基体中这样的固液混合物就是半固态金属。即使在较高固相体积分数时，半固态金属仍具有相当低的剪切应力，具有很好的流动性。美国麻省理工学院的研究人员很快意识到金属凝固的这一特征将具有许多潜在的应用价值。随即对此进行了广泛深入的研究，并发展成为半固态金属加工技术。

所谓半固态成型，或半固态加工，就是金属在凝固过程中，对其施以剧烈的搅拌或扰动、或控制固-液态温度区间以改变金属的热状态、或加入晶粒细化剂、或进行快速凝固，即改变初生固相的形核和长大过程，得到一种液态金属母液中均匀地悬浮着一定固相组分的固液混合浆料，这种半固态金属浆料具有流变特性，易于通过普通加工方法如压铸、挤压、模锻等常规工艺制成产品，也可以用其他特殊的加工方法成型为零件。采用这种既非完全液态又非完全固态的金属浆料加工成型的方法就称为半固态金属加工技术。半固态成型的工艺过程如图 2-1 所示。

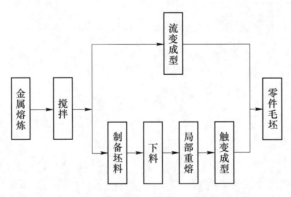

图 2-1　半固态成型的工艺过程

制备半固态金属浆料是半固态金属加工的第一步，浆料的主要制备方法有机械搅拌法、电磁搅拌法、应变诱发熔化激活法、溅射沉积法、紊流效应法和控制固-液态温度区间等方法。目前，工业中应用最多的是电磁搅拌法。

半固态加工的主要成型手段有压铸和锻造，此外也有人试验用挤压和轧制等方法进行成型，其工艺过程主要有流变成型和触变成型。流变成型，通常也被称为流变铸造，是指将凝固过程中的金属强烈搅拌，当达到一定固相分数时直接挤入型腔的一种方法。流变成型必须是浆料制备和压力成型同时进行，且两工位的距离不能太远，否则，经搅拌后的半固态浆料很难储存和搬运。该方法实现起来比较困难，因而在实际生产中很少应用。

触变成型，又称为触变铸造，是指把经在固-液温度区间搅拌的金属先制成非枝晶锭料，然后根据所做零件的大小截成小的坯料，再将坯料重新加热到半固态温度后压入模具的方法。用该方法可以将非枝晶锭料的制备和成型完全分开，便于组织生产，而且容易实现自动化操作，因而触变成型是目前半固态成型技术中应用最多的一种方法。我们通常所说的半固态成型工艺指的是触变成型。

### 2.1.1 与液态成型和固态成型的对比

与传统的液态金属相比，半固态浆料具有一半左右的初生固相。与固态金属相比，又含有一半左右的液相，且固相为非枝晶态。

与金属液态成型工艺相比，金属半固态成型技术具有如下优势。

（1）液态成型，需要造型、浇注等，每次成型零件前都需要造型且大多不可重复利用；而金属半固态成型技术可以采用金属模，成型时对模具冲击小，成型温度低，可以延长模具使用寿命，同时可重复利用，实现产品连续化生产。

（2）液态成型，浇铸时容易产生夹杂、氧化等问题，成型零件组织不均匀、性能差；而金属半固态成型技术一般采用压力铸造，在成型时不存在湍流，也没有液态成型时喷溅现象，充型稳定性好，同时，成型产品内部组织致密均匀，气孔、缩松等缺陷少。

（3）液态成型，其组织为典型的树枝晶组织，一次枝晶臂和二次枝晶臂尺寸大小不一，组织不均匀，力学性能差；而金属半固态成型产品组织大多为近球状的非枝晶组织，且组织均匀，力学性能优良，一般高于液态成型产品，接近或达到锻件产品的性能。

（4）液态成型，熔融金属凝固时，若温度控制不好，就会产生较大的凝固收缩，造成铸件内部及表面缺陷、产品尺寸精度差及后期加工量大；而金属半固态成型技术，因在固液两相区进行成型的，此时，部分金属熔体已凝固为固相。因此，充型时金属凝固收缩率小，产品尺寸精度高，可实现近终成型，后期加工量小，提高了材料利用率。

（5）液态成型，成型产品从成型至冷却凝固时间长，效率低；而金属半固态成型技术凝固时间短，产品生产周期短，大大提高了产品的生产效率。

（6）液态成型，成型温度高，需要消耗大量的能源，且产品后期机械加工量大，材料利用率低；而金属半固态成型技术，成型温度低，能源消耗量小，成型产品近终成型，后期加工量小，提高了材料利用率，对于节能减排、环境保护有重要影响。

与金属固态成型工艺相比，金属半固态成型技术具有如下优势。

（1）固态成型，一般是在金属固相线以下，对金属锻压、轧制等，成型需要很大的成型压力，材料屈服强度高，一般只能成型形状简单的产品，成型工艺复杂烦琐；而金属半固态成型可以采用较小的充型压力将产品充型完整，可以成型形状复杂且性能要求高的产品，并且充型速度快，可实现产品连续化生产。

（2）固态成型，如果成型特定形状产品，对模具要求相当高，需要耐冲击、高韧性和高耐磨性，成本较高；而金属半固态成型，对模具冲击磨损量小，因此对模具要求降低，减小生产成本。

（3）固态成型，一般经过锻、轧等工序后，材料产生加工硬化，强硬度上升，但同时材料的塑性、韧性降低，所以只能用于特定的材料成型，应用范围窄；而金属半固态成型技术，其成型后独特的半固态组织，不仅能提高材料的强度，而且材料的塑性、韧性也比固态成型高，成型产品综合性能好。

### 2.1.2  半固态成型技术的优缺点

半固态成型技术的优点如下。

（1）应用领域非常广泛。半固态成型技术具有固液两相区的合金，如铝合金、镁合金、锌合金、铜合金、镍合金、钴合金、铅合金、铸铁、不锈钢、碳钢、合金钢、工具钢等，均可实现半固态加工。加工工艺可以采用压铸、挤压铸造、模锻成型、金属型铸造、砂型铸造、挤压、锻压、焊接等多种工艺。半固态金属浆料或坯料的固相分数能够在一定范围内调整，借此改变半固态金属浆料或坯料的表观黏度这样可以适应不同铸件的成型要求。

（2）生产效率高，产品质量好。由于凝固时间短，加工温度低，凝固收缩小，不但提高了铸件的尺寸精度，而且也大大提高了产品的生产率。另外，普通液态金属成型通常是喷溅充型，但半固态成型时，金属充型平稳，不易发生湍流和喷溅，减轻了金属的氧化、裹气，铸件组织致密，内部气孔、偏析等缺陷少晶粒细小，力学性能高。对于一些特殊铸件还可以进行热处理以提高力学性能其强度比液态金属的压铸件高。

（3）降低生产成本，节约资源。半固态金属已释放了部分结晶潜热，减轻了对成型装置的热冲击，使其寿命提高，减少了生产成本。此外，利用半固态金属还可以进行机械零件的近终成型，可大幅度减少零件毛坯的机械加工量，使加工成本降低。从能源角度考虑，加热半固态金属坯料比熔化金属炉料可节约能源 25%~30%。

（4）可以制备复合材料。半固态金属的黏度较高，不仅可以很方便地加入颗粒、纤维等增强材料，还可以应用半固态加工工艺改善制备复合材料中非金属材料的漂浮、偏析以及与金属基体不润湿的难题，这为复合材料的廉价生产开辟了一条新的途径。

虽然半固态成型有许多优点，得到了一定程度的应用，但发展时间较短，也存在一些不足，主要有以下几点。

（1）制备坯料成本高。传统的电磁搅拌功率大、效率低、能耗高，致使在坯料制备过程中的费用提高。

（2）成型尺寸较大、结构非常复杂的零件困难。

（3）半固态金属触变成型的工艺流程长，零件成本高。

（4）配套设施不够完善，工艺设计及过程控制缺乏依据。

## 2.2  半固态成型方法

### 2.2.1  触变成型

将制备得到的金属半固态浆料冷却凝固，根据尺寸定量切割，然后重新加热至半固态温度区间，最后利用该浆料成型的方法称为触变成型。

金属半固态触变成型是根据实际生产需要，将半固态坯料定量切割，然后经过二次加热至半固态区间，在压力作用下完成成型，其过程将金属半固态坯料制备与产品成型分离，通过自动化控制，可实现工业化连续生产，因此受到广泛的关注。目前，相对完善的半固态触变成型工艺主要有触变压铸（Thixo-die casting）、触变锻造（Thixoforging）和触变轧制（Thixo-rolling）等。

触变压铸是半固态金属通过一定截面的孔洞注入闭合的模具内并合模、加压。触变压铸是目前在工业上制造半固态金属零件应用最多的半固态成型方法。与普通压铸成型工艺相比，半固态压铸具有成型温度低、凝固时间短、成型周期短、部件质量好（更少的缩孔和疏松）、微观组织均匀和高度自动化等优点。

触变锻造是将半固态金属坯料移入锻压模具内，然后模具的一部分向另一部分运动并加压成型。图 2-2 表示在锻压成型过程中，半固态金属向模具形腔流动的情况。半固态锻造成型的优点是：扩大了复杂成型件的范围，可实现近终成型（如薄壁件、底切槽件、孔形件和刃形辐射件等），显著减少工艺环节，加工成本低，锻造耗能低，切削量少，材料利用率高等。

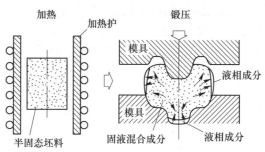

图 2-2　锻压成型半固态金属向模具形腔流动情况

触变轧制是将半固态金属坯料送入轧辊辊缝中进行轧制成型的方法，其成型原理如图 2-3 所示。触变轧制成型的特点是：在半固态金属坯料的固相分数很高时（如 80% 以上），其变形与热轧时的情况基本相同，板坯内的固相和液相变形均匀，可得到沿板厚方向固相颗粒均匀的产品。但当坯料的固相分数较低时（如 70% 以下），则变形时会出现固液相偏

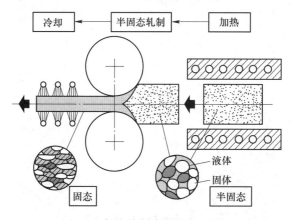

图 2-3　触变轧制成型原理示意图

析，这种固液相偏析有时是需要的，但不需要时，需采取措施进行控制，这是触变轧制需解决的课题。

目前，金属半固态触变成型的合金主要是镁、铝系合金，主要研究的方向为成型方法及工艺选择，以及模具设计及优化。近年来，关于金属半固态触变成型取得了许多科研成果。西北工业大学、贵州大学、东北大学等单位的科研工作者研究了触变成型过程中铝合金等的组织演变规律和性能特点，通过调整触变成型工艺参数，可以获得细小等轴晶粒的半固态坯料，性能良好。

### 2.2.2 流变成型

将金属由固态熔化至半固态区间或由液态冷却至半固态区间，通过对熔体剧烈搅拌或其他方式，得到具有非枝晶组织的半固态浆料，然后直接利用得到的半固态浆料进行压铸、挤压或轧制成型，这种成型方式称为金属半固态流变成型。

金属半固态流变成型时利用金属半固态浆料直接成型，其典型工艺流程为：金属或合金铸锭熔炼、半固态浆料制备、半固态浆料运送和流变成型等。与金属半固态触变成型相比，半固态流变成型不存在二次加热过程，成型工艺缩短，同时，成型件切削边角料可回炉再利用，节约了材料和能源，对于节能减排和保护环境有一定指导意义。金属半固态流变成型技术具有投资成本低、生产效率高、适用范围广、成型件组织均匀和性能优良等优点，但也存在半固态浆料的保存和运输难度大的问题，在指导实际生产过程中，对设备有更高的要求。

目前，相对完善的半固态流变成型工艺主要有流变铸造、流变锻造、连续流变铸造、连续流变铸轧和流变挤压等。其中流变压铸工艺主要用于致密性不高，安全强度要求不高的薄壁类构件生产；流变轧制以棒材和板材的半成品生产为主；流变挤压铸造成型工艺集合了挤压铸造和半固态加工技术的双重优势，能够生产出致密性好、力学性能高的受力结构件，是目前流变成型技术研究的重点方向。近年来，半固态金属流变成型技术越来越受到重视，有了一些新的进展。

我国半固态压铸成型技术领跑者金瑞高科公司应用半固态流变成型技术生产了 5G 基站滤波器壳体，图 2-4 为 5G 基站滤波器壳体，图 2-5 为伊之密 3000 t 全自动压铸机。

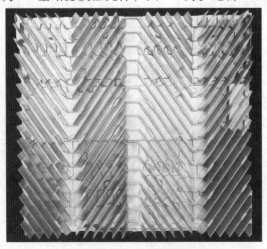

图 2-4　5G 基站滤波器壳体

图 2-5　伊之密 3000 t 全自动压铸机

# 2.3　半固态金属的组织特点

常规铸造时，形成枝晶组织。而半固态成型后，金属具有独特的非枝晶、近似球形的显微结构。初始时，晶核是以枝晶生长方式生长，但由于搅拌的作用，造成了晶粒间的相互磨损、剪切以及液体对晶粒的剧烈冲刷，这样，枝晶臂被打断，形成了更多的细小晶粒，其自身结构也逐渐向蔷薇形演化。随着温度继续降低，最终使得这种蔷薇形结构演化为更简单的球形结构，球形结构的形成要靠足够的冷却速度和足够高的剪切速率，同时这是一个不可逆的结构演化过程，一旦球形结构形成，在液固两相区，无论是升高还是降低温度，都不会再变成枝晶。

图 2-6 为复合搅拌不同工艺下制得的 A356 半固态浆料组织形貌对比图。图 2-6（a）为复合慢转速慢搅拌下制得的半固态浆料组织，其初生固相中蔷薇组织为主，枝晶倾向不再明显，初生固相平均尺寸约为 132 $\mu m$，形状因子为 0.72；图 2-6（b）为复合慢转速快搅拌下制得的半固态浆料组织，所得到的半固态浆料组织近球状晶数量开始增多，蔷薇状晶粒减少，形貌得到进一步改善，初生固相尺寸约为 126 $\mu m$，形状因子为 0.78；图 2-6（c）为复合快转速慢搅拌下制得的半固态浆料组织，熔体流动相对增大，蔷薇状晶粒消失，晶粒数量增加，近球晶数量增多，初生固相尺寸约为 120 $\mu m$，形状因子为 0.81；图 2-6（d）为复合快转速快搅拌下制得的半固态浆料组织，基本为近球晶晶粒组织，晶粒形貌轮廓更加圆整，初生固相尺寸约为 119 $\mu m$，形状因子为 0.83。

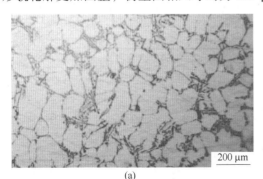

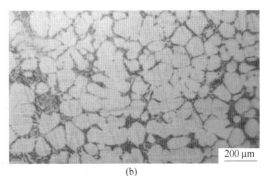

(a)　　　　　　　　　　　　　　　　　(b)

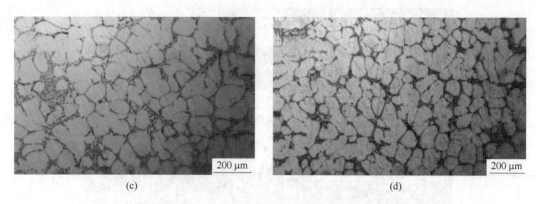

图 2-6   不同搅拌工艺下 A356 合金半固态组织形貌

（a）复合搅拌 300 r/min，0.7 rad/s；（b）复合搅拌 500 r/min，0.7 rad/s；

（c）复合搅拌 300 r/min，1.4 rad/s；（d）复合搅拌 500 r/min，1.4 rad/s

## 思 考 题

（1）与液态成型和固态成型相比，半固态成型技术的优缺点是什么？

（2）简述触变成型和流变成型的区别。

（3）如何调控半固态金属的组织？

## 参 考 文 献

［1］谢建新 . 材料加工新技术与新工艺 ［M］. 北京：冶金工业出版社，2006.

［2］肖赢 . 半固态流变挤压铸造 TiB2/Al-20Si 复合材料显微组织及其性能研究 ［D］. 昆明：昆明理工大学，2020.

［3］陈晶晶，陈田力，赵梦慧，等 . 半固态铝合金成形技术的发展与应用 ［J］. 南方农机，2021，52（11）：190-191.

［4］汤京军，庞佳丽，潘成海，等 . 钢铁材料及有色合金构件的多段半固态成形工艺研究 ［J］. 精密成形工程，2020，12（3）：113-119.

［5］赵祖德，罗守靖 . 轻合金半固态成形技术 ［M］. 北京：化学工业出版社，2007.

［6］管仁国，马伟民 . 金属半固态成形理论与技术 ［M］. 北京：冶金工业出版社，2005.

# 3 轧制成型技术及工艺

轧制是指金属被旋转轧辊的摩擦力带入轧辊之间受压缩而产生塑性变形,从而获得一定尺寸、形状和性能的金属产品的过程。

## 3.1 轧制技术基本概念

### 3.1.1 简单轧制与非简单轧制

所谓简单轧制过程是指比较理想的轧制过程。通常把具有下列条件的轧制过程称为简单轧制过程:

(1) 两个轧辊都被电动机带动,且两轧辊直径相同,转速相等,轧辊为刚性;

(2) 被轧制的金属上只有轧辊所加的压力,即不存在前后气力或推力,且被轧制的金属作等速运动;

(3) 被轧制的金属性质均匀一致,即变形温度一致,变形抗力一致,变形一致。

显然,凡不具备以上三个条件的轧制过程均为非简单轧制过程,如:

(1) 由于加热条件的限制所引起的轧件各处温度分布不均匀,或受孔型形状的影响,变形沿轧件断面高度和宽度上不均匀等;

(2) 由于轧辊各处磨损程度的不同,上下轧辊直径不完全相等,使金属质点沿断面高度和宽度运动速度不等;

(3) 轧制压力和摩擦力沿接触弧长度上分布不均。

因此,简单轧制过程是一个理想化的轧制过程模型。为了简化轧制理论的研究,有必要从简单轧制过程出发,并在此基础上再对非简单轧制过程的问题进行探讨。

实际生产中,还有各种非简单轧制情况:

(1) 单辊传动的轧机,如周期式叠扎薄板轧机;

(2) 附有外力(张力或推力)的连续式轧机;

(3) 轧制速度在一个道次中发生变化的轧机,如初轧机及带直流电动机传动的轨梁轧机;

(4) 上下轧辊直径不相等的轧机,如劳特式三辊轧机;

(5) 在非矩形断面的孔型中的轧制,如在异型孔型及椭、菱、立方孔型中的轧制。

### 3.1.2 变形区的主要参数

图 3-1 为简单轧制过程示意图。轧制过程中,轧件和轧辊相接触,并在一定条件下受轧辊压力作用,轧件连续不断地产生变形的那个区域,称为轧制时的变形区。图 3-1 所示 ABCD 所构成的区域,在俯视图中画有剖面线的梯形区域即变形区。近来轧制理论的发

展，除了研究变形区的几何尺寸外（ABCD 又称为几何变形区），又对几何变形区之外的区域（通常称为物理变形区）进行了研究。这是因为轧件实际上不仅在 ABCD 范围内变形，其以外的地区也发生变形。故一般泛指变形区均系专指几何变形区而言。在简单轧制时，变形区的纵横断面可以看作梯形，变形区可以用轧件入出口断面的高度 $H$、$h$（或平均高度 $\bar{h}$）和宽度 $B_H$、$B_h$（或平均宽度 $\bar{B}$）及变形区长度 $l$，接触弧所对应的颐心角即咬入角 $\alpha$ 来表示。以上各量称为变形区基本函数。对它们之间的关系及其表示方法的研究是弄清变形过程的重要手段。

变形区的平均高度和平均宽度：

$$\bar{h} = \frac{H + h}{2}$$

$$\bar{B} = \frac{B_H + B_h}{2}$$

式中　$H$，$h$——轧件轧前和轧后的厚度；
　　　$B_H$，$B_h$——轧件轧前和轧后的宽度。

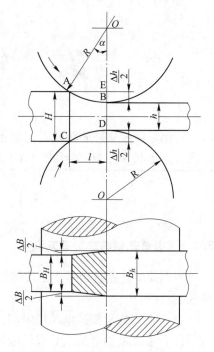

图 3-1　简单轧制过程示意图

由于轧制的生产效率高，是应用最广泛的金属成型方法，90% 以上的金属材料都需要经历轧制成型过程。早期轧制加工的主要目的是改变金属材料的外形结构。轧制技术不仅被应用于普通碳钢、高强度钢、不锈钢和硅钢等特种功能性钢材，还被应用于铜、铝、镁和钛等有色金属，乃至复合金属和非金属材料。轧制成型技术具有生产效率高、产品质量高且稳定、价格低廉等特点，所生产的产品被广泛应用于车辆、船舶、航天航空、建筑、厨卫、铁路等国防、民用工业领域。近 30 年来，随着材料科学的发展、机械制造能力和自动化控制技术的大大提高，技术人员发现轧制加工在改变材料结构外形的同时，能够有效控制微观组织性能，从而明显提高金属材料的力学性能，以满足各种条件下的应用。以下将介绍近几年研究应用较多的能有效提高组织性能的轧制工艺，如以控制轧制温度为主的温轧工艺、深冷轧制工艺，改变材料受力状态的异步轧制技术，复合轧制工艺及铸轧技术。

# 3.2　温　轧　工　艺

## 3.2.1　超低碳钢铁素体区轧制工艺

### 3.2.1.1　铁素体区轧制工艺介绍

目前，控轧的发展主要分 4 个阶段：

（1）在高温奥氏体再结晶区的轧制；

（2）在 $Ar_3$ 以上较窄温区（未再结晶区）的轧制；

（3）在奥氏体-铁素体双相区的轧制；

（4）在铁素体温区的轧制。

正确使用生产热轧带钢的铁素体区轧制这种工艺，可以生产出高伸长率的低碳和高碳热轧卷。这一发展为用热轧带钢取代厚 1~2 mm 的常规冷轧产品提供了可能。铁素体区轧制工艺，又称为温轧（Warm rolling）工艺，最初开始于 20 世纪 80 年代后期，其初始的设计思想是以简化工艺、节约能源为主要目的，力图用传统的连铸坯为原料，通过铁素体区轧制生产一种可直接使用或供随后冷轧生产的价格便宜、质软、非时效的热轧板。这项技术在美国、墨西哥、比利时等国得到广泛的应用，结合 CSP 工艺，甚至可以商业化生产 1106 mm 和 1091 mm 规格的薄带钢。该技术利用 ELC 钢在其铁素体区内变形抗力较低和易于再结晶的特点，将精轧的部分或全部架次安排在铁素体区域内完成，从而拓宽了轧制温度范围，满足了生产更薄规格热轧带钢的需求。目前，国内一些厂家也在生产中尝试采用该工艺。

所谓铁素体区轧制是指轧件进入精轧机前，就完成 γ-α 的相变，变成完全铁素体，使精轧过程完全在铁素体范围内进行。粗轧仍在全奥氏体状态下完成，通过精轧机和粗轧机之间的超快速冷却系统，使带钢温度在进入精轧机前降低到 $Ar_3$ 以下。这样就克服了前面提到的 γ-α 相变区轧制的危害。必须指出的是，在铁素体状态下时轧制力不大于在奥氏体状态下的轧制力。

工业化的铁素体区轧制已在比利时的 Cock-erill Sambre 有了 40 多年实践。该厂也采用铁素体区轧制技术生产超软（$\sigma_s < 200$ MPa）非时效热轧薄板。板坯加热温度为 1150 ℃，终轧温度为 780~750 ℃，卷带温度为 700~650 ℃。与奥氏体区热轧相比，超低碳钢铁素体区轧制产品屈服强度的降低主要是由于组织粗化。已采用的铁素体区轧制工艺参数见表 3-1。

表 3-1 铁素体区轧制工艺参数

| 钢 种 | 加热温度/℃ | 粗轧温度/℃ | 精轧温度/℃ | 卷取温度/℃ |
|---|---|---|---|---|
| 1008/IF | 1100 | 950 | 800~700 | 720, 620 |
| 低碳铌 | 1300/1020 | 1000 | 870~600 | — |
| IF | — | 1050 | 840~500 | — |
| 超低碳 | 1100 | — | 830, 860 | 700, 650, 600 |
| 超低碳 | 1150 | — | 780, 750 | 700, 650 |
| 超低碳 | — | — | 793 | 538 |

### 3.2.1.2 铁素体区轧制的优点

根据国内外研究及生产报道，铁素体区轧制具有以下优点：

（1）铁素体区轧制生产线可由常规轧制机组进行改造，设备改造费用低；

（2）铁素体区轧制的钢坯加热温度比常规轧制低，可以大幅度降低加热能耗，加热炉的产量也得以提高；

（3）低的加热温度还可减少轧辊温升，从而减少由热应力引起的轧辊疲劳龟裂和断裂，降低轧辊磨损，并且低温轧制可降低二次氧化铁皮的产生，提高热轧产品的表面质量，同时也可提高酸洗线的运行速度；

（4）铁素体区热轧生产超薄带钢代替传统的冷轧退火带钢，可大大降低生产成本；

（5）铁素体区轧制可生产出晶粒粗大，屈服强度、硬度均比较低的带材，使冷轧变形率大大提高，平均可达87.5%，而常规轧制带钢只有75%，并且对铁素体区轧制钢卷进行冷轧时生产率可提高20%，铁素体区轧制IF钢具有很强的γ织构和弱的α织构，其最终冷轧产品比奥氏体轧制的冷轧退火钢具有更好的深冲性能。

铁素体轧制工艺经过近几年的研究与实践，获得了长足的进步，已有厂家投入使用，但对工艺控制的要求较高，随着技术的成熟，将成为生产极薄板的先进、有效的工艺。与传统的奥氏体轧制工艺相比，在经济、技术等方面有其独到的特点：

（1）变形抗力与奥氏体区相当，不会增加电力消耗，且开轧温度低，可以节约能源；

（2）开轧温度低，带钢氧化铁皮量少，带钢表面质量得到改善；

（3）采用铁素体轧制工艺铁素体轧制，低碳钢不需添加铁、铬等元素，直接可生产热轧深冲带钢，产品的屈强比和伸长率适合深冲加工的特性，可实现热轧产品代冷轧产品，降低成本；

（4）可以为冷轧工序提供屈服强度低、表面氧化铁皮薄的热轧原料卷，节省了酸洗时间及费用，提高冷轧道次压下率，节省工序能耗，并可扩大冷轧产品范围，生产极薄及宽度大的冷轧板及DDQ钢。

### 3.2.1.3 铁素体区轧制的典型品种

铁素体轧制技术避免了热轧薄板在奥氏体/铁素体相变（γ-α相变）区轧制过程中易发生的问题，并具有其他一系列独到的特点。最近几年引起人们广泛重视并应用于工业生产。对于一般的材料，在奥氏体温度范围内（1050~860 ℃）和铁素体温度范围内（850~750 ℃）的轧制变形阻力是不同的，变形阻力会随着温度的降低而增加，而且增加的幅度（斜率）较大。在这种情况下，轧制过程将无法稳定、经济地进行。但对于超低碳钢、铝镇静钢［$w(C) = 0.015\% \sim 0.040\%$，$w(Mn) < 0.3\%$］和极低碳钢、无间隙原子钢［$w(C) < 0.005\%$，$w(Mn) < 0.2\%$］情况完全不同，变形阻力随着温度的降低而几乎没有增加。因此，铁素体轧制工艺适用于上述两类钢种。适合在铁素体状态下轧制的典型品种有：

（1）可直接应用的热轧薄带钢或超薄带钢，属无老化、软而有韧性的钢种，它可以替代传统的冷轧退火板；

（2）适用于直接退火，尤其是酸洗后热镀锌处理的薄和超薄热轧带钢；

（3）用于冷轧和退火的软热轧带钢，与通常的奥氏体热轧的带钢相比，就生产率和扩大产品规格而言，其冷轧性更好。

### 3.2.1.4 铁素体区轧制与常规轧制的工艺比较

传统的轧制工艺（即奥氏体轧制工艺），采用高的加热温度、高的开轧温度、高的终轧温度和低的卷曲温度。而铁素体区轧制工艺则要求粗轧在尽量低的温度下使奥氏体发生变形，以增加铁素体的形核率，精轧在铁素体区进行，随后采用较高的卷取温度，以得到粗晶粒铁素体组织，降低热轧带钢硬度。传统的热轧工艺要求精轧温度在$Ar_3$以上。为了获得良好的力学性能，这是必要的。当带钢冷却到$Ar_3$点时，奥氏体开始向铁素体转变（γ-α相变）。但是，为了防止流变应力的突变、带钢力学性能不均匀及最终产品的厚度波动，必须避免在 γ-α 相变区进行轧制。铁素体轧制似乎成了热带轧制工艺中一个颇具希望的新的尝试。在轧件进入精轧机前，就应该完成 γ-α 相变，即变成完全铁素体。粗轧仍在全奥氏体状态下完成，然后通过精轧机和粗轧机之间的超快速冷却系统，使带钢温度在进入第一架精轧机前降低到 $Ar_3$ 以下。该技术克服了前面提到的在 γ-α 相变区轧制的危害，使热轧超薄带钢变得非常容易。图 3-2 表示了传统（奥氏体）轧制过程与铁素体轧制过程的比较。铁素体轧制的特点是：粗轧在奥氏体区进行，粗轧后完成奥氏体向铁素体的转变，精轧在铁素体区域进行。

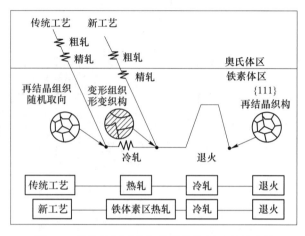

图 3-2  传统轧制过程与铁素体轧制过程的比较

LTV 钢铁公司是北美最大的超低碳钢生产商。最近该公司探索用铁素体区热轧工艺生产 DQSK 钢薄板。表 3-2 列出了该公司采用铁素体区热轧工艺和奥氏体区热轧工艺生产的超低碳钢板力学性能的情况，除铁素体区热轧产品的伸长率和 r 值略低外，其他性能指标大致相同，铁素体区热轧可代替传统奥氏体区热轧+冷轧退火工艺。

表 3-2  铁素体轧制与奥氏体轧制性能对比

| 工 艺 | $\sigma_s$/MPa | $\sigma_b$/MPa | $\delta$/% | $n$ | $r$ |
|---|---|---|---|---|---|
| 铁素体区轧制 | 125 | 307 | 42.9 | 0.289 | 1.59 |
| 奥氏体区轧制 | 140 | 310 | 45.8 | 0.286 | 1.82 |
| 铁素体区轧制 | 130 | 290 | 42.1 | 0.278 | 1.62 |
| 奥氏体区轧制 | 136 | 307 | 45.9 | 0.288 | 1.66 |
| 铁素体区轧制 | 151 | 305 | 42.0 | 0.300 | 1.70 |
| 奥氏体区轧制 | 155 | 305 | 45.3 | 0.266 | 1.87 |
| 铁素体区轧制 | 163 | 302 | 43.2 | 0.200 | 1.60 |
| 奥氏体区轧制 | 176 | 315 | 44.0 | 0.241 | 1.77 |

### 3.2.1.5  铁素体区轧制 IF 钢的织构与性能

图 3-3 为奥氏体区热轧，冷轧和退火的 Ti-IF 钢板中心面织构的 $\varphi = 45°$ODF 截面图。热轧后，γ 纤维织构已经形成，形成的织构的主要组分是 {001}<110>，取向密度达到 5。该组分是由再结晶的奥氏体的立方织构 {001}<100>转变而来。冷轧后，α 和 γ 纤维织构

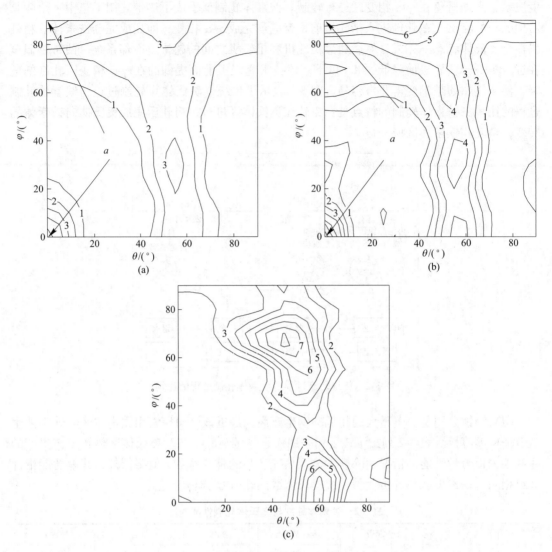

图 3-3　Ti-IF 钢板中心面织构的 $\varphi=45°$ ODF 截面图

（a）热轧；（b）冷轧；（c）退火

的取向密度都提高，α 纤维织构的取向密度仍然高于 γ 纤维织构，并且 α 纤维织构上的最强组分仍然是 {001}<110>，次强点为 {115}<110>-{112}<110>。退火后，γ 纤维织构的取向密度提高，α 纤维织构上各组分（包括 {111}<110>）减弱，最强点并不在 γ 取向线上，而是偏移了 γ 取向线 10° 左右的 {223}<472> 组分。ε 取向线上最强组分由 {111}<112>向 {554}<225>偏移。

在奥氏体区热轧时，母相奥氏体中形成一种织构组分，在随后的转变过程中遗传给铁素体。在比较高的温度轧制时，奥氏体中会形成很弱的织构，这种情况下形成的织构组分是 {001}<100>，奥氏体转变为铁素体之后，在铁素体中形成 {001}<110>组分。另外，如果轧制过程中或轧制后，奥氏体没有发生完全再结晶，则会形成很锋锐的织构，包括黄铜型织构 {110}<112>和铜型织构 {112}<111>，S 型织构 {123}<634>还有较弱的高斯

织构 {110}<001>。

　　图 3-4 是温轧高温卷取，冷轧和退火后 Ti-IF 钢板中心面织构的 $\varphi = 45°$ ODF 截面图。由图可见，温轧高温卷取后，中心面上的织构主要是 γ 纤维织构，{111}<112>组分的取向密度最高。温轧高温卷取后，{111}<112>组分的取向密度明显高于 {111}<110>组分的取向密度。γ 纤维织构上的这种组分分布不均匀性，将导致很强的各向异性。冷轧后，α 取向线上各组分（包括 {111}<110>组分）增强，其中最强组分是 {223}<110>，而 γ 纤维织构减弱，尤其是 {111}<112>组分减弱幅度最大。这说明冷轧过程中，具有 {111}//ND 取向的晶粒向<110>//RD 取向发生了转动。退火之后，γ 纤维织构（这里包括 {111}<110>组分）又重新增强，而 α 纤维织构减弱，再结晶织构仅由 γ 纤维织构构成，并且 γ 取向线上的各组分呈均匀分布。

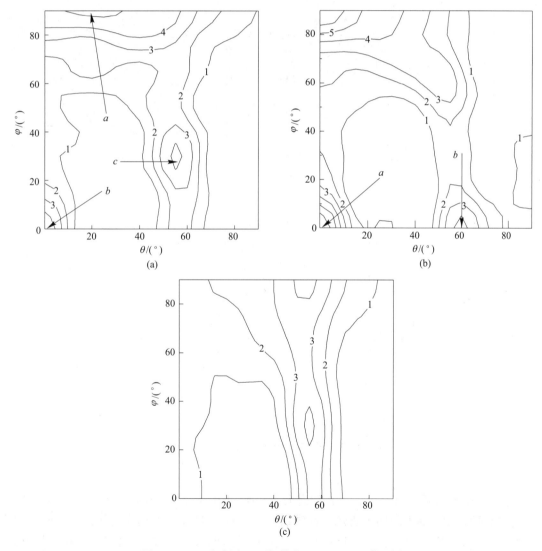

图 3-4　Ti-IF 钢板中心面织构的 $\varphi = 45°$ ODF 截面图

（a）温轧高温卷取；（b）冷轧；（c）退火

图 3-5 为 Ti-IF 钢板温轧低温卷取，冷轧和退火后中心面织构的 $\varphi = 45°$ODF 截面图。由图可以看出，温轧低温卷取后，$\alpha$ 和 $\gamma$ 纤维织构已经形成，并且 $\alpha$ 纤维织构中的 {001}<110>组分很强，$\gamma$ 纤维织构上最强组分是 {111}<110>。冷轧后，$\alpha$ 纤维织构中的各组分增强，最强组分偏离 {001}<110>组分，$\gamma$ 取向线上各织构组分的取向密度略有提高。退火后，织构集中在 $\gamma$ 纤维织构上，$\alpha$ 纤维织构中的各组分均减弱，$\gamma$ 纤维织构上除 {111}<110>组分外其他组分均增强，最强组分在 {111}<123>组分附近。

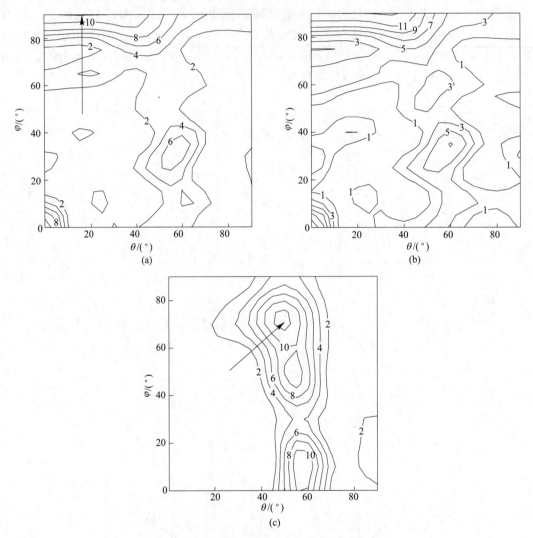

图 3-5　Ti-IF 钢板中心面织构的 $\varphi = 45°$ ODF 截面图
（a）温轧低温卷取；（b）冷轧；（c）退火

图 3-6 是温轧后直接退火，冷轧和退火后 Ti-IF 钢板中心面织构的 $\varphi = 45°$ODF 截面图。温轧退火后，中心面上织构主要是 $\gamma$ 纤维织构。{111}<112>的取向密度最高，$f(g) = 12$。冷轧之后，$\gamma$ 纤维织构（包括 {111}<110>组分）减弱，$\alpha$ 纤维织构增强，并且最强组分为 {223}<110>，可见，冷轧之后具有 $\gamma$ 取向的晶粒向 $\alpha$ 取向发生了转动。冷轧时，取向发生如下变化：{111}<112>→{111}<110>→{223}<110>，最终得到 {223}<110>组分。

从而，γ 纤维织构（包括 {111}<110>组分）减弱，α 纤维织构增强。退火之后，α 纤维织构减弱，γ 纤维织构迅速增强，并且各组分分布比较均匀。

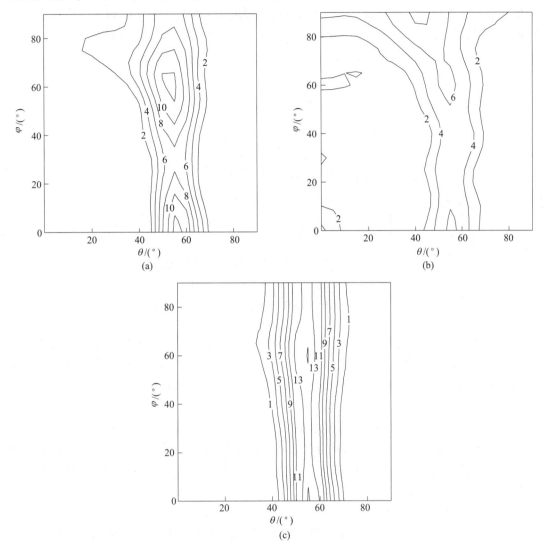

图 3-6　Ti-IF 钢板中心面织构的 $\varphi=45°$ ODF 截面图
（a）温轧退火；（b）冷轧；（c）退火

　　r 值是衡量钢板深冲性能的重要指标。r 值的大小和钢板的晶体取向密度函数（即织构）密切相关。若 {111} 晶面平行于钢板轧面的晶粒比例较高，对应的 r 值也比较高，因为 {111} 晶面是主滑移面，而<110>方向是主滑移方向，由此构成的滑移系平行于板面，则板材成型时抗厚度减薄能力强，所以拉伸性能好。而 {100} 晶粒的比例高，对钢板的 r 值不利。图 3-7 为冷轧退火后钢板的塑性应变比 r 值。其中横坐标的 1、2、3、4 代表不同工艺的钢板。1 为奥氏体区热轧+冷轧+退火，2 为温轧后高温卷取+冷轧+退火，3 为温轧后低温卷取+冷轧+退火，4 为温轧后退火+冷轧+退火。冷轧退火后，奥氏体区热轧的 Ti-IF 钢板和温轧低温卷取的 Ti-IF 钢板的 r 值沿各方向变化规律一致，都是 $r_0<r_{90}<r_{45}$，

温轧低温卷取的 Ti-IF 钢板每个方向的 r 值都比奥氏体区热轧的 IF 钢的 r 值高。两种条件下钢中的退火织构的类型也是一样的，表面的退火织构由 α 织构和 γ 织构组成，但 γ 纤维织构的取向密度高，并且 ｛111｝<112>组分取向密度明显高。中心面的退火织构仅由 γ 织构构成，最强组分是 ｛111｝<112>组分，其取向密度明显高于 ｛111｝<110>组分。

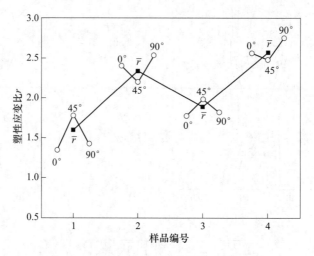

图 3-7　退火后 Ti-IF 钢板的塑性应变比 r 值

高温卷取的 Ti-IF 钢板和低温卷取退火的 Ti-IF 钢板的 r 值沿各个方向的变化规律一致，都是 $r_{45}<r_0<r_{90}$，这是由钢的退火织构决定的。试样表面和中心的织构的 $\varphi=45°$ ODF 截面图上可以看出，两种条件下退火织构的类型是一样的，表面的退火织构中，γ 织构为主，只有很少量的 ｛001｝<110>组分，并且 γ 织构中 ｛111｝<110>组分的取向密度高于 ｛111｝<112>组分。中心面的退火织构仅由 γ 织构构成，｛111｝<112>组分的取向密度略高于 ｛111｝<110>组分，γ 织构上各组分接近均匀分布。只是低温卷取退火条件下的织构的取向密度更高，所以其 r 值也更高。由于 ｛111｝<110>织构将导致 30°、90°、150°等方向的制耳出现，｛111｝<112>织构将导致 0°、60°、120°等方向的制耳，因此同等强度的两种织构将大大减少制耳的出现。

通过对铁素体区各热轧工艺过程的织构及性能进行比较发现，温轧低温卷取退火后再冷轧，退火，得到的 r 值最高，并且钢板平面各向异性最小。

## 3.2.2　高强钢温轧工艺

"十二五"规划提出"低温轧制技术"作为节能减排的重点推广技术，温轧是在冷轧和热轧的温度范围内进行塑性变形，温轧符合钢铁材料组织性能控制技术的发展趋势。与热轧和冷轧相比，温轧具有其独特之处：一方面，与热轧相比，钢材的成型精度高，在轧制过程中产生氧化脱碳的倾向性小，且设备耗损率低；另一方面，与冷轧相比，温轧过程中钢材产生的变形抗力低，且成型性好，不需要磷化和皂化等辅助工艺。

高强钢温轧工艺是指将钢进行完全奥氏体化处理后，快速冷却到过冷奥氏体区（温度低于 $A_1$，高于 Ms）进行变形，最后淬火至室温的过程。温轧被认为是最为有效的细化奥氏体晶粒和相变后马氏体组织的工艺，而其原因主要分为以下三个方面：首先，在过冷奥氏体区进行轧制变形时，奥氏体晶粒很难发生动态回复和动态再结晶过程，因此避免了因回复和再结晶引起的晶粒长大现象；其次，由于奥氏体变形是在较低的温度下进行，因此温度的降低能够有效地减缓奥氏体晶粒的长大；最后，由于奥氏体的动态回复过程被抑制，大量的位错、变形带以及位错胞在奥氏体晶粒中形成，为马氏体相变提供了大量的形核位置，从而细化了相变后的马氏体组织。

温轧工艺由 Harvey 在 1951 年提出，其研究发现过冷奥氏体在温变形时被不断轧扁，并沿轧制方向伸长，经淬火后得到细小的马氏体组织，同时钢的强度和塑性都得到了明显的提高。由于中温形变热处理能够极大地提高钢的综合力学性能，在 20 世纪 60—70 年代引起了科学家的广泛关注。如 Schmatz 等人对 Fe-0.4C-4.75Ni-1.45Cr-1.55Si 钢在 535 ℃进行 40%温轧变形处理，将钢的抗拉强度提高至 2680 MPa，伸长率提高至 7.5%。Ermakov 等人对 Fe-0.47C-1.03Mn-1.12Si-1.67Cr-2.44Ni-0.95Mo-0.4V 钢在 550 ℃进行 90%温轧变形，制备出抗拉强度为 2700 MPa，伸长率为 5.3%的超高强度钢。目前，已尝试利用温轧工艺生产难变形钢管，并已可以进行规模化生产。温轧研究初期，研究者们主要用于提升力学性能，随着研究的不断深入，对温轧过程中组织演变的机理也进行了较为系统的研究，揭示了温轧可以提高力学性能的机制。研究发现，温轧具有细化晶粒的作用，可以用来制备超细晶钢。对 Fe-28.5%Ni 合金在 500 ℃过冷奥氏体区进行大变形叠轧，然后进行液氮淬火处理，发现钢在温轧变形后形成片层宽度为 230 nm 的片层状奥氏体，并在淬火后形成超细的片层状马氏体组织。对 Fe-24Ni-0.3C 合金在 600 ℃进行强烈变形轧制，成功将奥氏体晶粒尺寸细化至 750 nm。应用温轧工艺细化 Ti-Mo 微合金钢的晶粒尺寸至 1 μm，性能得到大幅提高。

对于 Fe-0.4C-1.65Si-1.1Mn-1.8Ni-0.85Cr-0.4Mo-0.08V 的中碳低合金钢，当变形量增加到 85%以上时，温轧态钢中形成了大量分散分布的超细孪晶马氏体。残余奥氏体的含量随变形量增加也呈上升趋势。奥氏体晶粒的细化以及大量位错的引入是温轧态钢中孪晶马氏体和残余奥氏体含量增加的主要原因。温轧变形能显著地提高钢的强度。当变形量为30%时，马氏体钢的显微硬度为 HV663，屈服强度为 1400 MPa，抗拉强度为 2390 MPa，伸长率达到 10.3%。变形量为 90%时，马氏体钢的显微硬度为 HV728，屈服强度为 2018 MPa，抗拉强度为 2920 MPa，伸长率为 6.8%。温轧超细晶马氏体钢的强化机制主要有位错强化、细晶强化以及孪晶强化，而位错强化是提高强度的主要强化因素。温轧超细晶马氏体钢塑性的提升主要归结于孪晶马氏体的细化、残余奥氏体含量的增加以及超细片层状组织的形成。温轧态钢中孪晶马氏体片尺寸较小且在钢中分散分布，能有效地缓解钢中的应力集中程度，对塑性的损害作用较小。超细片层组织的形成能有效地阻碍拉伸试样中裂纹的扩展，提高钢的塑性。

温塑性变形加工对于改善金属组织结构取得了显著的成果，温轧在细化晶粒、降低金属材料组织性能的不均匀性、提高金属材料的强韧性等方面具有明显的优势。

## 3.3 深冷轧制工艺

金属轧件在传统冷轧过程中组织发生变形后容易发生动态回复，随着变形量的增加，变形抗力也越来越大，对设备性能的要求也就增高。在此条件下，发展起来一种新型的塑性变形方式——深冷轧制，也称为超低温轧制。

深冷轧制技术是在常规冷轧技术上发展而来的一种新型的大塑性变形手段，主要是在轧制过程中将液氮作为制冷剂在低于−196 ℃的温度下对材料进行轧制处理的一种方法。与橡胶等材料不同，很多金属材料在深冷环境中具有比其在室温环境中更加优异的塑性变形能力，因此，可以通过深冷轧制对其进行加工。深冷轧制过程中，由于超低温抑制位错运动促进晶粒细化，故可以大幅强化铝合金、铜合金、钛合金以及层状金属复合材料的晶粒细化效果，并提升材料的力学性能。

6061铝合金材料在深冷环境中具有比室温环境中更高的强度与更好的塑性，因此，深冷轧制被广泛应用于制备超细晶铝合金材料。根据现有研究报道，对于绝大部分铝合金，其通过深冷轧制后的力学性能均超过冷轧（室温轧制）后的力学性能，主要原因是铝合金深冷轧制过程中晶粒尺寸大幅度减小了。对于室温异步轧制制备的纯铝带材，平均晶粒尺寸为500 nm，而采用深冷异步轧制制备的纯铝带材，平均晶粒尺寸减小到220 nm。采用深冷轧制工艺制备的钛，晶粒尺寸约为80 nm；而采用室温轧制工艺时，晶粒尺寸约为200 nm。采用深冷轧制工艺对纯镍进行了研究，结果得出：经95%变形量后，室温冷轧后的试样平均尺寸约为120 nm，而深冷轧制后的试样平均尺寸约为95 nm，说明深冷轧制细化晶粒的能力要高于室温冷轧。通过采用深冷轧制工艺也得到了超细晶粒的纯铜。深冷轧制过程中，材料内部形成高的位错密度，这些高密度的位错演变为晶界，实现材料晶粒细化。根据Hall-Petch公式，随着晶粒尺寸的减小，材料的变形抗力逐渐增大。对于大塑性变形方法制备的超细晶金属材料，一般情况下随着材料强度的增大会出现韧性降低的现象，然而，深冷成型能够同时改善材料的强度与韧性。

采用深冷轧制这种大塑性变形手段对晶粒进行细化的研究在有色金属方面较多，现在也逐渐扩展到钢及其他材料的研究中。对304和316奥氏体不锈钢进行了深冷轧制，深冷轧制状态下形变诱导马氏体相变的速率远远高于室温轧制状态，且深冷轧制下奥氏体组织能100%转化成马氏体。超过60%轧制变形的马氏体的形态由板条型转变为板条和位错胞混合型，同时还发现，在−15 ℃下进行轧制，随后经700 ℃、300 min的退火后，超细晶的屈服强度和抗拉强度分别达到了720 MPa、920 MPa，并且不锈钢伸长率达到了47%，几乎为不锈钢粗大晶粒组织时的伸长率的2倍。

在经过不同温度不同变形量的轧制后，AISI310S奥氏体不锈钢均未发生应变诱发马氏体相变。变形量较小时，基体组织中主要为高密度的位错以及位错之间的相互缠结；变形量较大时，奥氏体不锈钢中开始有大量的形变孪晶的出现；当变形量为90%时，由于位错间的相互交割作用晶粒尺寸逐渐细化至纳米量级，同时还可以发现深冷轧制状态下晶粒的细化程度远远高于室温冷轧，同时深冷轧制状态下不锈钢的力学性能也均高于室温冷轧。

对22MnB5的深冷轧制工艺研究表明，组织变形程度要比室温轧制时更加剧烈，深冷轧制可以抑制位错恢复，位错增殖速度快，容易相互缠结形成位错塞积，出现层片状显微带亚结构。深冷轧制后，小角度晶界比例也会升高。深冷轧制制备的CrCoNi中熵合金晶粒尺寸相较于室温轧制的晶粒尺寸更小，同时具有更高的孪晶密度，更多的堆垛层错、密排六方结构相等，这促使深冷轧制过程中材料具有更好的动态剪切性能。

# 3.4 异步轧制技术

### 3.4.1 异步轧制技术特点

异步轧制是一种在轧制过程中有意地将上下两个工作辊的线速度设置为不等的一种轧制方法。根据对称性条件不同可将异步轧制技术分为三类:

(1) 轧辊半径不同(几何不对称);

(2) 辊径相同,轧辊的转速不同(运动不对称);

(3) 上下轧辊与轧件接触的摩擦条件不同(摩擦不对称)。

较常规轧制相比,异步轧制有一个速度差,辊速慢的一侧中性点会向变形区入口处移动,辊速快的一侧中性点向变形区出口处移动,导致中性面发生偏移,这样就使得金属变形区内上下表面的摩擦力相反,形成了异步轧制中特有的"搓轧区"。因此形成了异步轧制与对称轧制变形行为上的显著差异,从而形成很多异步轧制所特有的优势及特点。

图 3-8 为同步轧制与异步轧制的示意图。根据经典的轧制原理,传统对称轧制时,变形区可分为前滑区(E 区域)和后滑区(D 区域),上下轧辊的摩擦力方向指向中性点。在前滑区,轧件所受摩擦力指向出口方向;在后滑区,轧件所受摩擦力指向入口方向。异步轧制过程中,由于上下轧辊线速度的差异,上下轧辊的中性点将产生偏移。快速辊的中性点向出口方向偏移,而慢速辊的中性点向入口方向偏移,这样在异步轧制变性区中将产生一个区域(B 区域),在这个区域中轧件所受的摩擦力方向相反,即搓轧区。在异步轧制过程中,搓轧区起到了非常重要的作用。由于搓轧区的存在,造成了轧制过程变形及金属流动的特殊变化。在搓轧区的上下表面,轧件与轧辊间的摩擦力方向相反,减少了外摩擦所形成的水平压力对变形的阻碍作用,从而显著地降低了轧制压力,改善板形。但是,与此同时也会带来如轧机震动、轧件弯曲、表面折皱等问题。

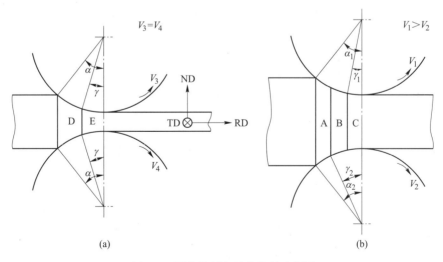

图 3-8 同步轧制和异步轧制示意图

(a) 同步轧制;(b) 异步轧制

### 3.4.2　异步轧制过程中的变形分析

#### 3.4.2.1　应变分布

同步轧制上下表面等效应变较大，芯部较小，而异步轧制累积等效应变的分布更加均匀。图3-9为轧件轧后累积等效应变、累积剪切应变、压应变在高度方向上的分布。为了描述问题方便，这里对轧件厚度方向所在位置（Thickness position），用 $S$ 表示，进行了归一化处理（$S = \dfrac{H-2t}{2H}$，$t$ 表示所在位置的高度），即 $S = -0.5$ 为轧件上表面（快速辊侧），$S = 0.5$ 为轧件下表面（慢速辊侧），$S = 0$ 为轧件中心位置。在对称轧制时，各应变均呈对称分布，轧件表面的累积等效应变仍然较大，这与轧件和轧辊间的摩擦及变形区形状因子有关。试样中心位置的剪切应变为0，等效应变最低，模拟结果与中心位置等效应变的理论值（$2l\ln 1.05831-r$）一致。与同步轧制相比，异步轧制中心位置的切应变增加更为明显，试样表面的等效应变略微减小。随着速比的增加，等效应变沿厚度方向分布更加均匀，如图3-9（a）所示。在高度方向上压应变也并非完全分布均匀［见图3-9（c）］，这也与常规对压应变分布的认识也略有所不同。

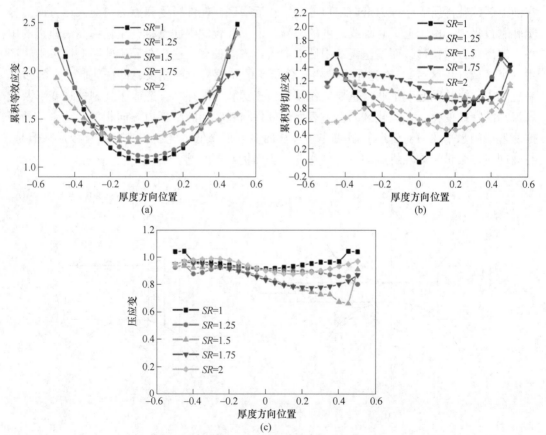

图3-9　不同速比时累积等效应变、累积剪切应变及压应变的分布
（a）累积等效应变；（b）累积剪切应变；（c）压应变

### 3.4.2.2 异步轧制中的搓轧区

搓轧区是异步轧制过程中的一个重要现象，也可以说搓轧区是导致异步轧制变形区别于同步轧制特点的原因。搓轧区对附加剪切变形的产生、轧制压力的降低、晶粒的细化等方面都起着关键的作用。图 3-10 为不同速比时的接触摩擦及搓轧区。图中可看到轧件与

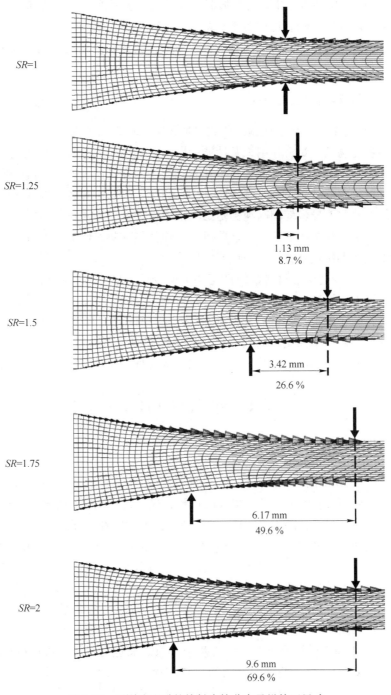

图 3-10　不同速比时的接触摩擦分布及搓轧区尺寸

轧辊接触摩擦力大小（箭头越大，摩擦力越大）及方向的变化。同步轧制时，上下辊中性点位置在同一水平位置，不存在搓轧区。随着速比的增加，快速辊侧中性点向出口侧移动，慢速辊中性点向入口侧移动，搓轧区比例逐渐增加。不同速比时，摩擦力分布还存在一些特点，中性点在变形区内时，入口处至中性点区域内，摩擦力先增加后减小，至中性点处时摩擦力为0；中性点至出口处区域时，摩擦力逐渐增加。中性点不在变形区时，快速辊侧摩擦力逐渐增加。随着速比的逐渐增加，搓轧区比例将逐渐增加。从趋势上看，开始阶段搓轧区增加较慢，中间阶段搓轧区迅速增加，当搓轧区比例达到一定值时，搓轧区增速应该变缓直至稳定。

### 3.4.3　异步轧制材料组织性能研究

在进入 21 世纪前，对异步轧制的研究多数还集中在轧制理论、工艺及设备的研究上，较少地关注异步轧制工艺对材料组织及性能的影响。在东北大学在异步轧制领域内的前期工作积累的基础上，刘刚等人关注到异步轧制过程中的搓轧区，产生了异于同步轧制的应力状态，并进行了取向硅钢的异步轧制试验，试验表明异步轧制后的磁性能优于同步轧制。吕爱强等人研究了异步轧制高纯铝箔结构沿厚度上的分布规律，研究发现快速辊侧与慢速辊侧的织构类型存在明显差异。这些研究工作使得材料科研人员也逐渐开始认识并关注异步轧制工艺变形特点对材料组织性能的影响。

进入 21 世纪，受超细晶材料组织性能相关研究工作的启发，特别是该时期以等通道挤压为代表的剧烈塑性变形工艺制备超细晶材料的研究成果大量报道。研究人员再次关注到异步轧制材料的变形特点，并开始从细化晶粒的角度研究异步轧制工艺制备超细晶材料。与典型的几种剧烈塑性变形工艺相比，异步轧制突破了试样尺寸小、工艺实现复杂、模具要求高、不适合规模化生产等缺点，因此被认为具有非常广阔的应用前景。

## 3.5　累积叠轧技术

### 3.5.1　累积叠轧技术的原理

目前，由于 ARB 工艺过程简单且易于在传统轧机上实现，只要在轧机上不断堆叠和轧制焊接材料，使得材料的力学性能提高的过程，这也是累积叠轧焊接的原理。ARB 法是通过纯物理手段使材料焊合能得到 UFG 合金晶粒，细化晶粒对于提高金属的塑性和强度来说是非常有效的方法之一。在此工艺过程中，首先将一块原始板材之间切割成两部分，对这两部分分别进行表面处理，去除表面氧化膜、污垢等，此做法是为了提高表面的结合强度，然后在低于再结晶温度下（为了防止温度过高，材料出现再结晶）将两块板料叠放在一起在轧机上进行首道次的叠轧，然后依次类推，而在重叠叠轧过程中将产生累积应变。其具体过程如图 3-11 所示。

图 3-11 中，①为将材料剪切为等大的两份并对表面进行简单的表面处理（表面打磨至粗糙并用酒精清洗）；②为将两块等大的材料堆垛在一起固定；③为在一定温度下进行轧制，使其在轧向及法向应力作用下产生焊合；④为进行去应力退火，如此反复至一定道次的过程。利用这种方法可有效使晶粒细化，夹杂物均匀化，如此来增强材料的强度和其

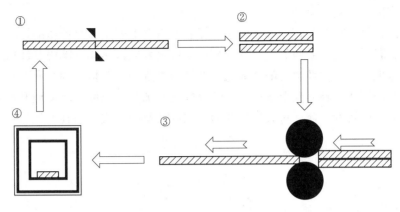

图 3-11　累积叠轧焊工艺方法

他性能。经 ARB 工艺处理后材料晶粒细化非常明显，在引入了大量位错的同时晶粒之间取向也发生了剧烈变化，材料在力学性能上的表现为强度升高而塑性降低，晶粒的细化和位错的引入造就了高的强度。这是因为引入了大量的累积应变的同时也造成塑性降低的缺陷。理论上来说，ARB 是可以无限进行下去的。随着轧制次数增多，材料尺寸会越来越小，这一点会限制着轧制材料总的应变量，而且经 ARB 工艺轧制后的材料塑性也会变得越来越差，板材会开裂，使得接下来叠轧复合越来越难以实现。

### 3.5.2　累积叠轧技术的发展

累积叠轧技术也称累积叠轧焊，由日本 Osaka 大学 Saito 研究小组于 1998 年提出，是一种运用剧烈塑性变形的原理，来制备超细晶板材的方法。近年来，ARB 技术在制备超细晶铝合金、IF 钢等金属层状复合材料方面已经比较成熟。

定量分析 ARB 过程中铝合金厚度方向上剪切应变的分布发现，随着 ARB 道次的增加，剪切应变和剪切应变峰的数量均增加，而剪切应变的分布则变得越来越复杂，铝合金厚度方向上晶粒尺寸的分布与剪切应变相吻合，这说明 ARB 过程中的剪切应变是影响晶粒细化的主要原因。日本学者应用累积叠轧技术成功制备出大块超细晶 IF 钢和 AA 1100 铝合金，证明了 ARB 技术可以用于生产大尺寸的超细晶金属板材。AA 1100 铝合金的平均晶粒尺寸为 200 nm~20 μm，其强度符合 Hall-Petch 公式，特别是屈服强度随着晶粒的细化而显著增强，但是材料的伸长率在晶粒尺寸达到 1 μm 后突然快速下降，这可能是由于超细晶材料的塑性失稳造成的；IF 钢平均晶粒尺寸达到 420 nm，抗拉强度超过初始材料的 3.1 倍之多，其他性能表现与 AA 1100 铝合金基本相同。

ARB 技术现在制备金属复合板材（多层异种）时被应用，但是因为在理论上，ARB 工艺可以获得较大的压下量而且还可以无限次地循环，最小晶粒尺寸仅达到 10 μm，故难以适应新时代工业发展对金属材料提出的要求。而 ARB 法所具有得天独厚的优势是它可以积累大量的剪切应变能并以此来将晶粒细化至亚微米乃至纳米级，得到无孔洞、致密度高且纯净的材料，这让用微米级的粉末制备纳米级复合材料的构想有了可能。近年来日本有关学者对此进行了研究，以铜、铝、铝合金等易变形金属为基体进行实验研究，获得了 200 nm UFG 铝合金和 500 nm UFG 低碳钢。现在累积叠轧法（ARB）已被成功应用于生产大型致密的多层结构复合材料。

　　在该工艺执行的整个过程中都需要对变形温度以及形变量进行严格的控制。一般低于再结晶温度，若温度过高界面氧化严重，变形晶粒会发生再结晶，减弱叠轧所产生的累积应变；温度越低，金属塑性也会随之降低，在挤压过程中相互接触的金属面积越小，越不利于复合材料的制备。临界变形量一般会随着轧制时加热的温度的降低而升高。累积叠轧法实现细化晶粒的目的，需通过大塑性变形积累应变量的方式，达到细化晶粒所需的临界应变量。

## 思 考 题

（1）什么是轧制，什么是简单轧制？

（2）什么是异步轧制？简述异步轧制与同步轧制的区别，对材料组织有何影响。

（3）温轧对高强钢组织性能的影响。

## 参 考 文 献

［1］魏立群. 金属压力加工原理［M］. 北京：冶金工业出版社，2008.

［2］Matsuoka S. Development of super deep drawable sheet by lubricant hot rolling in ferrite region［C］//Recent development of modern LC and ULC sheet steels in Japan，modern LC and ULC sheet steels for cold forming：Processing and Properties，Aachen，ed. W. Bleck，Aachen，1998，85-96.

［3］Wang Z D，Guo Y H，Xue W Y，et al. Effect of coiling temperature on the evolution of texture in ferritic rolled Ti-IF steel［J］. Journal of Materials Science and Technology，2007，23（3）：337-341.

［4］Guo Y H，Wang Z D，Zou W W，et al. Comparison of textures and properties of high strength Ti-IF steels hot rolled in different regions：Ferritic region and austenite region［J］. Journal of Iron and Steel Research International，2008，15（5）：70-76.

［5］吕立峰. 大变形温轧超细晶钢的制备及其组织与力学性能研究［D］. 上海：上海交通大学，2018.

［6］A P Gulyaev，A S Shigarev. Effect of thermomechanical treatment on fine structure［J］. Metal Science and Heat Treatment，1963（5）：191-194.

［7］Ermakov V N，Chugunov V V，Orzhekhovski Y F. Low temperature thermomechanical treatment of structural steels［J］. Metal Science and Heat Treatment，1963（5）：205-209.

［8］Kitahara H，Tsuji N，Minamino Y. Martensite transformation from ultrafine grained austenite in Fe-28. 5at. % Ni［J］. Materials Science and Engineering A，2006，438-440：233-236.

［9］Shibata A，Jafarian H，Tsuji N. Microstructure and crystallographic features of martensite transformed from ultrafine-grained austenite in Fe-24Ni-0. 3C alloy［J］. Materials Transactions，2012，53：81-86.

［10］Hu B，Luo H W. A strong and ductile 7Mn steel manufactured by warm rolling andexhibiting both transformation and twinning induced plasticity［J］. Journal of Alloys and Compounds，2017，725：684-693.

［11］喻海良. 深冷轧制制备高性能金属材料研究进展［J］. 中国机械工程，2020，31（1）：89-99.

［12］Zherebtsov S V，Dyakonov G S. Formation of nanostructures in commercial-purity titanium［J］. Acta Materialia，2013，61：1167-1178.

［13］王俊北. 冷轧变形对316LN奥氏体不锈钢组织和性能的影响［D］. 洛阳：河南科技大学，2017.

［14］冯磊. 异步轧制对22MnB5钢奥氏体相变及组织演变规律影响研究［D］. 哈尔滨：哈尔滨工业大

学，2018.

［15］付斌. 异步轧制模拟及其在 TWIP 钢中的应用［D］. 上海：上海交通大学，2017.

［16］刘刚，刘桂兰，齐克敏，等. 异步轧制取向硅钢薄带的三次再结晶［J］. 材料研究学报，1998（4）：431-433.

［17］吕爱强，黄涛，王福，等. 异步轧制高纯铝箔冷轧织构沿板厚的分布规律［J］. 中国有色金属学报，2003（1）：56-59.

［18］Valiev R Z，Islamgaliev，et al. Bulk nanostructured materials from severe plastic deformation［J］. Prog Mater Sci，2000，45（2）：103-189.

# **4** 锻造成型技术及工艺

## 4.1 锻造基本概念

锻造是一种借助工具或模具在冲击或压力作用下加工金属机械零件或零件毛坯的方法，其主要任务是解决锻件的成型及其内部组织性能的控制，以获得所需几何形状、尺寸和质量的锻件。

金属材料通过塑性变形后，消除了内部缺陷，如锻（焊）合空洞，压实疏松，打碎碳化物、非金属夹杂并使之沿变形方向分布，改善或消除成分偏析等，得到了均匀、细小的低倍和高倍组织。铸造工艺得到的铸件尽管能获得比锻件更为复杂的形状，但难以消除疏松、空洞、成分偏析、非金属夹杂等缺陷；铸件的抗压强度虽高，但韧性不足，难以在受拉应力较大的条件下使用。切削加工方法获得的零件尺寸精度最高，表面光洁，但金属内部流线往往被切断，容易造成应力腐蚀，承载拉压交变应力的能力较差。因此，与其他加工方法相比，锻造加工生产率最高，锻件的形状、尺寸稳定性好，并有最佳的综合力学性能。锻件的最大优势是纤维组织合理、韧性高。

近几十年来，在锻造行业中出现了冷镦、冷挤、冷精压、精密锻造、温挤、等温成型、精密碾压、错距旋压等净形或近净形成型新工艺，其中一些新工艺的加工精度和表面粗糙度已达到了车、铣加工，甚至磨加工的水平。

锻造生产广泛应用于机械、冶金、造船、航空、兵器以及其他许多工业部门，在国民经济中占有极为重要的地位。锻造生产能力及其工艺水平反映了国家装备制造业的水平。

## 4.2 锻 造 分 类

根据使用工具和生产工艺的不同，锻造生产分为自由锻、模锻和特种锻造。

### 4.2.1 自由锻

自由锻一般是指借助简单工具，如锤、砧、型砧、摔子、冲子、垫铁等对铸锭或棒材进行镦粗、拔长、弯曲、冲孔、扩孔等方式生产零件毛坯的方法。其加工余量大，生产效率低；锻件力学性能和表面质量受生产操作工人的影响大，不易保证。这种锻造方法只适合单件或极小批量或大锻件的生产；不过，模锻的制坯工步有时也采用自由锻。

自由锻设备依锻件质量大小而选用空气锤、蒸汽空气锤或锻造水压机。

自由锻还可以借助简单的模具进行锻造，也称胎模锻，其效率比人工操作要高，成型效果也大为改善。

### 4.2.2 模锻

模锻是将坯料放入上下模块的型槽（按零件形状尺寸加工）间，借助锻锤锤头、压力机滑块或液压机活动横梁向下的冲击或压力成型为锻件的方法。模锻件余量小，只需少量的机械加工（有的甚至不加工）。模锻生产效率高，内部组织均匀，件与件之间的性能变化小，形状和尺寸主要是靠模具保证，受操作人员的影响较小。模锻需要借助模具，加大了投资，因此不适合单件和小批量生产。

模锻常用的设备主要是模锻锤、压力机、螺旋锤（摩擦、液压、高能、电动）、模锻液压机等。模锻还经常需要配置自由锻、辊锻或楔横轧设备制坯，尤其是曲柄压力机和液压机上的模锻。

### 4.2.3 特种锻造

特种锻造有些零件采用专用设备可以大幅度提高生产率，锻件的各种要求（如尺寸、形状、性能等）也可以得到很好的保证。如螺钉，采用镦头机和搓丝机，生产效率成倍增长。利用摆动辗压生产盘形件或杯形件，可以节省设备吨位，即"用小设备干大活"。利用旋转锻造生产棒材，其表面质量高，生产效率也比其他设备高，操作方便。特种锻造有一定的局限性，特种锻造机械只能生产某一类型的产品，因此适合于生产批量大的零件。

## 4.3 自由锻工序及自由锻件分类

### 4.3.1 自由锻工序

自由锻件在成型过程中，由于其形状的不同而导致所采用的变形工序也不同，自由锻的变形工序有许多种，为应用方便起见，通常将自由锻工序按其性质和作用分为基本工序、辅助工序和修整工序三大类。各种自由锻工序的简图见表4-1。

表 4-1 自由锻工序简图

| 基 本 工 序 | | |
|---|---|---|
| 镦粗 | 拔长 | 冲孔 |
| 芯轴扩孔 | 芯轴拔长 | 弯曲 |
| 切割 | 错移 | 扭转 |

续表 4-1

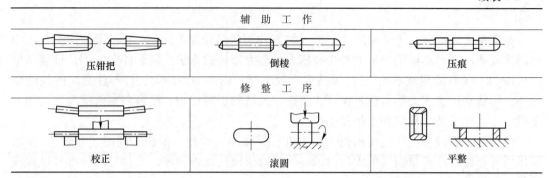

（1）基本工序较大幅度地改变坯料形状和尺寸的工序，是锻件变形与变性的核心工序，也是自由锻的主要变形工序，如镦粗、拔长、冲孔、芯轴扩孔、芯轴拔长、弯曲、切割、错移、扭转等。

（2）辅助工序为了配合完成基本变形工序而做的工序，如预压夹钳把、钢锭倒棱和缩颈倒棱、阶梯轴分锻压痕等。锻阶梯轴时，为了使锻出来的过渡面平整齐直，需在阶梯轴变截面处压痕或压肩。

（3）修整工序当锻件在基本工序完成后，需要对其形状和尺寸做进一步精整，使其达所要求的形状和尺寸的工序，如镦粗后对鼓形面的滚圆和截面滚圆、凸凹面和翘曲面的压平和有压痕面的平整、端面平整、锻斜后或拔长后弯曲的校直和校正等。

### 4.3.2　自由锻件分类

由于自由锻方法灵活，工艺通用性较强，其锻件形状复杂程度各有所异，为了便于安排生产和制订工艺规程，通常将自由锻件按其工艺特点进行分类，即把形状特征相同、变形过程类似的锻件归为一类。这样，可将自由锻件共分为实心圆柱体轴杆类锻件、实心矩形断面类锻件、盘饼类锻件、曲轴类锻件、空心类锻件、弯曲类和复杂形状类锻件七类。各类锻件分类简图如图 4-1 所示。

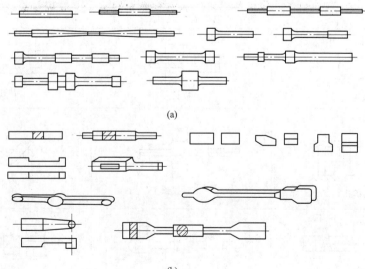

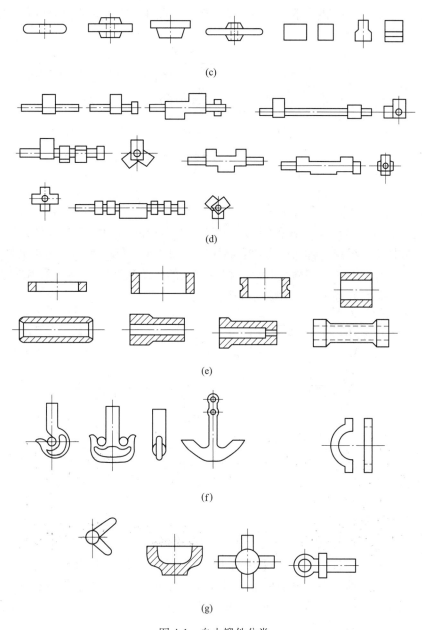

图 4-1  自由锻件分类

（a）实心圆柱体轴杆类锻件；（b）实心矩形断面类锻件；（c）盘饼类锻件；（d）曲轴类锻件；
（e）空心类锻件；（f）弯曲类锻件；（g）复杂形状类锻件

### 4.3.2.1  实心圆柱体轴杆类锻件

实心圆柱体轴杆类锻件包括各种实心圆柱体轴和杆，其轴向尺寸远远大于横截面尺寸，可以是直轴或阶梯轴，如传动轴、机车轴、轧辊、立柱、拉杆和较大尺寸的铆钉、螺栓等，如图 4-1（a）所示。

锻造轴杆类锻件的基本工序主要是拔长，当坯料直接拔长不能满足锻造比要求时，或锻件要求横向力学性能较高时，或锻件具有尺寸相差较大的台阶法兰时，需采用镦粗+拔长的变形工序；辅助工序和修整工序为倒棱和滚圆。图 4-2 所示为传动轴的锻造过程。

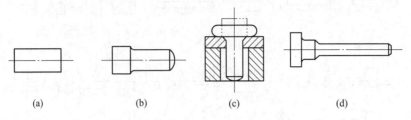

图 4-2　传动轴的锻造过程

（a）下料；（b）拔长；（c）镦出法兰；（d）拔长

#### 4.3.2.2　实心矩形断面类锻件

实心钜形断面类锻件包括各种矩形、方形及工字形断面的实心类锻件，如方杆、摇杆、连杆、方杠杆、模块、锤头、方块和砧块等，如图 4-1（b）所示。这类锻件的基本变形工序也是以拔长为主，当锻件具有尺寸相差较大的台阶法兰时，仍需采用镦粗+拔长的变形工序。图 4-3 所示为摇杆传动轴的锻造过程。

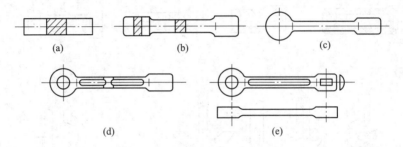

图 4-3　摇杆传动轴的锻造过程

（a）下料；（b）扁方拔长；（c）切扣大头；（d）大头冲孔杆压槽；（e）小头冲孔切头

#### 4.3.2.3　盘饼类锻件

这类锻件外形横向尺寸大于高度尺寸，或两者相近，如圆盘、齿轮、圆形模块、叶轮、锤头等，如图 4-1（c）所示。采用的主要变形工序是以镦粗为主。当锻件带有凸肩时，可根据凸肩尺寸的大小，分别采用垫环镦粗或局部镦粗。如果锻件带有可以冲出的孔时，还需采用冲孔工序。随后的辅助工序和修整工序为倒棱、滚圆、平整等。图 4-4 所示分别为齿轮和锤头的锻造过程。

#### 4.3.2.4　曲轴类锻件

这类锻件为实心轴类，锻件不仅沿轴线有截面形状和面积变化，而且轴线有多方向弯曲，包括各种形式的曲轴，如单拐曲轴和多拐曲轴等，如图 4-1（d）所示。锻造曲轴类锻件的基本工序是拔长、错移和扭转。锻造曲轴时，应尽可能采用那些不切断纤维和不使钢材心部材料外露的工艺方案，当生产批量较大且条件允许时，应尽量采用全纤维锻造。另外，在扭转时，尽量采用小角度扭转。辅助工序和修整工序为分段压痕、局部倒棱、滚圆、校正等。图 4-5 所示为三拐曲轴的锻造过程，图 4-6 所示为 195 型单拐曲轴的全纤维锻造过程。

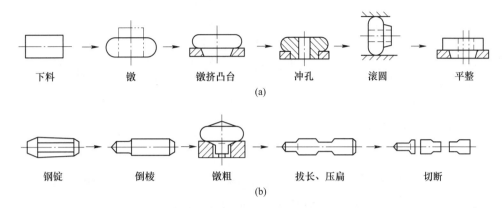

图 4-4 盘饼类锻件的锻造过程

(a) 齿轮的锻造过程；(b) 锤头的锻造过程

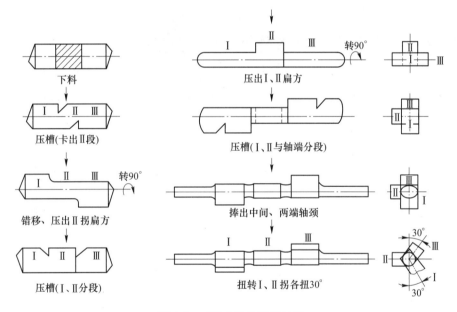

图 4-5 三拐曲轴的锻造过程

#### 4.3.2.5 空心类锻件

这类锻件有中心通孔，一般为圆周等壁厚锻件，轴向可有阶梯变化，如各种圆环、齿圈、炮筒、轴承环和各种圆筒（异形筒）、空心轴、缸体、空心容器等，如图 4-1（e）所示。

空心类锻件所采用的基本工序为镦粗、冲孔，当锻件内、外径较大或轴向长度较长时，还需要增加扩孔或芯轴拔长等工序；辅助工序和修整工序为倒棱、滚圆、校正等。图 4-7 所示分别为圆环和圆筒的锻造过程。

#### 4.3.2.6 弯曲类锻件

类锻件具有弯曲的轴线，一般为沿弯曲轴线一处弯曲或多处弯曲，截面可以是等截面，也可以是变截面。弯曲可能是以对称或非对称弯曲，如各种吊钩、弯杆、铁锚、船尾

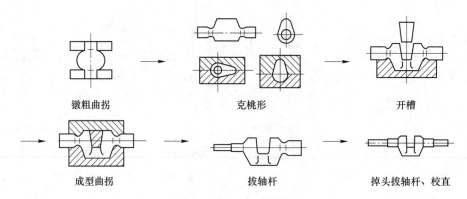

镦粗曲拐　　　　　克桃形　　　　　开槽

成型曲拐　　　　　拔轴杆　　　　掉头拔轴杆、校直

图 4-6　195 型单拐曲轴的全纤维锻造过程

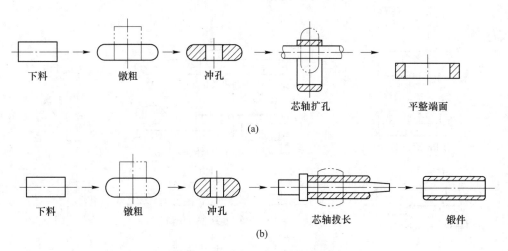

下料　　　　镦粗　　　　冲孔　　　芯轴扩孔　　　平整端面

(a)

下料　　　　镦粗　　　　冲孔　　　芯轴拔长　　　锻件

(b)

图 4-7　空心类锻件的锻造过程

(a) 圆环的锻造过程；(b) 圆筒的锻造过程

架、船架等，如图 4-1 (f) 所示。

锻造该类锻件的基本工序是拔长、弯曲。当锻件上有多处弯曲时，其弯曲的次序一般是先弯端部及弯曲部分与直线部分的交界处，然后再弯其余的圆弧部分。对于形状复杂的弯曲件，弯曲时最好采用垫模或非标类工装等，以保证形状和尺寸的准确性并提高生产效率。该类锻件的辅助工序和修整工序为分段压痕、滚圆和平整。图 4-8 所示为弯曲类锻件的锻造过程。

### 4.3.2.7　复杂形状类锻件

这类锻件是除了上述六类锻件以外的其他复杂形状锻件，也可以是由上述六类锻件中某些特征所组成的复杂锻件，如羊角、高压容器封头、十字轴、吊环螺钉、阀体、叉杆等，如图 4-1 (g) 所示。由于这类锻件锻造难度较大，所用辅助工具较多，因此，在锻造时应合理选择锻造工序，保证锻件顺利成型。

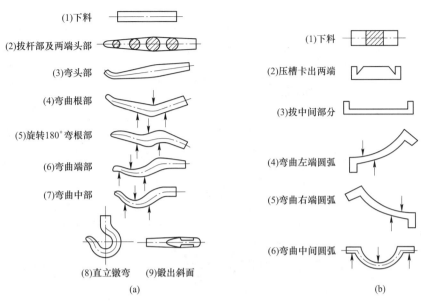

图 4-8　弯曲类锻件的锻造过程

（a）20 t 吊钩的锻造过程；（b）卡瓦的锻造过程

# 4.4　模锻件分类

不同种类模锻件的模锻工艺过程和模具结构设计有明显区别，明确锻件结构类型是进行工艺设计的必要前提。锻件分类的主要依据是锻件的轴线方位、成型过程中用到的工步，以及几何形体结构的复杂程度等。业内将一般锻件分为三类，每类中又分为若干组，分类及各类锻件图见表 4-2。

表 4-2　各类锻件图

| 类别 | 组别 | 图　例 | 补充描述 |
| --- | --- | --- | --- |
| 第Ⅰ类：短轴类 | Ⅰ-1 | | 平面分模 |
| | Ⅰ-2 | | 平面分模 |
| | Ⅰ-3 | | 平面或曲面分模 |

续表 4-2

| 类别 | 组别 | 图　例 | 补充描述 |
|---|---|---|---|
| 第Ⅱ类：长轴类 | Ⅱ-1-a | | 含主体轴线在铅锤面内存在起伏不大的弯曲，但不用弯曲工步的锻件。平面或曲面分模 |
| | Ⅱ-1-b | | 主体轴线上存在孔。含主体轴线在铅锤面内存在起伏不大的弯曲，但不用弯曲工步的锻件。平面或曲面分模 |
| | Ⅱ-2-a | | 主体轴线在分模面内弯曲，需要弯曲工步。平面分模 |
| | Ⅱ-2-b | | 主体轴线空间弯曲，需要弯曲工步。曲面分模 |
| | Ⅱ-3 | | 主体轴线不一定为直线，平面或曲面分模 |
| | Ⅱ-4 | | 两分枝构造相近，相对主轴线呈对称或基本对称分布，平面或曲面分模两分枝相差过大，或分枝部分所占比例明显大于主体部分等情况下，则转化为Ⅱ-3组 |
| 第Ⅲ类：复合类 | | | 平面或曲面分模 |

## 4.4.1　第Ⅰ类锻件

第Ⅰ类锻件主体轴线立置于模腔成型，水平方向二维尺寸相近（圆形、方形或近似形状）的锻件，也称为短轴类或饼类锻件。通常会用到镦粗工步。根据成型难度差异分为三组。

Ⅰ-1组，子午面内构造简单的回转体，或周向结构要素凹凸差别不大，且均匀分布，金属在模膛内较容易填充的锻件，如形状较简单的齿轮。

Ⅰ-2组，子午面内构造稍复杂的回转体，或周向结构要素凹凸有一定差别，或周向存在非均匀分布结构要素的锻件，如轮毂-轮辐-轮缘结构齿轮、十字轴、扇形齿轮。

Ⅰ-3组，子午面内构造复杂的回转体，或过主轴线的剖面虽然不太复杂，但周向结构要素部分或全部兼备了凹凸差别明显、有起伏、非均匀分布等情况，或在高度方向存在难于填充的窄壁筒或分叉，需要成型镦粗或预锻工步的锻件，如高毂凸缘、凸缘叉。

### 4.4.2 第Ⅱ类锻件

第Ⅱ类锻件主体轴线卧置于模膛成型，水平方向一维尺寸较长的锻件，也称为长轴类锻件。一般来说，该类锻件横截面差别不太大，通过拔长或滚压等工步能满足后续成型要求。根据主体轴线走向及其组成状况分为四组，同组锻件形体结构差异仍较大，可再酌情分小组。

Ⅱ-1组，主体轴线为直线的锻件，含主体轴线在铅垂面内存在起伏不大的弯曲，但不用弯曲工步的锻件。按轴线上是否有孔等特征再细分为两个小组。

Ⅱ-2组，主体轴线为曲线的锻件。除需要一般长轴类锻件的制坯工步（卡压、成型、拔长、滚压）外，还会用到弯曲工步。按主体轴线走向再细分为分模面内弯曲及空间弯曲两个小组。

Ⅱ-3组，主体中段一侧有较短分枝（水平面投影为形）的锻件。

Ⅱ-4组，主体端部有分叉的锻件。该组锻件一般需要带劈料的预锻工步。

### 4.4.3 第Ⅲ类锻件

第Ⅲ类锻件兼备两种或两种以上结构特征，横截面差别很大，制坯过程复杂，金属在模膛内较难填充的锻件，也称为复合类锻件，如"轴-盘-耳"结构的转向节、平衡块体积明显大于轴颈体积的单拐曲轴等。

以上分类是基于终锻直接得到的锻件形状，不含通过后续（压弯等）工序得到的形状更复杂的锻件。

应当指出，实际生产中遇到的锻件构造及采用的成型工艺是千变万化的，具体锻件如何分类可根据其形状特征、相对尺寸关系和企业设备条件分析确定。

以下主要讨论第Ⅰ、Ⅱ类锻件的工艺与模具设计问题。

# 4.5  多 向 锻 造

### 4.5.1  多向锻造技术原理

多向锻造是近几年发展起来的大塑性变形工艺之一，是自由锻工艺的一种，与其他的大塑性变形方法比较，多向锻造工艺简单、可靠，适用于大批量工业化生产，其工艺原理如图4-9所示，每三道次为一个循环。多向锻造这类大塑性变形工艺改善材料性能的本质是通过反复变形，累积变形量，达到细化材料晶粒。多向锻造工艺最大的特点就是材料在发生形变的过程中，外加载荷是旋转变化的。相比其他单向成型工艺，多向锻造可以使合金受到更为强烈的变形，因此可以更强烈地细化合金的晶粒，通常多向锻造后的平均晶粒尺寸都在亚微米级甚至可达到纳米级。

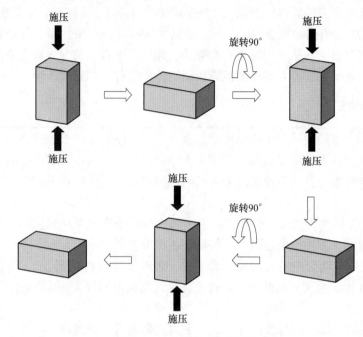

图 4-9　多向锻造的原理图

## 4.5.2　多向锻造技术的研究应用

多向锻造技术是由 Salishchev 等人提出并逐步发展起来的一种制备大块超细晶/纳米晶尺寸金属材料的方法。先对坯料进行热机械变形以获得细晶的组织，再通过超塑性变形来提高组织的均匀性，最后在超塑性变形的温度和形变速率条件下，对试样进行热变形以获得纳米晶的组织。多向锻造技术已经被广泛应用于各种各样的金属的组织细化工作当中，例如钛合金、铝合金、镁合金、不锈钢和复合材料等。

### 4.5.2.1　多向锻造工艺在铝合金中的研究应用

国内很多学者探索多向锻造技术制备高性能铝合金的工艺，并研究了其组织性能。东北大学朱庆丰以 5182 铝合金为研究对象，分析了在 340 ℃下的多向锻造最佳道次为 6 道次。徐昊对稀土微合金化 7085 铝合金的等温多向锻造工艺进行了研究，等温多向锻造进行 6 道次时，合金力学性能和均匀性达到最佳。西北有色金属研究院的张小明等人和马勇等人采用多向反复锻造的方法，研究了变形对 7075 铝合金显微组织的影响，经过多向反复热锻后，晶粒细化效果显著。王亮针对新型 Al-Zn-Mg-Cu 超高强合金，研究了该合金的厚板多向锻造工艺，提出了四镦三拔和三镦两拔两种多向锻造工艺方案，通过这两种工艺的加工制备，合金的拉伸强度都超过 500 MPa，满足使用要求。中南大学刘文胜教授课题组在 2A14 铝合金在多向锻造的研究中提出，始锻温度和应变大小对 2A14 合金的微观组织影响显著。当变形保持 2.4 不变，进行始锻温度分别为 300 ℃和 350 ℃的多向锻造，随着温度升高后，合金表现为亚晶尺寸增大，位错密度降低，由动态回复转变为动态再结晶。当始锻温度为 350 ℃ 不变，进行应变从 0.4 逐级提高到 2.4 的多向锻造，当应变量增加，合金晶粒细化效果增强，在锻造过程中有第二相粒子析出，阻碍了位错的运动，促使再结晶晶粒在整个多向锻造过程中稳定存在。

南京理工大学颜银标教授课题组对 7A04 铝合金在 380~440 ℃ 的温度条件下进行了多道次的多向锻造。研究发现，当锻造温度提高和锻造道次增加后，合金中的第二相更容易破碎溶解，动态再结晶进行更充分。在第一个循环三道次锻造中，锻造温度为 380 ℃、400 ℃ 时，试样主要以动态回复为主，动态再结晶不充分；锻造温度为 420 ℃、440 ℃ 时，充分进行动态再结晶，形成了细密的等轴状晶粒；在第二个循环中，即使锻造温度为380 ℃，也充分进行了再结晶。当锻造温度为 420 ℃ 时，在 2 道次锻造后力学性能最佳，其他锻造温度下，需要进行 3 道次锻造才能取得最佳力学性能。Nageswara Rao 研究了6061 铝合金在液氮下多向锻造的微观组织和力学性能的演变，当应变累积到 5.4 时，经过 TEM 观察，微观织构中主要为大角度晶界的等轴亚晶粒，晶粒尺寸约为 250 nm，同时还形成了高密度位错；微观组织的变化对力学性能有显著影响，维氏硬度从 50HV 增加到115HV，抗拉强度从 180 MPa 增加到 388 MPa。

### 4.5.2.2 多向锻造工艺在镁合金中的研究应用

Miura 等人在室温下对 Mg-Al-Zn 合金进行多向锻造，研究指出粗粒初始颗粒逐渐被分为超细颗粒，有效地抑制了尖锐纹理的发展，其拉伸测试揭示了机械性能的良好平衡。同样，Cai 等人利用多向锻造和热挤压方法制备 AZ31B 合金，研究了两种方法下合金的拉伸力学性能。结果表明，与挤压法相比，多向锻造后合金表现出更优异的力学性能。

郭强等人通过多向锻造技术制备出了晶粒尺寸为 1~2 μm、组织均匀的 AZ80 镁合金坯料。在 7 道次锻造变形后，材料的硬度、屈服强度和抗拉强度达到了最大值，分别为87.3HB、258.78 MPa 和 345.04 MPa，是多向锻造前合金硬度的 1.43 倍，强度的 2 倍左右。哈尔滨工业大学郑明毅教授课题组以 ZK60 镁合金为研究对象，研究该合金在多向锻造过程中组织与性能的演变。首先以变形温度为研究参数，分析 ZK60 镁合金等温多向锻造后的微观组织；在 200 ℃ 和 250 ℃ 的始锻温度下，变形后的组织以孪晶为主，当始锻温度提高到 300 ℃ 和 350 ℃ 时，变形组织发生动态再结晶，平均再结晶晶粒尺寸为5 μm，此时的力学性能提升为：抗拉强度 290 MPa，伸长率为 10%。然后保持温度不变，在各温度下分别进行多道次多向锻造变形；始锻温度为 300 ℃ 时，6 道次多向锻造变形后，晶粒平均尺寸约为 3 μm，再结晶晶粒体积百分数逐渐增大，组织的均匀性和各向异性降低；而当始锻温度为 350 ℃ 时，6 道次多向锻造变形后，与 300 ℃ 的变形效果比较，晶粒尺寸稍有增大，组织的均匀性和各向异性一致。

### 4.5.2.3 多向锻造工艺在钛合金中的研究应用

采用多向锻造工艺可以制备晶粒尺寸为 100 nm 的 TiAl 材料和晶粒尺寸在 60 nm 左右的 Ti-6Al-3.2Mo 块体材料，制备的超细晶的 TC4 板，极限抗拉强度达到了 1360 MPa，总的伸长率则约为 7%，而且在材料的横向和纵向上合金的力学性能高度统一。在国内，对Ti-22Al-23(Nb、Mo、V、Si) 合金进行三工步等温多向锻造实验，锻后合金的显微组织得到了显著的细化，晶粒尺寸可以细化至 1.32 μm。锻后合金的室温屈服强度和抗拉强度分别达到了 1233 MPa 和 1234 MPa，室温伸长率为 3.8%。在变形温度为 950 ℃、应变速率

为 $1 \times 10^{-3}$ s$^{-1}$ 的条件下变形时，合金的伸长率达到了 600%，具有优异的热加工性能。

对 TA15 钛合金等温多向锻造，经 3 道次变形后，TA15 钛合金晶粒细化显著，初生等轴 α 相晶粒尺寸由 9.8 μm 细化至 5.1 μm，次生片状 α 相晶粒厚度由 4.6 μm 降至 2.3 μm；晶粒细化机理为交滑移主导的应变诱导连续动态再结晶和机械几何破碎的共同作用。

### 4.5.2.4　多向锻造工艺在其他材料中的研究应用

采用多向锻造（MDF）和挤压（EX）相结合工艺对 TiC 纳米颗粒增强 Mg-4Zn-0.5Ca 基纳米复合材料进行变形。与仅单一 MDF 相比，经 MDF+EX 变形后纳米复合材料的晶粒尺寸显著减小。当 MDF 温度为 270 ℃ 时，随 MDF 道次的增加，经 EX 变形后再结晶（DRX）晶粒的平均尺寸逐渐增大；而当 MDF 温度为 310 ℃ 时，经 EX 变形后 DRX 晶粒的平均尺寸显著减小。

应用多向锻造工艺对多晶纯铜和不锈钢进行加工，变形过程中外加载荷的方向不断发生变化，这有助于高密度位错墙的形成，材料在低应变或中等应变下会产生大量具有高密度位错结构的亚晶。随着累积应变的不断增加，这些亚晶组织会出现等轴化，最终会形成超细的组织。

## 思 考 题

（1）自由锻概念是什么，自由锻工序包括哪些？

（2）多向锻造对材料组织性能的影响有哪些？

## 参 考 文 献

[1] 闫洪. 锻造工艺与模具设计 [M]. 北京：机械工业出版社，2011.

[2] 程巨强，刘志学. 金属锻造加工基础 [M]. 北京：化学工业出版社，2012.

[3] 刘东亮. 多向锻造铝合金组织与力学性能研究 [D]. 长沙：中南大学，2014.

[4] 郭强，严红革，陈振华，等. 多向锻造技术研究进展 [J]. 材料导报，2007，21（2）：106-108.

[5] 徐烽. 多向锻造变形对镁合金组织和性能影响研究 [D]. 南京：南京理工大学，2011.

[6] 郭强，严红革，陈振华，等. 多向锻造工艺对镁合金显微组织和力学性能的影响 [J]. 金属学报，2006，42（7）：739-744.

[7] 纪小虎，李萍，时迎宾，等. TA15 钛合金等温多向锻造晶粒细化机理与力学性能 [J]. 中国有色金属学报，2019，29（11）：2515-2523.

[8] Belyakov A，Sakai T，Miura H. Fine-grained structure formation in austenitic stainless steel under multiple deformation at 0.5Tm [J]. Materials Transaction，2000，41：476-484.

[9] 张小明，张廷杰，田锋，等. 多向锻造对改善铝合金性能的作用 [J]. 稀有金属材料与工程，2003，5：372-374.

[10] Stidikov O，Sakai T，Goloborodko A，et al. Effect of pass strain on grain refinementin 7475 Al alloy during hot multidirectional forging [J]. Materials Transaction，2004，45（7）：2232-2238.

[11] 朱庆丰，王嘉，左玉波，等. 多向锻造道次对 5182 铝合金变形组织的影响 [J]. 东北大学学报（自然科学版），2015，36（11）：1572-1580.

[12] 徐昊. 多向锻造对稀土微合金化 7085 铝合金组织及性能的影响研究 [D]. 合肥：合肥工业大

学，2016.

［13］ 马勇，桂伟，王芳银，等 . 7075 铝合金多向锻造工艺研究［J］. 特种铸造及有色合金，2015，35（5）：466-470.

［14］ 王亮 . 新型高强铝合金锻造工艺实验与模拟研究［D］. 太原：太原科技大学，2010.

［15］ 夏祥生 . 多向锻造 EW75 合金组织及力学性能研究［D］. 北京：北京有色金属研究总院，2012.

［16］ 聂凯波 . 多向锻造对 SiCp/AZ91 镁基复合材料组织与力学性能的影响［D］. 哈尔滨：哈尔滨工业大学，2009.

［17］ 陈卓 . Ti2AlNb 基合金多向等温锻造组织与力学性能研究［D］. 哈尔滨：哈尔滨工业大学，2013.

［18］ Cai C, Song L H, Du X H, et al. Enhanced mechanical property of AZ31B magnesium alloy processed by multi-directional forging method［J］. MaterialsCharacterization，2017，131：72-77.

［19］ Belyakov A, Gao W, Miura H, et al. Strain-Induced grain evolution in polycrystalline copperduring warm deformation［J］. Metallurgical and Materials Transactions A，1998，29A：2957-2965.

［20］ Rao P N, Singh D, Jayaganthan R. Mechanical properties and microstructural evolution of Al 6061 alloy processed by multidirectional forging at liquid nitrogen temperature［J］. Materials and Design，2014，43：97-104.

［21］ Zherebtsov, Kudryavtsev S V, et al. Microstructure evolution and mechanical behavior of ultrafineTi-6Al-4V during low-temperature superplastic deformation［J］. Acta Materialia，2016，21：152-163.

［22］ Mironov S Y, Salishchev G A, Myshlyaev M M, et al. Evolution of misorientation distribution during warm 'abc' forgingof commercial-purity titanium［J］. Materials Science and Engineering A，2006，418（1/2）：257-267.

［23］ Yu G, Yang X. Multi-directional forging of AZ61 Mg alloy under decreasing temperature conditions and improvement of its mechanical properties［J］. Matetials Science and Engineering A，2011，528（22）：6981-6992.

［24］ Miura H, Maruoka T, Yang X, et al. Microstructure and mechanical properties of multi-directionallyforged Mg-Al-Zn alloy［J］. Scripta Materialia，2012，66（1）：49-51.

# 5 挤压拉拔技术及工艺

## 5.1 挤 压

挤压是对放在挤压筒内的金属坯料施加外力，使之从特定的模孔中流出，获得所需断面形状和尺寸的产品的一种塑性加工方法，如图5-1所示。

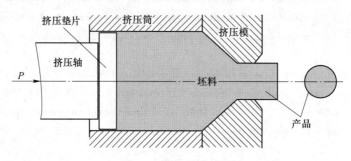

图 5-1 挤压基本原理

按金属流动及变形特征分类，有正向挤压、反向挤压、侧向挤压、连续挤压及特殊挤压。特殊挤压包括静液挤压、有效摩擦挤压、扩展模挤压。按挤压温度分类，有热挤压、温挤压及冷挤压。热挤压和冷挤压是挤压的两大分支，在冶金工业系统主要应用热挤压，通常称挤压，机械工业主要应用冷挤压与温挤压。

### 5.1.1 正向挤压

挤压时，制品从模孔流出的方向与挤压轴的运动方向相同的挤压方式，称为正向挤压，如图5-2所示。正向挤压是最基本的、应用最广泛的挤压方法。正向挤压方法的优点有：技术成熟；设备简单（相对于反向挤压），维修方便，且造价低；操作简便，更换工

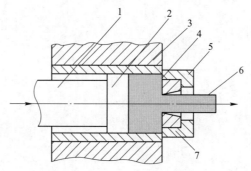

图 5-2 正向挤压示意图

1—挤压杆；2—挤压垫；3—挤压筒；4—坯料；5—模座；6—挤压模；7—制品

具容易，且辅助时间较短；在相同规格的挤压筒上可生产尺寸规格更大的产品，甚至可以生产外接圆尺寸比挤压筒直径还要大的产品（宽展挤压）；生产灵活性大等。正面挤压适合于各种材料的加工成型。正向挤压的基本特征是，挤压时坯料与挤压筒之间有相对滑动，存在着很大的外摩擦。

这种外摩擦，在多数情况下对挤压制品的质量和挤压生产过程会带来不利的影响，它造成了金属流动不均匀，导致挤压制品头部与尾部、表层部位与中心部位的组织性能不均匀；使挤压力增加，一般情况下，挤压筒内壁上的摩擦力占挤压力的30%~40%，甚至更高；由于挤压力的一部分被用于克服摩擦力，从而也限制了使用较长坯料；由于摩擦发热，使得金属与模具易发生黏结，加快了挤压筒、模具的磨损，导致制品表面质量下降，限制了挤压速度提高，并易造成制品头部、尾部尺寸不均一。

## 5.1.2 反向挤压

金属挤出时流动方向与挤压杆运动方向相反的挤压称为方向挤压或简称反挤压。双轴反向挤压示意图如图5-3所示。

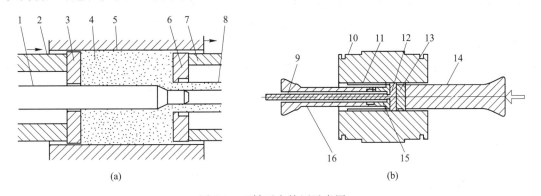

(a)          (b)

图 5-3　双轴反向挤压示意图
（a）反向挤压管材；（b）反向挤压棒材
1—穿孔针；2—空心挤压轴；3，13—挤压垫；4，12—坯料；5，10—挤压筒；6，15—模子；
7，16—空心模子轴；8—制品；9—挤压制品；11—残皮；14—主挤压轴

反向挤压的基本特征是，挤压过程中坯料与挤压筒内壁之间无相对滑动，二者之间无外摩擦。与正向挤压相比较，反向挤压时的挤压力较小，能耗小；在同样能力的设备上可以实现比正向挤压更大变形程度的挤压变形，或挤压变形抗力更高的合金；可以使用比正向挤压更长的坯料，坯料的长、径比可达6：1，从而可以减少几何废料所占的比例，提高成品率。采用长坯料，还可使一个挤压周期中的挤压时间延长，间隙时间相对缩短，弥补反向挤压间隙时间较长对挤压生产效率所带来的不利影响；可以采用较低的坯料加热温度以提高挤压速度，提高生产效率；制品沿横向上的组织性能比较均匀；挤压过程中的温升小，有利于制品纵向上的组织性能均匀一致，且尺寸均匀一致；可以生产粗晶环很浅的制品；压余少，成品率高；可以提高挤压筒的使用寿命等。

但是，反向挤压也存在一些缺陷，如工具结构较复杂，强度（特别是空心模轴的抗弯强度）要求高；反向挤压制品的表面质量较正向挤压的差，为了克服这一缺陷，坯料在挤压前需要进行车皮或剥皮，增加了生产线的复杂性，提高了成本；受空心模轴的限制，在

同样能力的设备上所能生产制品的最大外接圆尺寸较正向挤压的小；设备的造价高；辅助时间较长，操作较复杂。

### 5.1.3  侧向挤压

挤压时金属从模孔中流出的方向与挤压轴运动方向垂直的挤压方式称为侧向挤压或者横向挤压。侧向挤压示意图如图5-4所示。

侧向挤压的特征是，挤压模与挤压筒轴线成90°。挤压过程中，金属先沿着挤压轴运动的方向流动，然后急转弯90°从模孔中流出。金属的这种流动形式，有利于减小制品组织（特别是纵向）的不均匀性，将使制品纵向力学性能差异最小化；金属在变形流动过程中产生比较大的附加剪切变形，晶粒破碎程度严重，晶粒细化，制品强度高。但是，相应地也要求工模具有高的强度和刚度。

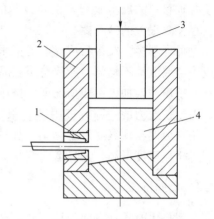

图 5-4  侧向挤压示意图
1—挤压模；2—挤压筒；3—挤压轴；4—坯料

侧向挤压主要用于电线电缆行业各种包覆导线成型（如电缆包铅套和铝套等），一些特殊包覆材料成型等。

近年来，利用侧向挤压时附加的强烈剪切变形来细化晶粒组织，以提高高塑性材料力学性能的研究成为热点之一，如侧向摩擦挤压、等通道转角挤压等。

### 5.1.4  连续挤压

以上所述的几种方法的一个共同特点是挤压生产的不连续性，即在前后两个坯料的挤压之间需要进行压余分离、充填坯料等一系列辅助操作，影响了挤压生产效率，且不利于生产连续长尺寸的制品。

连续挤压是采用连续挤压机，将金属坯料连续不断地从模孔中挤出，获得无限长制品的挤压方法，如图5-5所示。连续挤压法主要有 CONFORM 连续挤压法［见图5-5（a）］和 CASTEX 连续铸挤法［见图5-5（b）］。其中，以 CONFORM 连续挤压法应用最为广泛。

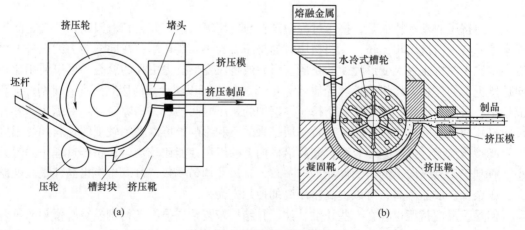

(a)                                    (b)

图 5-5  连续挤压方法的原理
（a）CONFORM 连续挤压法；（b）CASTEX 连续铸挤法

CONFORM 连续挤压法是利用工具与变形金属之间的摩擦力实现挤压的。由旋转挤压轮上的矩形断面槽和固定模座（挤压靴）上的槽封块所组成的环形通道起到普通挤压法中挤压筒的作用。当挤压轮旋转时，借助于槽壁对坯料的摩擦作用将其连续不断地送入模腔而实现挤压。

CONFORM 挤压法的主要优点如下。

（1）挤压型腔与坯料之间的摩擦大部分得到有效利用，使挤压变形的能耗大大降低。与常规挤压法相比较，能降低能耗 30%以上。

（2）摩擦不仅为连续挤压提供了挤压力，而且由于摩擦发热，加上塑性变形热，可以使坯料的温度达到很高的值，以至于坯料不需要加热（铝合金）或采用较低温度预热（铜合金）就可以实现热挤压，大大降低电耗。据估计，比常规挤压法可节约 3/4 左右的热电费用。

（3）只要连续喂料，就可以连续地挤压出长度达数千米乃至万米长的成卷制品。从而显著减少了间歇性非生产时间，简化了生产工艺，缩短了生产周期，提高了生产效率；无压余切头切尾量很少，可使挤压成品率达到 95%～98.5%；挤压过程稳定，制品组织性能的均匀性好。

（4）挤压坯料的适应性很强，可以是杆状坯料、金属颗粒料或粉末料。

（5）设备紧凑，轻型化，占地面积小，设备造价及基建费用低。

然而，由于成型原理与设备结构上的原因，CONFORM 挤压法也存在以下缺点：对坯料表面预处理（除氧化皮、清洗、干燥等）质量要求高；生产大断面、形状较复杂制品的难度较大；生产空心制品的焊缝强度比正常挤压的低；对工模具材料的耐磨性、耐热性要求高；工模具的更换比较困难以及要求使用超高压液压元件等。

CONFORM 连续挤压法适合于铝包钢线等包覆材料，小断面尺寸的管材、线材、型材等挤压成型，在电冰箱和空调器等用散热管、导电用铜铝排材生产中应用较为广泛。

CASTEX 连续铸挤法则是将连续铸造与 CONFORM 连续挤压结合成一体的连续成型方法。坯料以熔融金属的形式通过电磁泵或重力浇铸连续供给，由水冷式槽轮（铸挤轮）与槽封块构成的环形型腔同时起到结晶器和挤压筒的作用。

与通常的 CONFORM 连续挤压法相比较，CASTEX 连续铸挤法具有如下优点：

（1）由于轮槽中的金属处于液态与半固态（凝固区）或接近熔点的高温状态（挤压区），实现挤压成型所消耗的能量低；

（2）金属从凝固开始至结束的过程中，始终处于变形状态下，有利于细化晶粒，减少偏析、疏松、气孔等缺陷；

（3）直接由液态成型，省略了坯料预处理等工艺，工艺流程简单，设备结构紧凑；

（4）适用于变形抗力较高的金属材料的连续挤压生产。

# 5.2　拉　　拔

## 5.2.1　基本概念

所谓拉拔，就是在外力作用下，迫使金属坯料通过模孔，以获得相应形状、尺寸制品的塑性加工方法，其原理如图 5-6 所示。拉拔是金属塑性加工最主要的方法之一，广泛应用于管材、线材的生产根据拉拔制品断面的特点，可将拉拔方法分为实心材拉拔［见图 5-6 (a)］和空心材拉拔［见图 5-6 (b) 和 (c)］。

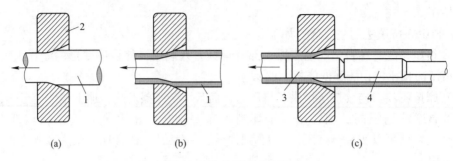

图 5-6　拉拔原理示意图
(a) 实心制品拉拔；(b) 管材空拉；(c) 管材衬拉
1—坯料；2—模具；3, 4—芯棒

### 5.2.1.1　实心材拉拔

实心材包括线材、棒材和实心异型材；空心材包括管材和空心异型材。圆棒材、线材拉拔时的操作相对比较简单，将坯料打头后直接从规定形状、尺寸的模孔中拉出即可实现。异型材的拉拔相对较复杂，除了模具设计方面的因素外，夹头的制作也是比较复杂的，操作方面的难度也比较大，通常用于精度要求很高的简单断面型材（如导轨型材等）的精度控制。普通型材基本上不采用拉拔方法生产。

### 5.2.1.2　空心材拉拔

空心异型材的拉拔方法最为复杂，要根据产品的具体形状、尺寸及要求等，设计相应的模子和芯头，且模子和芯头之间的定位问题也是比较难处理的，在实际中应用不多。

管材拉拔时，根据目的不同，需采用不同的拉拔方法。对只需减小直径而不进行减壁的拉拔过程，将管坯从所要求规格的模孔中拉出即可，如图 5-6 (b) 所示；对既减径又减壁的拉拔过程，则需采用带芯头（也称为芯棒）的拉拔方法才能实现，如图 5-6 (c) 所示。

## 5.2.2　基本方法

管材拉拔可按不同方法分类。按照拉拔时管坯内部是否放置芯头可分为无芯头拉拔（空拉）和带芯头拉拔（衬拉）两大类。按照拉拔时金属的变形流动特点和工艺特点可分为空拉、固定短芯头拉拔、长芯棒拉拔、游动芯头拉拔、顶管法和扩径拉拔等六种方法，如图 5-7 所示。其中，最常用的是空拉、固定短芯头拉拔和游动芯头拉拔。

### 5.2.2.1　空拉

空拉是指拉拔时在管坯内部不放置芯头的一种管材拉拔生产方法，如图 5-7 (a) 所示，管坯通过模孔后，其外径减小，壁厚尺寸一般会略有变化。根据拉拔的目的不同，空拉可分为减径空拉、整径空拉和成型空拉。

#### A　减径空拉

减径空拉主要用于生产小规格管材和毛细管。对于受轧管机孔型和拉拔芯头最小规格

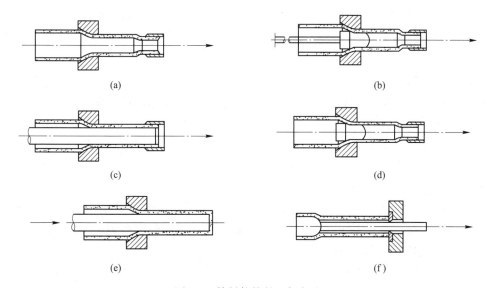

图 5-7　管材拉拔的一般方法

（a）空拉；（b）固定芯头拉拔；（c）长芯棒拉拔；（d）游动芯头拉拔；（e）顶管法；（f）扩径拉拔

限制而不能直接生产出成品直径的小规格管材，通常是先采用轧制或带芯头拉拔的方法，将管坯的壁厚减薄到接近成品尺寸；然后通过空拉减径的方式，经过若干道次空拉，再将其直径进一步减小到所要求的成品尺寸。在减径过程中，管材的壁厚尺寸一般都会发生一定的变化（增大或减小）。减径量越大，壁厚尺寸的变化也越大，拉拔后的管材内表面也越粗糙。

B　整径空拉

整径空拉方法与减径空拉相同，所不同的是整径空拉时的管材直径减缩量相对较小，空拉道次少，一般为 1~2 个道次，主要用于控制成品管的外径尺寸精度。用周期式二辊冷轧管机生产的管材，通常都必须经过空拉整径才能满足直径尺寸和表面质量的要求。带芯头拉拔后的管材，通常也需要经过空拉整径才能精确地控制其直径尺寸精度。整径时的直径减缩量一般比较小，用带芯头方法拉拔的管材在整径时的直径减缩量一般为 1 mm 左右；用轧制方法生产的管材在整径时的直径减缩量一般为 1~5 mm。故与减径空拉相比，整径空拉后管壁尺寸的变化相对比较小，管材内表面质量相对较好。

C　成型空拉

成型空拉主要用于生产异形断面（如椭圆形、正方形、矩形、三角形、梯形、多边形等）无缝管材。将通过轧制、拉拔等方法生产的壁厚尺寸已经达到成品要求的圆断面管坯，再通过异形模孔，拉拔成所需要的断面形状、尺寸的异形管材。根据异形管材断面的宽厚比、复杂程度以及精度要求的不同，成型空拉可经过一个道次或多个道次完成。

5.2.2.2　固定短芯头拉拔

如图 5-7（b）所示，拉拔时，将带有短芯头的芯杆固定，管坯通过模孔与芯头之间的间隙实现减径和减壁。固定短芯头拉拔是管材拉拔中应用最广泛的一种生产方法，所拉拔管材的内表面质量比空拉的好。在生产管壁较厚的管材时，采用固定短芯头拉拔的生产效率比轧制的高。当更换规格时，只需要更换模子和芯头就可以实现，操作方便、简单。但是，由于受连接短芯头的芯杆直径及弹性变形的影响，导致拉拔细管比较困难，且不适合拉拔长尺寸管材。

### 5.2.2.3　长芯棒拉拔

将管坯自由地套在表面抛光的长芯棒上，使芯棒与管坯一起从模孔中拉出，实现管坯的减径和减壁，如图5-7（c）所示。

长芯棒拉拔时，由于芯棒作用在管坯上的摩擦力方向与拉拔方向一致，从而有利于减小拉拔力，增大道次加工率；由于管坯是紧贴着芯棒发生变形，从而可避免拉拔薄壁、低塑性管材时可能出现的拉断现象。但是，当拉拔结束后，需要用专门的脱管设备使管材扩径取出芯棒；在生产过程中需要准备大量表面经过抛光处理的长芯棒，增加了工具的费用，且芯棒的保存、管理也比较麻烦。长芯棒拉拔方法在实际生产中应用较少，适合于薄壁管材和塑性较差的合金管材生产。

### 5.2.2.4　游动芯头拉拔

在拉拔过程中，芯头不固定，呈自由状态，芯头依靠其本身所特有的外形建立起来的力平衡被稳定在模孔中，实现管坯的减径和减壁，如图5-7（d）所示。游动芯头拉拔是管材拉拔中较为先进的一种生产方法，与固定短芯头拉拔相比具有如下优点：

（1）非常适合用长管坯拉拔长尺寸制品，特别是可直接利用盘卷管坯采用盘管拉拔方法生产长度达数千米长的管材，有利于提高生产效率，提高成品率；

（2）适合生产直径较小的管材；

（3）在管坯尺寸、摩擦条件发生变化时，芯头可在变形区内做适当的游动，从而有利于提高管材的内表面质量和减小拉拔力，在相同条件下，其拉拔力比固定短芯头拉拔时小15%左右。

但是，与固定短芯头拉拔相比，游动芯头拉拔对工艺条件、润滑条件、技术条件及管坯的质量（特别是盘管拉拔时）等要求较高，配模也有一定的限制，故不可能完全取代固定短芯头拉拔。采用盘管拉拔时，只能生产中小规格管材。

### 5.2.2.5　顶管法

顶管法又称为艾尔哈特法，是将长芯棒套入带底的管坯中，操作时用芯棒将管坯从模孔中顶出，实现减径和减壁，如图5-7（e）所示。顶管法适合大直径管材的生产。

### 5.2.2.6　扩径拉拔

如图5-7（f）所示，管坯通过扩径后，直径增大，壁厚和长度减小。扩径拉拔主要是在当设备能力受到限制而不能生产大直径管材时采用。

## 5.2.3　拉拔法的优点、缺点

拉拔与其他塑性加工方法相比较，具有以下一些优点。

（1）拉拔制品的尺寸精确高，表面质量好。特别是对于一些内径、外径尺寸偏差要求很小的高精度管材，只有通过拉拔方法才能加工出来。

（2）设备简单，维护方便，在一台设备上只需要更换模具，就可以生产多种品种、规格的制品，且更换模具也非常方便。

（3）模具（包括模子和芯头）简单，设计、制造方便，且费用较低。

（4）适合于各种金属及合金的细丝和薄壁管生产，规格范围很大。特别是对于细丝和毛细管来说，拉拔可能是唯一的生产方法。

丝（线）材：$\phi 0.002 \sim 10$ mm；管材：外径 $\phi 0.1 \sim 500$ mm，壁厚最小达 0.01 mm，壁厚与直径的比值可达到 1：2000。

（5）利用盘管拉拔设备可以生产长度达几千米的小规格薄壁管材，速度快，效率高，成品率高。

（6）对于不可热处理强化的合金，通过拉拔，利用加工硬化可使其强度提高。

尽管拉拔方法有以上诸多优点，但也存在如下一些明显的缺点：

（1）受拉拔力限制，道次变形量较小，往往需要多道次拉拔才能生产出成品；

（2）受加工硬化的影响，两次退火间的总变形量不能太大，从而使拉拔道次增加，退火次数增加，降低了生产效率；

（3）由于受拉应力影响，在生产低塑性、加工硬化程度大的金属时，易产生表面裂纹，甚至拉断；

（4）生产扁宽管材和一些较复杂的异形管材时，往往需要多道次成型。

# 5.3 等通道转角挤压技术

## 5.3.1 等通道转角挤压原理

等通道转角挤压（ECAP，Equal Channel Angular Pressing）过程是通过两个形状相同、截面积尺寸相同的通道通过一定的角度（0°~180°）相互连接而成的模具，通过挤压杆施加挤压力使试样通过模具转角通道，实现大塑性变形。模具结构如图 5-8 所示，由挤压杆、模具、试样三部分组成，模具通道转角尺寸由模具内角、内角半径、模具外角共同决定。ECAP 工艺示意图如图 5-9 所示。挤压时，将模具置于挤压机中，通过挤压机施加的压力使挤压杆竖直向下运动，将试样压入横通道，使试样在模具拐角处产生大塑性变形。

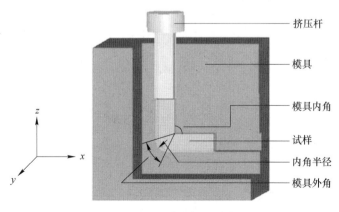

图 5-8 ECAP 模具结构示意图

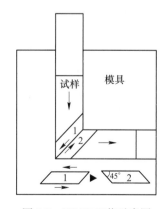

图 5-9 ECAP 工艺示意图

1—变形前；2—变形后

### 5.3.2　影响等通道转角挤压过程的因素

#### 5.3.2.1　模具结构

试样排除与模具通道的摩擦外，挤压过程中产生的总应变量与挤压道次、内交角和外接弧角有关。

当模具内交角为 0°时，$N$ 道次变形后总应变量可以表示为：

$$\varepsilon_N = \frac{2N}{\sqrt{3}}\cot\frac{\varphi}{2} \tag{5-1}$$

式中　$\varphi$——模具内交角。

当模具内交角不为 0°时，Iwahashi 等人认为 $N$ 道次变形后总应变量计算可以表示为：

$$\varepsilon_N = \frac{N}{\sqrt{3}}\left[2\cot\left(\frac{\varphi}{2}+\frac{\psi}{2}\right)+\psi\csc\left(\frac{\varphi}{2}+\frac{\psi}{2}\right)\right] \tag{5-2}$$

式中　$\varphi$——模具内角，(°)；

　　　$\psi$——模具外角，(°)；

　　　$N$——挤压道次。

Iwahashi 认为：当 $\varphi<90°$时，在获得细小晶粒的同时模具的损伤度加大，且材料挤压过程中会出现裂纹，影响材料的继续挤压；当 $\varphi=90°$时，材料组织表现为等轴晶；当 $\varphi>90°$时，材料组织晶粒尺寸分布不均匀。在实际生产中，结合挤压过程中组织均匀性和模具使用寿命，一般选用内交角 $\varphi=90°$作为试验工艺参数。

#### 5.3.2.2　挤压路径

ECAP 有四条基本的挤压路径，这四种不同的路线在挤压过程中激活了试样不同的滑移系，不同路径挤压后试样的微观结构也存在显著差异。四种不同挤压路径的示意图如图 5-10 所示，在路径 A 中，试样在连续的挤压道次之间，无旋转；在路径 $B_A$，试样在连续挤压道次之间顺、逆时针循环旋转 90°；在路径 $B_C$ 中，试样在连续挤压道次之间在同一方

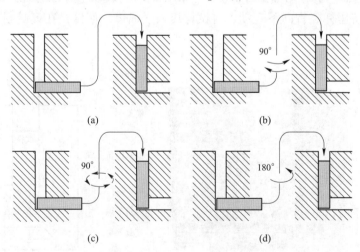

图 5-10　ECAP 四种基本挤压路径

(a) 路径 A；(b) 路径 $B_A$；(c) 路径 $B_C$；(d) 路径 C

向（顺时针或逆时针）旋转 90°；在路径 C 中，试样在连续道次挤压之间旋转 180°。各种路径的组合挤压也是可以的，例如，路径 $B_C$ 和 C 的组合，但实验证明，这种更复杂的组合旋转对材料的力学性能并没有额外的提高，因此，对于板材或棒材的加工，一般采用图 5-10 的四种加工路径。

四种不同的加工路径所对应的不同的剪切特征见表 5-1，Furukawa 等人引入立方体单元表示不同路径多道次挤压下 $X$、$Y$、$Z$ 方向的剪切变形特征。由立方体单元变形特征可以看出，不同挤压路径在 $X$、$Y$、$Z$ 方向具有不同的剪切变形特征，多道次挤压后所累积的等效应变量不同，试样在不同路径下变形后的微观组织与力学性能也会有所差异。在探讨等通道转角挤压对 6082 铝合金组织细化的过程中，挤压路径和挤压道次是影响组织细化的重要参数。

表 5-1　不同挤压路径的剪切变形特征

| 路径 | 方向 | 道次数 | | | | | | | | |
|---|---|---|---|---|---|---|---|---|---|---|
| | | 0 | 1 | 2 | 3 | 4 | 5 | 6 | 7 | 8 |
| A | $X$ | | | | | | | | | |
| | $Y$ | | | | | | | | | |
| | $Z$ | | | | | | | | | |
| $B_A$ | $X$ | | | | | | | | | |
| | $Y$ | | | | | | | | | |
| | $Z$ | | | | | | | | | |
| $B_C$ | $X$ | | | | | | | | | |
| | $Y$ | | | | | | | | | |
| | $Z$ | | | | | | | | | |
| C | $X$ | | | | | | | | | |
| | $Y$ | | | | | | | | | |
| | $Z$ | | | | | | | | | |

#### 5.3.2.3　挤压道次

在进行等通道挤压时，剪切应力会受到挤压道次的影响，多道次挤压可实现剪切应变量的积累，从而优化材料性能，达到细化晶粒的效果。事实上，挤压道次与晶粒尺寸不成正比，变形量增加到一定程度后，晶粒尺寸不随变形道次的增加而增加。相反，在保温和动态再结晶的作用下，晶粒尺寸会有所增加。

#### 5.3.2.4　挤压温度

从热力学方面来看，金属在塑性变形过程中温度越高，则原子的内能越高，原子的热运动就会越剧烈，高能状态的金属材料会有向低能状态发展的趋势，因此挤压温度对于ECAP 挤压材料的影响较大。温度越低，晶粒细化效果明显。但温度过低，滑移系不能全部开动,试样表现为明显的开裂。变形温度过高,挤压过程中晶粒的长大速度远大于再结晶细化晶粒速度,晶粒明显长大。因此,对于不同的材料,选用合适的挤压温度对材料组织结构有积极作用。

### 5.3.2.5　摩擦模型

ECAP 变形过程中,模具和挤压件接触面之间的摩擦力改变了变形金属的表面质量、模具寿命,以及流动特性。摩擦是决定金属成型特性的主要因素。通常,过大的摩擦会加剧模具磨损,也会对实际生产过程的产品综合性能产生负面影响。因此,通常使用各种润滑剂来减小金属成型过程中的摩擦。摩擦在广义上分为静摩擦和动摩擦两类。在金属成型模拟中,传统上假设摩擦遵循库仑摩擦定律或恒定剪切摩擦定律。

**A　库仑摩擦模型**

在库仑摩擦模型中,摩擦应力与正应力或表面力成一定的比例。在数值模拟中,库仑摩擦模型定义如式(5-3)所示:

$$\|\sigma_t\| < \mu\sigma_n \qquad (静摩擦)$$
$$\|\sigma_t\| = -\mu\sigma_n \cdot t \qquad (动摩擦) \tag{5-3}$$

式中　$\|\sigma_t\|$——矩阵力的"大小"的一种度量;

　　　$\sigma_t$——摩擦力;

　　　$\mu$——库仑摩擦系数;

　　　$\sigma_n$——正应力;

　　　$t$——相对速度方向的切向矢量。

式(5-3)也称为库仑摩擦定律。

**B　剪切摩擦模型**

在剪切摩擦模型中,摩擦力与材料的等效应力或屈服应力呈比例,其定义如式(5-4)所示:

$$\|\sigma_t\| < m\frac{\overline{\sigma}}{\sqrt{3}} \qquad (静摩擦)$$
$$\|\sigma_t\| = -m\frac{\overline{\sigma}}{\sqrt{3}} \qquad (动摩擦) \tag{5-4}$$

式中　$\|\sigma_t\|$——矩阵力的"大小"的一种度量;

　　　$\sigma_t$——摩擦力;

　　　$m$——库仑摩擦系数;

　　　$\overline{\sigma}$——等效应力。

式(5-4)也称为剪切摩擦定律。

对比库仑摩擦定律和剪切摩擦定律可知,在库仑摩擦定律中摩擦应力与正应力成正比;而剪切摩擦定律表明摩擦应力与材料剪切屈服强度成比例,与实际变形过程中的正应力无关。很明显,摩擦应力与正应力有关,并且库仑摩擦定律或其变体可以比剪切摩擦定律更好地描述摩擦对实际变形过程的影响。但是,剪切摩擦定律由于其理论简单性和数值不变性而被广泛用于大体积金属成型的模拟中。

### 5.3.3 ECAP 工艺的组织细化方式

ECAP 法是一种剧烈塑性变形的方法，其目的是细化晶粒，提高材料的性能。经过近些年研究工作者们的不断钻研，已经形成普遍接受的晶粒细化机制，主要包括位错细化机制、孪晶细化机制和相变细化机制。

#### 5.3.3.1 位错细化机制

对于大部分具有中高层错能的立方结构的金属，剧烈塑性变形形成的位错和位错界面对原始粗晶分割，从而细化晶粒。在 ECAP 的挤压过程中首先生成大量的位错形成位错胞，挤压道次的增加及应变量增加导致位错胞内位错密度增加，到达一定程度后，位错胞会形成晶粒状结构，随之形成大角度晶界的纳米晶结构材料。剧烈塑性变形的组织结构细化主要在于：

（1）大密度的位错缠绕（DTs）和位错墙（DDW）在原始粗晶粒中不断地生成；

（2）随着应变量的增加，由 DTs 和 DDW 组成的位错界面连续向亚晶界转变；

（3）动态回复过程中，亚晶界连续向大角度晶界转变。

对层错能较高的金属或合金，在刚开始变形时位错缠绕、湮灭和动态回复容易进行，形成位错界面，在随后的变形中晶粒逐渐旋转形成大角度晶界。当应变量达到一定程度时就会饱和，位错的产生和湮灭会达到动态平衡，使材料不再细化。

基于以上总结，挤压过程中位错细化机制流程为：位错产生和增殖→位错缠绕/位错墙→亚晶/部分转变为晶界→晶界/晶粒。亚晶界的形成表示位错胞已经形成亚晶粒，大角度晶界的形成表示亚晶粒转变成晶粒。最终，原始粗晶粒在不断地位错切割形成均匀的细小晶粒。

#### 5.3.3.2 孪晶细化机制

对于低层错能金属材料，原始粗晶材料在剧烈塑性变形中不仅有位错细化机制，还有孪晶界不断分割细化晶粒，这就是孪晶细化机制。在剧烈塑性变形中，金属的位错滑移变形和孪晶变形既相互协调又相互竞争，当滑移应力小于孪生应力，则以滑移变形为主；当孪生应力小于滑移应力，孪生变形才占主导地位。在 ECAP 挤压中、低层错能的材料时，组织细化仍以位错滑移为主，孪生变形为辅。

一套孪生系形成的形变孪晶（一次孪晶）将晶粒分割成孪晶-基体的片层状结构。平行排列的形变孪晶把原始大晶粒分割成厚度只有几十纳米的片状结构。当两套及以上的孪生系启动时，形变孪晶将基体分割成小块状。

当孪晶的片层达到纳米级别后不会再产生新的孪晶，而是生成大量的位错。综上所述，孪晶细化机制的细化过程是孪晶→孪晶和孪晶→位错等多种机制的交互作用。在多种交互作用下，原始粗晶粒逐渐细化成含有细小孪晶的纳米晶。孪晶细化机制的过程为：变形孪晶及位错增殖→孪晶与其他机制的交互作用→孪晶板条交互作用→含有微小孪晶的位错胞→晶粒。

#### 5.3.3.3 相变细化机制

具有面心立方结构的奥氏体不锈钢、高锰钢、钴等在变形的情况下常常发生马氏体相变。利用应变诱发马氏体相变可以提高材料的塑性，称为马氏体相变诱发塑性（TRIP，

Transformation-induced Plasticity）。形变诱导形成的马氏体在基体特定的晶面上按一定的位向析出。这个特定的晶面称作惯习面，是基体和形变马氏体共有的。惯习面是一个半共格、高度活动性的相界面，类似于孪晶界。在剧烈塑性变形过程中，由相界切割原始粗晶粒的细化机制称为相变细化机制。

面心立方结构钴在剧烈塑性变形过程中会发生 $\gamma \rightarrow \varepsilon$ 的马氏体相变。$\varepsilon$ 马氏体为密排六方结构，$\varepsilon$（0001）面与基体 {111} 共格，其在基体 {111} 面上析出。经过塑性变形形成了 $\varepsilon$ 板条与 $\gamma$ 基体相间的片层状结构，形成的片层状结构与形变孪晶的片层状结构相似，都是将原始粗晶粒分割成细小的片层状结构。当有多个 {111}$\gamma$ 面析出 $\varepsilon$ 马氏体时，会形成网状结构。

## 思 考 题

（1）什么是正向挤压、反向挤压、侧向挤压？
（2）拉拔的基本方法有哪些？
（3）简述等通道转角挤压技术对材料组织性能的影响。

## 参 考 文 献

[1] 邓小民，谢玲玲，闫亮明. 金属挤压与拉拔工程学 [M]. 合肥：合肥工业大学出版社，2013.

[2] 温景林. 金属挤压与拉拔工艺学 [M]. 沈阳：东北大学出版社，1996.

[3] 刘莹莹，王庆娟. 金属挤压、拉拔工艺及工模具设计 [M]. 北京：冶金工业出版社，2018.

[4] 谢建新，刘静安. 金属挤压理论与技术 [M]. 北京：冶金工业出版社，2012.

[5] 王丽文. 304 奥氏体不锈钢在不同挤压工艺下晶粒的研究与分析 [D]. 兰州：兰州理工大学，2020.

[6] 任倩玉. 6082 铝合金等通道转角挤压变形过程的数值模拟 [D]. 西安：西安理工大学，2019.

[7] 高晶磊. ECAP 变形对 ZA63 合金组织、织构及性能的影响 [D]. 太原：太原理工大学，2019.

[8] 卢建玉. ECAP 法制备纳米结构奥氏体钢及其热稳定性研究 [D]. 秦皇岛：燕山大学，2019.

[9] Valiev R Z, Ivanisenko Y V, Rauch E F, et al. Structure and deformaton behaviour of Armco iron subjected to severe plastic deformation [J]. Acta Materialia, 1996, 44 (12): 4705-4712.

[10] Tao N R, Wang Z B, Tong W P, et al. An investigation of surface nanocrystallization mechanism in Fe induced by surface mechanical attrition treatment [J]. Acta Materialia, 2002, 50 (18): 4603-4616.

[11] Chakkingal U, Suriadi A B, Thomson P F. Microstructure development during equal channel angular drawing of al at room temperature [J]. Scripta Materialia, 1998, 39: 67-84.

[12] Chang C P, Sun P L, Kao P W. Deformation induced grain boundaries in commercially pure aluminum [J]. Acta Materialia, 2000, 48 (33): 77-85.

[13] 黄崇湘. ECAP 过程中铜、不锈钢的结构演化和力学性能研究 [D]. 沈阳：中国科学院金属研究所，2006.

[14] Zhang H W, Hei Z K, Liu G, et al. Formation of nanostructured surface layer on AISI 304 stainless steel by means of surface mechanical attrition treatment [J]. Acta Materialia, 2003, 51 (18): 71-81.

[15] Wu X, Tao N, Hong Y, et al. Strain-induced grain refinement of cobalt during surface mechanical attrition treatment [J]. Acta Materialia, 2005, 53: 681-691.

[16] Wu X, Tao N, Hong Y, et al. $\gamma \rightarrow \varepsilon$ martensite transformation and twinning deformation in fcc cobalt during surface mechanical mechanical attrition treatment [J]. Scripta Materialia, 2005, 52 (5): 47-51.

# **6** 塑料及其成型模具设计

## 6.1 塑料的分类

### 6.1.1 按塑料中树脂的分子结构和热性能分类

按这种分类方法可以将塑料分成热塑性塑料和热固性塑料两大类。

#### 6.1.1.1 热塑性塑料

热塑性塑料中树脂的分子结构是线型或支链型结构。热塑性塑料在加热时软化熔融成为可流动的黏稠液体，在这种状态下可以塑制成一定形状的塑件，冷却后保持已定型的形状。若再次加热，又可以软化熔融，可以再次塑制成一定形状的塑件，如此可以反复多次。在上述过程中一般只有物理变化而无化学变化。由于这一过程是可逆的，在塑料加工中产生的边角料及废品可以回收粉碎成颗粒后再生利用。

聚乙烯、聚丙烯、聚氯乙烯、聚苯乙烯、ABS、聚酰胺、聚甲醛、聚碳酸酯、有机玻璃、聚砜、氟塑料等都属于热塑性塑料。

#### 6.1.1.2 热固性塑料

热固性塑料在受热时，由于伴随着化学反应，其物理状态变化与热塑性塑料明显不同。开始加热时，由于树脂是线型结构，和热塑性塑料相似，加热到一定温度时树脂分子链运动的结果使之很快由固态变成黏流态，这使热固性塑料具有成型的性能。但这种流动状态存在的时间很短，很快由于化学反应的作用，分子结构变成网状，分子运动停止了，塑料硬化变成坚硬的固体。再加热分子运动仍不能恢复，化学反应继续进行，分子结构变成体型，塑料还是坚硬的固体。当温度升到一定值时，塑料开始分解。

属于热固性塑料的有酚醛塑料、氨基塑料、环氧塑料、有机硅塑料、硅酮塑料等。

### 6.1.2 按塑料性能及用途分类

按这种分类方法可将塑料分为通用塑料、工程塑料、增强塑料、特殊塑料。

#### 6.1.2.1 通用塑料

通用塑料是指产量大、用途广、价格低的塑料。主要包括聚乙烯、聚氯乙烯、聚苯乙烯、聚丙烯、酚醛塑料和氨基塑料六大品种，它们的产量占塑料总产量的一半以上，构成了塑料工业的主体。

#### 6.1.2.2 工程塑料

工程塑料常指在工程技术中用作结构材料的塑料。除具有较高的机械强度外，这类塑料还具有很好的耐磨性、耐腐蚀性、自润滑性及尺寸稳定性等。它们具有某些金属特性，因而现在越来越多地代替金属来做某些机械零部件。

目前常用的工程塑料包括聚酰胺、聚甲醛、聚碳酸酯、ABS、聚砜、聚苯醚、聚四氟乙烯等。

### 6.1.2.3   增强塑料

在塑料中加入玻璃纤维等填料作为增强材料，以进一步改善塑料的力学性能和电性能，这种新型的复合材料通常称为增强塑料。增强塑料具有优良的力学性能，比强度和比刚度高。增强塑料分为热塑性增强塑料和热固性增强塑料。

### 6.1.2.4   特殊塑料

特殊塑料是指具有某些特殊性能的塑料，如氟塑料、聚酰亚胺塑料、有机硅树脂、环氧树脂、导电塑料、导磁塑料、导热塑料以及为某些专门用途而改件得到的塑料。

# 6.2   塑料配方设计

## 6.2.1   基本原则

在一个优秀的高分子材料配方设计中，高分子聚合物将通过与添加剂的配合，共混加工以充分发挥其材料混合后的物理力学性能，改善成型加工特性，降低制品生产成本，提高企业经济效益，因此，塑料配方设计必须满足以下基本原则：

（1）制品使用的性能与要求；

（2）成型加工方法的工艺与要求；

（3）所选材料来源、产地、质量是否稳定、可靠，价格是否合理；

（4）配方成本在满足上述三条前提下，尽量选用质量稳定、来源可靠、价格低廉的原材料，必要时可采用不同品种和价格的原材料复合配制，并加入适当填充剂，以降低成本。

## 6.2.2   一般步骤

（1）在确定制品性能和用途的基础上，根据产品外形、零部件的几何尺寸、作用及成型加工方法，利用已建成的数据库，收集高分子化合物和添加剂等各种原材料的资料。

（2）初选材料，进行配方设计及相应试验加工。首先设计若干基础配方，进行小样压片试验，通过性能测试拟定合格配方，再确定其批量加工时的工艺条件，以扩大批量试验。

（3）获取材料性能数据或凭经验进行产品三维造型，包括零部件的壁厚及其尺寸设计。

（4）利用 RPM 技术实物造型，经测试或模拟试验无误，进行市场调研，获取产品订单。

（5）修改设计、调整配方、重复试验，使性能达到合格状态，保证客户需求。

（6）依靠模型试验，核算成本，进行产品的最终选材和配方设计。

（7）对所选材料规范化，如原料的规格、牌号、产地、验收标准、监测项目和监测方法等。

# 6.3 常用工程塑料名称和性能特点

## 6.3.1 ABS 塑料

ABS 塑料的主体是丙烯腈、丁二烯和苯乙烯的共混物或三元共聚物，是一种坚韧而有刚性的热塑性塑料。苯乙烯使 ABS 有良好的模塑性、光泽和刚性；丙烯腈使 ABS 有良好的耐热、耐化学腐蚀性和表面硬度；丁二烯使 ABS 有良好的抗冲击强度和低温回弹性。三种组分的比例不同，其性能也随之变化。

### 6.3.1.1 性能特点

ABS 在一定温度范围内具有良好的抗冲击强度和表面硬度，有较好的尺寸稳定性、一定的耐化学药品性和良好的电气绝缘性。它不透明，一般呈浅象牙色，能通过着色而制成具有高度光泽的其他任何色泽制品，电镀级的外表可进行电镀、真空镀膜等装饰。通用级 ABS 不透水，燃烧缓慢，燃烧时软化，火焰呈黄色、有黑烟，最后烧焦、有特殊气味，但无熔融滴落，可用注射、挤塑和真空等成型方法进行加工。

### 6.3.1.2 级别与用途

ABS 按用途不同可分为通用级（包括各种抗冲级）、阻燃级、耐热级、电镀级、透明级、结构发泡级和改性 ABS 等。通用级用于制造齿轮、轴承、把手、机器外壳和部件、各种仪表、计算机、收录机、电视机、电话等外壳和玩具等；阻燃级用于制造电子部件，如计算机终端、机器外壳和各种家用电器产品；结构发泡级用于制造电子装置的罩壳等；耐热级用于制造动力装置中自动化仪表和电动机外壳等；电镀级用于制造汽车部件、各种旋钮、铭牌、装饰品和日用品；透明级用于制造度盘、电冰箱内食品盘等。

## 6.3.2 聚苯乙烯

聚苯乙烯（PS）是产量最大的热塑性塑料之一，它无色、无味、无毒、透明，不滋生菌类，透湿性大于聚乙烯，但吸湿性仅 0.02%，在潮湿环境中也能保持强度和尺寸。

### 6.3.2.1 性能特点

聚苯乙烯具有优良的电性能，特别是高频特性。它介电损耗小（$1×10^{-5} ～ 3×10^{-5}$），体积电阻和表面电阻高，热变形温度为 65～96 ℃，制品最高连续使用温度为 60～80 ℃。有一定的化学稳定性，能耐多种矿物油、有机酸、碱、盐、低级醇等，但能溶于芳烃和卤烃等溶剂中。聚苯乙烯耐辐射性强，表面易着色、印刷和金属化处理，容易加工，适合于注射、挤塑、吹塑、发泡等多种成型方法。缺点是不耐冲击、性脆易裂、耐热性和机械强度较差，改性后，这些性能有较大改善。

### 6.3.2.2 级别用途

聚苯乙烯目前主要有透明、改性、阻燃、可发性和增强等级别，可用于包装、日用品、电子工业、建筑、运输和机器制造等许多领域。透明级用于制造日用品，如餐具、玩具、包装盒等，光学仪器、装饰面板、收音机外壳、旋钮、透明模型、电信元件等；改性的抗冲阻燃聚苯乙烯广泛用于制造电视机、收录机壳、各种仪表外壳以及多种工业品；可发性的用于制造包装和绝缘保温材料等。

### 6.3.3　聚丙烯

聚丙烯（PP）是 20 世纪 60 年代发展起来的新型热塑性塑料，是由石油或天然气裂化得到丙烯，再经特种催化剂聚合而成，是目前塑料工业中发展速度最快的品种，产量仅次于聚乙烯、聚氯乙烯和聚苯乙烯，居第四位。

#### 6.3.3.1　性能特点

聚丙烯通常为白色、易燃的蜡状物，比聚乙烯透明，但透气性较低。密度为 0.9 g/cm³，是塑料中密度最小的品种之一，在廉价的塑料中耐温最高，熔点为 164~170 ℃，低负荷下可在 110 ℃温度下连续使用。吸水率低于 0.02%，高频绝缘性好，机械强度较高，耐弯曲疲劳性尤为突出。在耐化学性方面，除浓硫酸、浓硝酸对聚丙烯有侵蚀外，对多种化学试剂都比较稳定。制品表面有光泽，某些氯代烃、芳烃和高沸点脂肪烃能使其软化或溶胀。缺点是耐候性较差，对紫外线敏感，加入炭黑或其他抗老剂后，可改善耐候性。另外，聚丙烯收缩率较大，为 1%~2%。

#### 6.3.3.2　用途

聚丙烯可代替部分有色金属，广泛用于汽车、化工、机械、电子和仪器仪表等工业部门，如各种汽车零件、自行车零件、法兰、接头、泵叶轮、医疗器械（可进行蒸汽消毒）、管道、化工容器、工厂配线和录音带等。由于无毒，还广泛用于食品、药品的包装以及日用品的制造。

### 6.3.4　聚乙烯

聚乙烯（PE）是由乙烯聚合而成的，是目前世界上热塑性塑料中产量最大的一个品种。它为白色蜡状半透明材料，柔而韧，稍能伸长，其相对分子质量要达 10000 以上，比水轻，易燃，无毒，密度为 0.919~0.96 g/cm³，具有优良的电绝缘性能、耐化学腐蚀性能、耐低温性能和良好的加工流动性，但和其他塑料相比机械强度低，表面硬度差，除薄膜制品外，其他制品皆不透明。聚乙烯是由乙烯在不同的压力下经聚合而成的，按合成方法的不同，可分为高压、中压和低压三种，近年来还开发出超高分子量聚乙烯和多种乙烯共聚物等新品种。高压聚乙烯高分子带有许多支链，因而相对分子质量较小，结晶度和密度较低，故又称低密度聚乙烯，它具备较好的柔软性、耐冲击及透明性；低压聚乙烯高分子链上支链较少，相对分子质量、结晶度和密度较高，故又称高密度聚乙烯，它具有硬度大、耐磨、耐腐蚀、耐热及较好的电绝缘性。

聚乙烯电绝缘性能优异，常温下不溶于任何已知溶剂，并耐稀硫酸、稀硝酸和任何浓度的其他酸以及各种浓度的碱、盐溶液。聚乙烯有高度的耐水性，长期与水接触其性能可保持不变，透水气性能较差。而透氧和二氧化碳以及许多有机物质蒸汽的性能好，在热、光、氧气的作用下，会产生老化和变脆。一般高压聚乙烯的使用温度约在 80 ℃，低压聚乙烯为 100 ℃左右。聚乙烯能耐寒，在-60 ℃时仍有较好的力学性能，-70 ℃时仍有一定的柔韧性。聚乙烯按密度不同，可分为低密度聚乙烯、中密度聚乙烯、高密度聚乙烯、线性低密度聚乙烯和超高分子量聚乙烯。

### 6.3.4.1　低密度聚乙烯

低密度聚乙烯（LDPE）通常采用高压法（压力为 1500~3000 kg/cm$^2$）生产，故又称高压聚乙烯。由于高压法生产的聚乙烯分子链中含有较多的长短支链，相对分子质量低为 25000 左右，结晶度低（55%~65%），密度低（0.919~0.9259 g/cm$^3$），熔点为 105~110 ℃，熔体指数 MI = 0.15~50 g/(10 min)；具有质轻、柔性好、软化点低、透湿、透气好、透明、易加工，机械强度差、耐溶剂性差等特点，所以其适合电线、电缆绝缘、农用和食品注塑件及工业包装薄膜与制袋。

### 6.3.4.2　中密度聚乙烯

中密度聚乙烯（MDPE）通常采用金属氧化物作催化，在 1.0~5.0 MPa 或较高压力下使聚乙烯在溶液中聚合的方法，又称为中压聚乙烯。生产有菲利浦法和标准油脂公司法两种，工业上多采用菲利浦（Phillips）法，它是在压力为 1.4~3.6 MPa，温度 136~160 ℃之间使乙烯聚合的，相对分子质量为 45000~50000，结晶度 70%~80%、密度 0.926~0.953 g/cm$^3$，熔点 126~135 ℃，熔体指数 0.19~4.0 g/(10 min)；其耐热和机械强度都很高，其他性能介于二者之间。

### 6.3.4.3　高密度聚乙烯

乙烯在低压下聚合，又称齐格勒（Ziegler）法，是用Ⅴ~Ⅷ族过渡金属的卤化物作主催化剂，Ⅰ~Ⅱ族的金属烷基化合物为助催化剂，在温度 60~70 ℃，压力为 0.1~0.5 MPa，使乙烯在汽油或二甲苯中聚合为聚乙烯，故又称为低压聚乙烯。高密度聚乙烯（HDPE）分子中支链少，相对分子质量为 70000~350000，结晶度高达 85%~95%，密度为 0.941~0.965 g/cm$^3$，熔点 125~1310 ℃，熔体指数 0.1~8.0 g/(10 min)；具有较高的使用温度、硬度和机械强度，耐化学药品性较好；适宜使用中空吹塑、注塑和挤出法制成各种聚乙烯制品。

### 6.3.4.4　超高分子量聚乙烯

超高分子量聚乙烯（UHMWPE）生产方法与高密度聚乙烯基本相似，其相对分子质量一般为 $1.8 \times 10^6$~$2.3 \times 10^6$，高的甚至可达 $3 \times 10^6$~$4 \times 10^6$ 以上，体积密度为 0.935~0.945 g/cm$^3$，粉末表观密度 0.339~0.409 g/cm$^3$，熔点 130~131 ℃；它与普通聚乙烯具有相同的分子结构，但其相对分子质量很高（$n > 37000$），熔体黏度极高，流动性很差，难用常规方法加工，过去主要采用热模压和冷压热烧结法。目前，经配方调整或与某些液晶聚合物共混后，可直接进行挤出或注塑成型。它具有普通聚乙烯所没有的独特性能，可作为工程塑料制造人体关节、体育器械、特种薄膜、大中小型容器、异型管材、板材制品在航空、航天、军工、国防和原子能等方面的应用。

### 6.3.4.5　线型低密度聚乙烯

线型低密度聚乙烯（LLDPE）是近年新开发并得到迅速发展的一种新型聚乙烯，它是由乙烯与烯烃共聚的产物，其结晶度为 65%~85%，密度为 0.915~0.930 g/cm$^3$，熔点 118~140 ℃，熔体指数 0.12 g/(10 min)，主要用作农膜、重包装膜、复合膜、工农业用管、电线、电缆绝缘护套、化工储槽及容器制品等。

## 6.3.5　聚酰胺

聚酰胺（PA）塑料商品名称为尼龙，是最早出现能承受负荷的热塑性塑料，也是目前机械、电子、汽车等工业部门应用较广泛的一种工程塑料。

### 6.3.5.1　性能特点

聚酰胺有很高的抗张强度和良好的冲击韧性，有一定的耐热性，可在 80 ℃ 以下使用；耐磨性好，做转动零件有良好的消声性，转动时噪声小，耐化学腐蚀性良好。

### 6.3.5.2　各品种的特性

聚酰胺品种很多，主要有聚酰胺-6、聚酰胺-66、聚酰胺-610、聚酰胺-612、聚酰胺-8、聚酰胺-9、聚酰胺-11、聚酰胺-12、聚酰胺-1010 以及多种共聚物，如聚酰胺-6/聚酰胺-66、聚酰胺-6/聚酰胺-9 等。

（1）聚酰胺-6。聚酰胺-6 又名聚己内酰胺，具有优良的耐磨性和自润滑性，耐热性和机械强度较高，低温性能优良，能自熄、耐油、耐化学药品，弹性好，冲击强度高，耐碱性优良，耐紫外线和日光。缺点是收缩率大，尺寸稳定性差。工业上用于制造轴承、齿轮、滑轮、传动皮带等，还可抽丝和制成薄膜作包装材料。

（2）聚酰胺-66。聚酰胺-66 又名聚己二酰己二胺，性能和用途与聚酰胺-6 基本一致，但成型比它困难。聚酰胺-66 还能制作各种把手、壳体、支撑架、传动罩和电缆等。

（3）聚酰胺-610。聚酰胺-610 又名聚癸二酰己二胺，吸水性小，尺寸稳定性好，低温强度高，耐强碱强酸，耐一般溶剂，强度介于聚酰胺-66 和聚酰胺-6 之间，密度较小，加工容易。主要用于机械工业、汽车、拖拉机中作齿轮、衬垫、轴承、滑轮等精密部件。

（4）聚酰胺-612。聚酰胺-612 又名聚十二烷二酰己二胺，其性能与聚酰胺-610 相近，尺寸稳定性更好，主要用于精密机械部件、电线电缆被覆、枪托、弹药箱、工具架和线圈架等。

（5）聚酰胺-8。聚酰胺-8 又名聚辛酰胺，性能与聚酰胺-6 相近，可做模制品、纤维、传送带、密封垫圈和日用品等。

（6）聚酰胺-9。聚酰胺-9 又名聚壬酰胺，耐老化性能最好，热稳定性好，吸湿性低，耐冲击性好，主要用作汽车或其他机械部件，以及电缆护套、金属表面涂层等。

（7）聚酰胺-11。聚酰胺-11 又名聚十一酰胺，低温性能好，密度小、吸湿性低、尺寸稳定性好、加工范围宽，主要用于制作硬管和软管，适于输送汽油。

（8）聚酰胺-12。聚酰胺-12 又名聚十二酰胺，密度最小、吸水性小、柔软性好，主要用于制作各种油管、软管、电线电缆被覆、精密部件和金属表面涂层等。

（9）聚酰胺-1010。聚酰胺-1010 又名聚癸二酰癸二胺，具有优良的力学性能，拉伸、压缩、冲击、刚性等都很好，耐酸碱性好，吸湿性小，电性能优良，主要用于制造合成纤维和各种机械零件等。

## 6.3.6　聚碳酸酯

聚碳酸酯（PC）是一种热塑性工程塑料，通过共聚、共混合增强等途径，又发展了许多改性品种，提高了加工和使用性能。

### 6.3.6.1　性能特点

聚碳酸酯有突出的抗冲击强度和抗蠕变性能，较高的耐寒性和耐热性，可在 -100 ~ +130 ℃ 范围内使用；抗拉、抗弯强度较高，并有较高的伸长率及高的弹性模量；在宽的温度范围内，有良好的电性能，吸水率较低、尺寸稳定性好、耐磨性较好、透光率较高并有一定的抗化学腐蚀性能；成型性好，可用注射、挤塑等成型工艺制成棒、管、薄膜等，适应各种需要。缺点是耐疲劳强度低，耐应力开裂差，对缺口敏感，易产生应力开裂。

### 6.3.6.2 用途

聚碳酸酯主要用作工业制品，代替有色金属及其他合金，在机械工业上做耐冲击和高强度的零部件、防护罩、照相机壳、齿轮齿条、螺钉、螺杆、线圈框架、插头、插座、开关、旋钮。玻纤增强聚碳酸酯具有类似金属的特性，可代替铜、锌、铝等压铸件，电子、电气工业用作电绝缘零件、电动工具。外壳、把手、计算机部件、精密仪表零件、接插元件、高频头、印刷线路插座等。聚碳酸酯与聚烯烃共混后适合于做安全帽、纬纱管、餐具、电气零件及着色板材、管材等；与 ABS 共混后，适合做高刚性、高冲击韧性的制件，如安全帽、泵叶轮、汽车部件、电气仪表零件、框架、壳体等。

## 6.3.7 聚甲醛

聚甲醛（POM）是一种没有侧链的、高密度、高结晶性的线型聚合物，有均聚和共聚两大类，用玻纤增强可提高其机械强度，用石墨、二硫化钼或四氟乙烯润滑剂填充可改进润滑性和耐磨性。

### 6.3.7.1 性能特点

聚甲醛通常为白色粉末或颗粒，熔点 153~160 ℃，结晶度为 75%，聚合度为 1000~1500，具有综合的优良性能，如高的刚度和硬度、极佳的耐疲劳性和耐磨性、较小的蠕变性和吸水性、较好的尺寸稳定性和化学稳定性、良好的绝缘性等。主要缺点是耐热老化和耐大气老化性较差，加入有关助剂和填料后，可得到改进。此外，聚甲醛易受强酸侵蚀，熔融加工困难，非常容易燃烧。

### 6.3.7.2 用途

聚甲醛在机电工业、精密仪表工业、化工、电子、纺织、农业等部门均获广泛应用，主要是代替部分有色金属与合金制作一般结构零部件，耐磨、耐损耗以及承受高负荷的零件，如轴承、凸轮、滚轮、辊子、齿轮、阀门上的阀杆、螺母、垫圈、法兰、仪表板、汽化器、各种仪器外壳、箱体、容器、泵叶轮、叶片、配电盘、线圈座、运输带和管道、电视机微调滑轮、盒式滑轮、洗衣机滑轮、驱动齿轮和线圈骨架等。

## 6.3.8 聚砜

聚砜（PSU）是一种耐高温、高强度热塑性塑料，被誉为"万用高效工程塑料"。它一般呈透明、微带琥珀色，也有的是象牙色的不透明体，能在限定的温度范围内制成透明或不透明的各种颜色制品。

聚砜可用注射、挤塑、吹塑、中空成型、真空成型、热成型等方法加工成型，还能进行一般机械加工和电镀。

### 6.3.8.1 性能特点

（1）耐热性能好，可在 -100~+150 ℃ 的温度范围内长期使用。短期可耐温 195 ℃，热变形温度为 174 ℃（1.82 MPa）。

（2）蠕变值极低，在 100 ℃、20.6 MPa 负荷下，蠕变值仅为 0.5%。

（3）机械强度高，刚性好。

（4）优良的电气特性，在 -73~+150 ℃ 的温度下长期使用，仍能保持相当高的电绝缘性能。在190 ℃高温下，置于水或湿空气中也能保持介电性能。

（5）有良好的尺寸稳定性。

（6）有较好的化学稳定性和自熄性。

### 6.3.8.2　成型和使用上的缺点

（1）成型加工性能较差，要求在330~380 ℃的高温下加工。

（2）耐候及耐紫外线性能较差。

（3）耐极性有机溶剂（如酮类、氯化烃等）较差。

（4）制品易开裂。

加入玻纤、矿物质或合成高分子材料，可改善成型和使用性能。

### 6.3.8.3　用途

聚砜主要用作高强度的耐热零件、耐腐蚀零件和电气绝缘件，特别适用于既要强度高、蠕变小，又要耐高温、高尺寸准确性的制品，如做精密、小型的电子、电器、航空工业应用的耐热部件、汽车分速器盖、电子计算机零件、洗衣机零件、电钻壳件、电视机零件、印刷电路材料、线路切断器、电冰箱零件等。此外，还可用作结构型黏结剂。

## 6.3.9　聚苯醚与氯化聚醚

### 6.3.9.1　聚苯醚

聚苯醚（PFO）机械特性优于聚碳酸酯、聚酰胺和聚甲醛，一般呈琥珀色透明体，在目前生产的热塑性塑料中玻璃化温度最高（210 ℃）、吸水性最小，室温下饱和吸水率为0.1%。

A　性能特点

使用温度范围宽，长期使用温度范围为-127~+121 ℃，在无负荷条件下，间断使用温度可达205 ℃，当有氧存在时，从121 ℃起到438 ℃左右逐渐交联，基本上为热固性塑料；具有突出的力学性能，抗张强度和抗蠕变性、尺寸稳定性最好；耐化学腐蚀性好。能耐较高浓度的无机酸、有机酸及其盐类的水溶液，在120 ℃水蒸气中可耐200次反复加热；优良的电性能。在温度和频率变化很大的范围内，绝缘性能基本保持不变；耐污染、耐磨性好，无毒，难燃，有自熄性。

B　缺点

熔融黏度大、流动性差，成型加工比一般工程塑料困难；制品内应力大、易开裂。通过与共聚物共混、玻纤增强、聚四氟乙烯填充等多种途径进行改性，可改善其内应力及加工性能。

C　用途

聚苯醚主要用于制造电子工业中的绝缘件、耐高温电器结构零部件、并可代替有色金属和不锈钢做各种机械零件和外科手术用具，如绝缘支柱、高频骨架、各种线圈架、配电箱、电容器零件、变压器用件、无声齿轮、轴承、凸轮、运输设备零件、泵叶轮、叶片、水泵零件、水箱零件、海水蒸发器零件、高温用化工管道、紧固件、连接件、电机电极绕线芯、转子、机壳等。此外，它还可做耐高温的涂层与黏合剂。

### 6.3.9.2　氯化聚醚（聚氯醚）

氯化聚醚（CPS）是一种具有突出化学稳定性的热塑性工程塑料，通常呈草黄色半透明状,力学性能处于聚乙烯和尼龙之间,电性能类似于聚甲醛,耐腐蚀性仅次于聚四氟乙烯、难燃、可注射、挤出、吹塑和压制加工成各种制品,有较好的综合性能。

A 性能特点

除化学稳定性很突出之外,还有优异的耐磨性和减摩性,比尼龙、聚甲醛好,吸水率小。在室温下 24 h 的吸水率仅 0.01%;玻璃化温度较低,制品内应力能自消,无应力开裂现象,适用于金属嵌件与形状复杂的制品;有较好的耐热性,可在 120 ℃ 下长期使用,缺点是刚性和抗冲强度较差。

B 用途

氯化聚醚可代替部分不锈钢和氟塑料,应用于化工、石油、矿山、冶炼、电镀等部门作防腐涂层、贮槽、容器、反应设备衬里、化工管道、耐酸泵件、阀、滤板、窥镜和绳索等,代替有色金属与合金做机械零件、配件和仪表零件等,还可用作导线绝缘材料和电缆包皮。

### 6.3.10 聚对苯二甲酸丁二醇酯

聚对苯二甲酸丁二醇酯(PBTP)是一种具有优良综合性能的热塑性工程塑料。它熔融冷却后,迅速结晶,成型周期短,厚度达 100 μm 的薄膜仍具高度透明性。

#### 6.3.10.1 性能特点

成型性和表面光亮度好,韧性和耐疲劳性好,适宜注射薄壁和形状复杂制品;摩擦系数低、磨耗小,可做各种耐磨制品。吸水率低、吸湿性小,在潮湿或高温环境下,甚至在热水中,也能保持优良电性能。耐化学药品、耐油、耐有机溶剂性好,特别能耐汽油、机油和焊油等。能适应黏合、喷涂和灌封等工艺。用玻纤增强可提高机械强度、使用温度和使用寿命,可在 140 ℃ 以下作结构材料长期使用。可制成阻燃产品,达到 UL-94V-0 级,在正常加工条件下不分解、不腐蚀机具、制品机械强度不下降,并且使用中阻燃剂不析出。

#### 6.3.10.2 用途

电子工业中,PBTP 主要用于电视机输出变压器、调谐器、接插件、线圈骨架、插销、小型马达罩、录音机塑料部件等。

### 6.3.11 丙烯腈——苯乙烯共聚物

丙烯腈——苯乙烯共聚物(AS)是丙烯腈(A)和苯乙烯(S)的共聚物,也称 SAN。

#### 6.3.11.1 性能特点

(1)粒料呈水白色,可为透明、半透明或着色呈不透明。AS 呈脆性,对缺口敏感,在 $-40 \sim +50$ ℃ 温度范围内抗冲强度没有较大变化。

(2)耐动态疲劳性较差,但耐应力开裂性良好,最高使用温度为 $75 \sim 90$ ℃,在 $1.82 \times 10^6$ Pa 下热变形温度为 $82 \sim 105$ ℃。

(3)体积电阻大于 1015 Ω·cm,耐电弧好,燃烧速度 2 cm/min,燃时无滴落。

(4)具有中等耐候性,老化后发黄,但可加入紫外线吸收剂改善。AS 性能不受高湿度环境的影响,能耐无机酸碱、油脂和去污剂,较耐醇类而溶于酮类和某些芳烃、氯代烃。

（5）粒料在加工前需在 70~85 ℃下预干燥，在 230 ℃、49 N 载荷下熔体指数为（3~9）×10⁻³ kg/（10 min）。注射成型温度 180~270 ℃，注射模温 65~75 ℃，收缩率 0.4~0.7 ℃，挤塑温度 180~230 ℃，能吹塑，片材也能进行小拉伸比的热成形。

### 6.3.11.2　用途

AS 制品能用作盘、杯、餐具、冰箱部件、仪表透镜和包装材料，并广泛应用于制作无线电零件。

# 6.4　塑料成型模具的分类及特点

用于塑料制品成型的模具，称为塑料成型模具，简称塑料模。塑料成型模具是成型塑料制件的主要工艺装备之一。它使塑料获得一定的形状和所需性能，对达到塑料加工工艺要求、塑料制件使用要求和造型设计要求起着重要的作用。首先，模具结构均对制品尺寸精度和形状精度以及塑件的物理力学性能、内应力大小、表面质量与内在质量等，起着十分重要的影响。其次，在塑件加工过程中，塑料模结构的合理性，对塑件生产操作的难易程度具有重要的影响。最后，塑料模对塑件成本也有相当大的影响。

按照塑料制品成型方法的不同，塑料模具的类型主要有注射模、挤塑模、压缩模、压注模、吹塑模、真空成型模和热压印模等。目前生产应用广泛的是注射成型加工，由于涉及成型塑料的品种、塑件的结构形状及尺寸精度、生产批量、注射机类型和注射工艺条件等诸多因素，注射成型模具（以下简称注射模）的结构形式多种多样。图 6-1 所示的注射模结构最具有代表性的结构图。

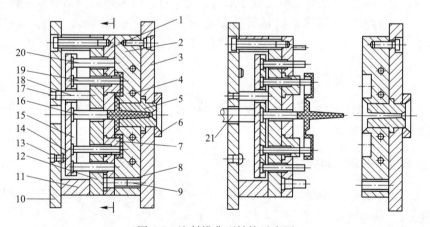

图 6-1　注射模典型结构示意图

1—动模板；2—定模板；3—定模座板；4—冷却水道；5—主流道衬套；6—定位圈；7—凸模；
8—导套；9—导柱；10—动模座板；11—垫块；12—支撑板；13—支撑柱；14—推板；15—推杆固定板；
16—拉料杆；17—推板导套；18—推板导柱；19—推杆；20—复位杆；21—注射机顶杆

塑料模具常分为以下几类。

（1）塑料注射成型模具。塑料注射成型模具的加工设备是注射成型机，塑料首先在注射机料筒内受热熔融，然后在螺杆或柱塞推动下，经喷嘴和模具的浇注系统进入模具型腔，塑料冷却固化成型，脱模后得到塑料制件。注射成型加工通常多适用于热塑性塑料制件生产，它是塑料制件生产中应用最广的一种加工方法。

（2）塑料挤塑成型模具。利用挤塑机的加热加压装置，使处于黏流状态的塑料在高温高压下通过具有特定截面形状的机头口模，并经冷却定型装置硬化成型，以获得具有所需截面形状的连续型材，这种成型方法称为挤塑成型，其所使用的模具称为挤塑成型模具或挤塑模，也称挤塑机头。挤塑工艺通常只适用于热塑性塑料制件的生产。

（3）塑料压缩成型模具。将计量好的成型物料放入成型温度下的模具型腔或加料室中，闭合模具，塑料在高热、高压作用下呈软化黏流状态，经一定时间后固化成型，成为所需制品形状。压缩模具多用于成型热固性塑料制件，也可用于成型热塑性塑料制件。

（4）塑料压注成型模具。通过柱塞使在加料腔内受热塑化熔融的热固性塑料，经浇注系统压入被加热的闭合型腔并固化成型，这种成型方法称为压注成型，其所使用的模具称为压注成型模具或压注模。压注模具多用于成型热固性塑料制件。

（5）中空吹塑成型模具。将挤塑或注射出来的熔融状态的管状坯料置于模具型腔内，借助压缩空气使管坯膨胀贴紧于模具型腔壁上，冷硬后获得中空塑件，这种成型方法称为中空吹塑成型，其所使用的模具称中空吹塑模或吹塑模。

（6）气压（真空或压缩空气）成型模具。此类模具为单一的阴模或阳模。借助真空泵或压缩空气，使固定在模具上并被加热软化的塑料板材、片材紧贴在模具型腔，冷却定型后即得塑件，这种成型方法称为气压成型，其所使用的模具称为气压成型模具。

# 6.5 注塑成型模具的设计要点

## 6.5.1 注塑成型模具类型选用

### 6.5.1.1 注塑件材料的确定

（1）进行模具设计与制造的可行性分析，根据塑件技术要求和塑料模塑成型工艺文件技术参数，进行模具设计与制造可行性分析。

（2）保证达到塑件质量要求通常用户已规定了塑料的品种，设计人员必须充分掌握塑料材料的种类及其成型特性。

（3）所用塑料材料是热塑性还是热固性以及其他的一些相关性质。

（4）所用塑料的成型工艺性能，主要指塑料的流动性、收缩率、吸湿性、比容、热敏性、腐蚀性等性能。

### 6.5.1.2 分析注塑件的结构工艺性

为保证达到塑件形状、精度、表面质量等要求，对分型面的设置方法、拼缝的位置、侧抽芯的措施、脱模斜度的数值、熔接痕的位置、防止出现气孔和型芯偏斜的方法及型腔、型芯的加工方法等进行分析。用户提供塑件形状数据，有塑件图纸或塑件模型，根据这些数据应做以下分析：

（1）塑件的用途，使用和外观要求，各部位的尺寸和公差、精度和装配要求；

（2）根据塑件的几何形状（壁厚、孔、加强筋、嵌件、螺纹等）、尺寸精度、表面粗糙度、分析是否满足成型工艺的要求；

（3）如发现塑件某些部位结构工艺性差，可提出修改意见，在取得设计人员的同意后方可修改；

（4）初步考虑成型工艺方案，分型面、浇口形式及模具结构；

（5）合理地确定型腔数。

为了提高塑件生产的经济效益，在注射机容量能满足的前提下，应计算出较合理的型腔数。随型腔的数量增多，每一只塑料制品的模具费用有所降低。型腔数的确定一般与塑件的产量、成型周期、塑件价格、塑件重量、成型设备、成型费用等因素有关。

### 6.5.1.3    注塑模具结构的选择

在对模具设计进行初步分析后，即可确定模具的类型及结构。通常模具结构按以下方法分类，可以进行综合分析选择合理的结构类型。

（1）按浇注系统的形式分类的模具类型主要有两板式模具、三板式模具、多板式模具、特殊结构模具（叠层式模具）。

（2）按型腔结构分类的模具类型主要有直接加工型腔（又可细分为整体式结构、部分镶入结构和多腔结构），镶嵌型腔（又可细分为镶嵌单只型腔、镶嵌多只型腔）。

（3）按驱动侧芯方式分类的模具类型主要是利用开模力驱动（可分为斜导柱抽芯、齿轮机构抽芯等），利用顶出液压缸抽芯，利用电磁抽芯。

（4）按型腔布置分类主要是根据塑件的几何结构特点、尺寸精度要求、批量大小、模具制造难易、模具成本等确定型腔数量及其排布方式。

### 6.5.1.4    确定分型面

分型面的位置要利于模具加工、排气、脱模及成型操作，保证塑件表面质量等。分型面的选择原则如下：

（1）符合塑件能从模具中脱模的基本要求，分型面位置应设在塑件脱模方向最大的投影边缘部位；

（2）分型线不影响塑件外观表面的光滑；

（3）确保塑件留在动模一侧，利于推出，且推杆痕迹不留于塑件的外观表面；

（4）确保塑件的质量精度；

（5）塑件应尽量避免形成侧孔、侧凹等结构，尽量避免使用定模滑块；

（6）合理布置浇注系统，特别是浇口位置；

（7）有利于模具加工。

### 6.5.1.5    确定成型设备的规格和型号

（1）根据塑件所用塑料的类型和重量、塑件的生产批量、成型面积大小，粗选成型设备的型号和规格。

（2）与模具安装有关的尺寸规格，其中有模具安装台面的尺寸、安装螺纹孔的分布和规格、模具的最小闭合高度、开模距离、拉杆之间的距离、推出装置的形式、模具的装夹方法和喷嘴规格等。

（3）附属装置，其中有取件装置、调温装置、液压或空气压力装置等。

（4）待模具结构的形式确定后，根据模具与设备的关系，进行必要的校核。

### 6.5.2 浇注系统选择

浇注系统是指从主流道的始端到型腔之间的熔体流通通道,其作用是使塑料熔体平稳而有序地填充到型腔中,并将注射压力有效的传递到型腔的各个部位,以获得组织致密、外形轮廓清晰的塑件。普通浇注系统由主流道、分流道、浇口和冷料穴组成。

#### 6.5.2.1 浇注系统设计原则

浇注系统的设计是注塑模具设计的一个重要环节,它直接影响注塑成型周期和塑件质量,设计时需遵循如下原则:

(1)型腔布置和浇口开设部位力求对称,防止模具因承受的熔料不同而产生溢料现象;

(2)型腔和浇口的排列要尽可能地使模具外形尺寸紧凑;

(3)系统流道应尽可能短,断面尺寸适当(太小则压力及热量损失大,太大则塑料耗费大),尽量减小弯折,表面粗糙度要低,以使热量及压力损失尽可能小;

(4)对多型腔应尽可能使塑料熔体在同一时间内充满各个型腔,即分流道尽可能采用平衡式布置;

(5)在满足型腔充满的前提下,浇注系统容积尽量小,以减少塑料的耗费。

#### 6.5.2.2 主流道的设计要点

(1)主流道和喷嘴对接处应设计成半球型凹坑,凹坑深度通常为 3~5 mm,其球面半径应比注射机喷头球面半径大 1~2 mm,主流道小端直径应比注射机喷嘴直径大 0.5~1 mm。

(2)主流道圆锥角通常取 2°~6°。

(3)主流道的长度应尽量短,一般 $L<60$ mm,过长会增加压力损失,使塑料熔体的温度下降过多。

(4)浇口套常用优质合金钢制造,也可以用碳钢,并选用相应的热处理,保证足够硬度的同时也要考虑使其硬度低于注射机喷嘴的硬度。

(5)小型模具可以将主流道、浇口套与定位圈设计成整体式的。

#### 6.5.2.3 冷料穴的设计要点

冷料穴位于主流道正对面的动模板上,或处于分流道的末端,防止两次注射间隔产生的"冷料"和料流前锋的"冷料"进入型腔影响塑件质量。冷料穴位于主流道出口一端。对于立式、卧式注射机用模具,冷料穴位于主分型面的动模一侧,对于直角式注射机用模具,冷料穴是主流道的自然延伸。因为立式、卧式注射机用模具的主流道在定模一侧,所以在模具打开时,为了将主流道凝料能够拉向动模一侧,并在顶出行程中将它脱出模外,动模一侧应设有拉料杆,应根据脱模机构的不同,正确选取冷料穴与拉料杆的匹配方式。

(1)冷料穴与 Z 形拉料杆匹配冷料穴底部装一个头部为 Z 形的圆杆,动、定模打开时,借助头部的 Z 形钩将主流道凝料拉向动模一侧,顶出行程中又可将凝料顶出模外。Z 形拉料杆安装在顶出元件(顶杆或顶管)的固定板上,与顶出元件的运动是同步的,如图 6-2(a)所示。由于顶出后从 Z 形钩上取下冷料穴凝料时需要横向移动,故顶出后无法横向移动的塑件不能采用 Z 形拉料杆,因此不宜用于全自动机构中。此外,如果在一副模具中使用多个 Z 形拉料杆，应确保缺口的朝向一致，否则不易从拉料杆上取出浇注系统。

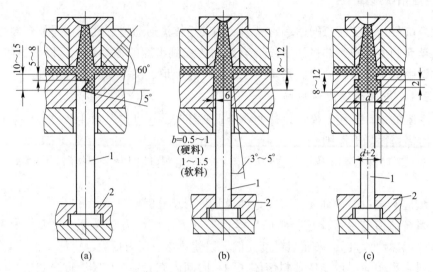

图 6-2 适用于顶杆、顶管脱模机构的拉料形式（单位：mm）
（a）Z 形拉料杆；（b）锥形冷料穴；（c）圆环槽形冷料穴
1—拉料杆；2—顶杆固定板

（2）冷料穴与圆锥形拉料杆匹配拉料杆头部制成圆锥形，这种拉料杆既起到拉料作用，又起到分流锥的作用，因此广泛应用于单腔注射模带有中心孔的塑件。

（3）冷料穴与圆环槽形拉料杆匹配将冷料穴设计为带有一环形槽，动、定模打开时冷料本身可将主流道凝料拉向动模一侧，冷料穴之下的圆杆在顶出行程中将凝料推出模外，这种形式宜用于弹性较好的塑料成型，易于实现自动化操作。

分流道冷料穴可以开在动模的深度方向，也可以将分流道在分型面上延伸成为冷料穴。

### 6.5.2.4 分流道的设计要点

A 分流道的设计原则

（1）塑料流经分流道时的温度、压力损失要小。

（2）分流道的固化时间应稍后于塑件的固化时间。

（3）保证熔体塑料顺利而均匀的进入各个型腔。

（4）分流道的容积要小，长度应尽可能短。

（5）分流道的形状要便于加工。

B 分流道的断面形状

单腔注射模通常不用分流道，但多腔注射模必须开设分流道。分流道开设在动、定模分型面的两侧或任意一侧，其截面形状如图 6-3 所示。其中，圆形截面［见图 6-3（a）］分流道的比表面积（流道表壁面积与容积的比值）最小，塑料熔体的热量不易散发，所受流动阻力也小，但需要开设在分型面两侧，而且上、下两部分必须互相吻合，加工难度较大；梯形截面［见图 6-3（b）］分流道容易加工，且熔体的热量散发和流动阻力都不大，因此最为常用；U 形截面［见图 6-3（c）］分流道的优缺点和梯形的基本相同，常用于小型制品；半圆形截面［见图 6-3（d）］和矩形截面［见图 6-3（e）］分流道因为比表面积较大，一般不常用。

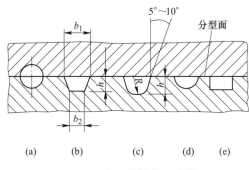

图 6-3　分流道的截面形状

分流道的尺寸需根据制品的壁厚、体积、形状复杂程度以及所用塑料的性能等因素而定，对于常用的梯形和 U 形截面分流道的尺寸可参考表 6-1 设计。分流道内壁的表面粗糙度不宜太小，一般要求 $Ra$ 达到 1.25~2.5 μm 即可。当分流道较长时，其末端应设计冷料穴。

**表 6-1　梯形和 U 形截面分流道的推荐尺寸** （mm）

| 截面形状 | 截 面 尺 寸 | | | | | | |
|---|---|---|---|---|---|---|---|
| （梯形图示） | $d_1$ | 4 | 6 | (7) | 8 | (9) | 10 | 12 |
| | $h$ | 3 | 4 | (5) | 5.5 | (6) | 7 | 8 |
| （U形图示） | $R$ | 2 | 3 | (3.5) | 4 | (4.5) | 5 | 6 |
| | $h$ | 4 | 5 | (7) | 8 | (9) | 10 | 12 |

注：1. 括号内尺寸不推荐采用；
　　2. $r$ 一般为 3 mm。

C　分流道的截面尺寸计算

分流道的截面尺寸可根据塑料的品种、质量、壁厚以及分流道的长度来选定。对于壁厚小于 3 mm，质量在 200 g 以下的塑件，可以采用经验公式（6-1）来确定分流道的直径：

$$D = 0.2654\sqrt{G} \cdot \sqrt[4]{L} \tag{6-1}$$

式中　$D$——分流道的直径，mm；
　　　$G$——塑件的质量，g；
　　　$L$——分流道的长度，mm。

对于高黏度的塑料可将结束的直径扩大 25%。表 6-2 列出了常见塑料的注射时分流道的直径推荐值。

表 6-2　分流道直径推荐值

| 塑料名称 | 推荐直径/mm | 塑料名称 | 推荐直径/mm | 塑料名称 | 推荐直径/mm |
|---|---|---|---|---|---|
| ABS、SAS | 4.8~9.5 | 乙酸纤维 | 4.8~9.5 | 聚砜 | 6.4~9.5 |
| 聚苯乙烯 | 3.2~9.5 | 改性有机玻璃 | 7.9~9.5 | 聚苯醚 | 6.4~9.5 |
| 聚乙烯 | 1.6~9.5 | 聚酰胺 | 1.6~9.5 | 软聚氯乙烯 | 3.2~9.5 |
| 聚丙烯 | 4.8~9.5 | 聚碳酸酯 | 4.8~9.5 | 硬氯乙烯 | 6.4~9.5 |

分流道表壁的表面粗糙度不宜太小，一般要求 $Ra$ 达到 1.25~2.5 μm 即可。当分流道较长时，其末端应设计冷料穴。

D　分流道的布置

分流道的分布有平衡式和非平衡式两种，一般以平衡式分布如图 6-4 所示为佳。平衡式分布的形式主要特点是各个型腔同时均衡进料，它要求从主流道到各个型腔的分流道的长度、形状、截面尺寸都必须对应相等；非平衡式分布的形式如图 6-5 所示，它的主要特点是从主流道到各个型腔长度不同，但是为了使进料均衡，需要仔细计算和多次修改才能达到要求。基本的平衡方法是不改变浇口的截面积，而只改变浇口的长度，这样比较容易修改。

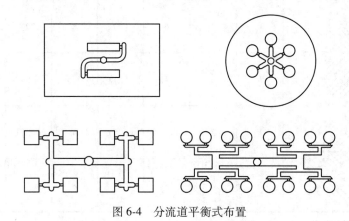

图 6-4　分流道平衡式布置

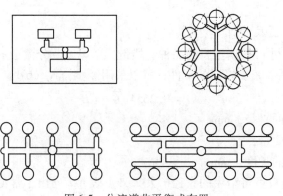

图 6-5　分流道非平衡式布置

不管是平衡布置还是非平衡式布置，都牵扯到型腔数目的问题，型腔数目与塑件精度、所选择注射机大小、生产批量等都有关系，对于技术要求高的塑件（如光学件等），一般只能一模一腔。对于技术要求不严格的一般塑件，可用根据实际情况进行设计。

### 6.5.2.5　浇口的设计要点

浇口是主流道、分流道与型腔之间的连接部分，即浇注系统的终端，是浇注系统中最关键的环节，对保证塑件质量具有重要作用。

浇口是熔融塑料经分流道注入型腔的进料口，是流道和型腔之间的连接部分，其基本作用是使从分流道来的熔融塑料以最快的速度进入并充满型腔；型腔充满后，浇口能迅速冷却封闭，防止型腔内还未冷却的熔融塑料回流。

根据《塑料成型模术语》（GB/T 8846—2005）的规定，浇口分为直浇口、点浇口、侧浇口、盘形浇口等九种形式。

#### A　直浇口

熔融塑料经主流道直接注入型腔的浇口称为直浇口，如图 6-6 所示。

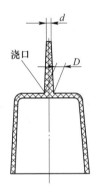

图 6-6　直浇口

#### B　环形浇口与盘形浇口

熔融塑料沿塑件的整个外圆周而扩展进料的浇口称为环形浇口，如图 6-7（a）所示；熔融塑料沿塑件的内圆周而扩展进料的浇口称为盘形浇口，如图 6-7（b）所示。环形浇口和盘形浇口均适用于长管形塑件，它们都能使熔料环绕型芯均匀进入型腔，充模状态和排气效果好，能减少拼缝痕迹。但浇注系统凝料较多，切除比较困难，浇口痕迹明显。环形浇口的浇口设计在型芯上，浇口的厚度 $t = 0.25 \sim 1.6$ mm，长度 $l = 0.8 \sim 1.8$ mm；盘形浇口的尺寸可参考环形浇口设计。

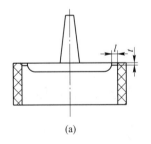

(a)

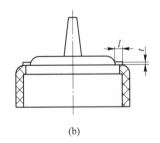

(b)

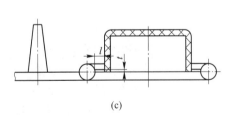

(c)

图 6-7　环浇口与盘形浇口

（a）环形浇口；（b）盘形浇口；（c）环形浇口在型芯上

#### C　点浇口

截面形状如针点的浇口称为点浇口，如图 6-8 所示。点浇口截面一般为圆形，当制品尺寸较大时，可以使用多个点浇口从多处进料，由此缩短塑料熔体流程，并减小制品翘曲变形。点浇口能够在开模时被自动拉断，浇口疤痕很小不需修整，容易实现自动化。但采用点浇口进料的浇注系统，在定模部分必须增加一个分型面，用于取出浇注系统的凝料，使模具结构比较复杂。

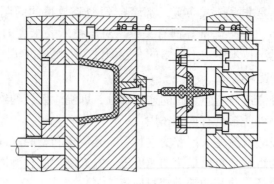

图 6-8　点浇口

**D　侧浇口**

设置在模具的分型面处，从塑件的内或外侧进料，截面为矩形的浇口称为侧浇口，如图 6-9 所示。

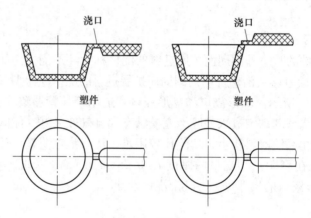

图 6-9　侧浇口

**E　浇口位置的选择原则**

**a　尽量缩短流动距离**

浇口的位置应该使塑料快速、均匀及更好的单向流动性，并且有着合适的浇口凝固时间，这对大型塑件显得尤为重要。

**b　浇口位置应避免熔体产生喷射和蠕动现象**

喷射充模完全改变了型腔填充顺序，不是由近及远地逐渐扩展推进流动，而是先射向浇口的远端，造成熔料由远及近的折叠堆积，使塑件表面产生波纹状流痕或熔合不良的折痕，同时也阻碍了型腔的顺利排气，可以采用加大浇口尺寸或采用冲击型浇口。

**c　浇口的位置要有利于充模流动、排气和补料**

对于结构上不对称和壁厚不均匀的塑件，浇口位置的选择应使熔体进入型腔的阻力较小，熔体到达型腔不同部位的流程差较小，压力均衡，熔体充模流动容易，使塑件密度分布均匀，减少不同部位的收缩差。从易于补料的角度考虑，壁厚不均的塑件，应将浇口设在壁厚较大的部位。薄壁部位冻结较快，不易补料。浇口的位置还应该有利于包风的排除，否则会造成短射、烧焦、或在浇口处产生高的压力。

d 浇口的位置应尽可能避免熔接痕的产生

如果实在无法避免，应使它们不处于塑件的功能区、负载区、外观区。一般采用直接浇口，环形浇口可以避免熔接痕的产生。

e 减小塑件翘曲变形

注射成型时，在充模、补料和倒流阶段都会造成大分子流动方向变形取向，熔体冻结时分子的变形也被冻结在制品中，变形部分形成制品内应力，取向造成各方向收缩率不均匀，以致引起制品内应力和翘曲变形。一般沿取向方向收缩率大于非取向方向；沿取向方向的制品强度高于垂直方向，结晶性塑料这种差异尤其明显。

### 6.5.3 成型零部件设计

构成模具型腔的零件统称成型零部件，主要包括凹模、凸模、型芯、成型杆、型环等。由于型腔直接与高温高压的塑料接触，它决定着塑件的形状与精度，因此要求它有正确的几何形状、较高的尺寸精度和较低的表面粗糙度，还要求它有足够的强度、刚度、硬度和耐磨性。在进行成型零件设计时，首先根据塑料的性能和塑件的形状、尺寸和使用要求，确定型腔的总体结构及布局，再根据成型零件的加工及装配工艺进行结构设计和尺寸计算。

#### 6.5.3.1 成型零部件结构设计

成型零件的结构设计，是以成型符合质量要求的塑料制品为前提，但也必须考虑金属零件的加工性及模具制造成本。成型零件成本高于模架的价格，随着型腔的复杂程度、精度等级和寿命要求的提高而增加。

A 凹模

凹模是成型塑件外表面的成型零件，凹模的基本结构可分为整体式、组合式。采用组合式结构的凹模，对于改善模具加工工艺性有明显好处。

a 整体式凹模

整体式凹模由整块材料加工而成，如图6-10所示，它的结构特点有结构简单、强度、刚度较高、不易变形、塑件上不会产生拼缝痕迹，只适用形状简单或形状复杂但凹模可用电火花和数控加工的中小型塑件。大型模具不采用整体式结构，不便于加工，维修困难，切削量太大，浪费钢材，且大件不易热处理（淬不透），搬运不便，模具生产周期长，成本高。

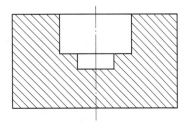

图6-10 整体式凹模结构

b 组合式凹模

组合式型腔是指由两个以上零件组合而成。按组合方式的不同，可分为整体嵌入式、局部镶嵌式、瓣合式、底部镶拼式和壁部镶拼式等形式。

（1）整体嵌入式凹模。它适用于小型塑件的多型腔模。将多个一致性好的整体型腔镶块，嵌入到型腔固定板中。嵌入的型腔镶块，可用低碳钢或低碳合金钢，用一个冲模冷挤成多个，再渗碳淬火后抛光。也可用电铸法成型型腔，即使用一般机加工方法加工各型腔镶块，由于容易测量，也能保证一致性。整体嵌入式型腔结构能节约优质模具钢，嵌入模板后有足够强度与刚度，使用可靠且置换方便。

　　整体嵌入式凹模装在固定模板中，要防止嵌入件松动和旋转。要有防脱吊紧螺钉和防转销钉，如图6-11（a）和（b）所示。带肩的嵌入凹模能有效防止脱出固定板，但需底板压固，如图6-11（b）和（c）所示。采用过渡紧配合甚至过盈配合，可使嵌入件固定牢靠。

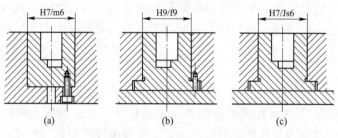

图 6-11　整体嵌入式凹模

　　（2）局部镶嵌式凹模。各种结构的型腔，都可用镶件或拼块组成型腔的局部。图6-12为局部镶拼的型腔，镶件可嵌拼在四壁，也可镶嵌在底部。

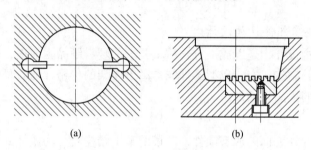

图 6-12　局部镶拼的凹模
（a）镶块在四周；（b）镶块在底部

　　（3）底部镶拼式凹模。通孔型腔在加工切削、线切割、磨削、抛光及热处理加工时较为方便。无底型腔加工后装上底板，构成底部镶拼式型腔，如图6-13所示。

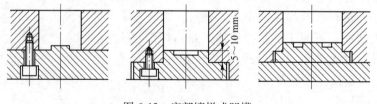

图 6-13　底部镶拼式凹模

　　（4）侧壁镶拼式凹模。型腔的全部由许多镶件拼合的全拼块式的结构，仅用于小型精密的注塑模。也有型腔四壁用拼块套箍在模板中的结构，如图6-14所示，尤适用于大型模具。但要注意拼缝位置的选择。

　　B　型芯和成型杆

　　型芯都是用来成型塑料制品的内表面的成型零件，也称主型芯，用来成型塑件整体的

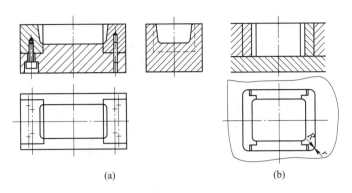

图 6-14　侧壁镶拼式凹模

（a）周围多个镶块；（b）四壁全镶块

*R*—内圆半径；*r*—外圆半径

内部形状。小型芯也称成型杆，用来成型塑件的局部孔或槽。型芯有整体式和组合式两种结构。

整体式一般用于形状简单的小型凸模（型芯）如图 6-15 所示，该结构节省了优质模具钢，便于机加工和热处理，也便于动模与定模对准。

图 6-15　整体式型芯

组合式型芯包括整体嵌入式、局部组合式、完全组合式等。

整体嵌入式：将主体型芯镶嵌在模板上，如图 6-16 所示。

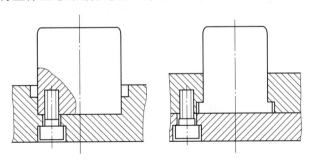

图 6-16　整体嵌入式

局部组合式：据塑件局部有不同形状的孔或沟槽，不易加工时，在主体型芯上局部镶嵌与之对应的形状，以简化工艺，便于制造和维修，如图 6-17 所示。

完全组合式：由多块分解的小型芯镶拼组合而成，用于形状规则又难于整体加工的塑件。可分别对各镶块进行热处理，达到各自所需的硬度，故可长久保持成型件的初始精

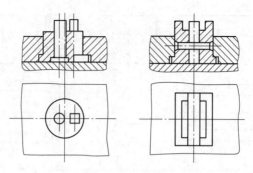

图 6-17　局部组合式

度,延长模具寿命;另可对各组件进行化学处理,提高其耐蚀性能。塑件上的孔或槽通常用小型芯来成型,小型芯固定得是否牢靠,对塑件是质量至关重要。常见的固定形式如图 6-18 所示。

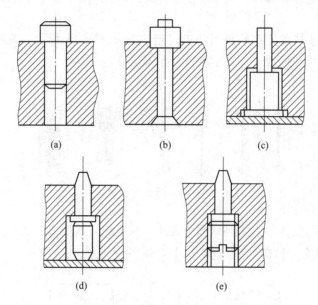

图 6-18　型芯与模板的固定

（a）过盈固定;（b）铆接固定;（c）轴肩垫板固定;（d）垫杆固定;（e）螺钉固定

### 6.5.3.2　成型零部件尺寸设计

成型零件的工作尺寸,要保证所成型塑料制品的尺寸,而影响塑料制品尺寸和公差的因素相当复杂,如模具的制造误差及模具的磨损,塑料成型收缩率的偏差及波动,溢料飞边厚度及其波动,模具在成型设备上的安装调整误差、成型方法及成型工艺的影响等。

A　工作尺寸的分类和规定

成型零件中与塑料熔体接触并决定制品几何形状的尺寸称为工作尺寸。型腔尺寸主要有深度尺寸和径向尺寸;型芯尺寸主要有高度尺寸和径向尺寸。

型腔尺寸属于包容尺寸,当型腔与塑料熔体或制品之间产生摩擦磨损后,该类尺寸具有增大的趋势。型芯尺寸属于被包容尺寸,当型芯与塑料熔体或制品之间产生摩擦磨损后，该类尺寸具有缩小的趋势。

中心距尺寸是指成型零件上某些对称结构之间的距离，如孔间距、型芯间距、凹模间距和凸块间距等，这种尺寸通常不受摩擦磨损的影响，因此可视为不变的尺寸。对制品和成型零件尺寸所做的规定为：

$$h_m = \left[ (1 + S_{min})h_s + \Delta \right]_{-\delta_x}^{0} \tag{6-2}$$

（1）制品的外形尺寸采用单向负偏差-Δ，名义尺寸为最大值H；与制品外形尺寸相对应的型腔尺寸采用单向正偏差+Δ，名义尺寸为最小值（L），如图6-19（a）所示。

（2）制品的内形尺寸采用单向正偏差+Δ，名义尺寸为最小值L；与制品内形尺寸相对应的型芯尺寸采用单向负偏差-Δ，名义尺寸为最大值H，如图6-19（b）所示。

（3）制品和模具上的中心距尺寸均采用双向等值正、负偏差，它们的基本尺寸为平均值，即±Δ/2。塑料制品图上未注偏差的自由尺寸，应按技术条件取低精度的公差值，按上述规定标注偏差，如图6-19（c）和（d）所示。

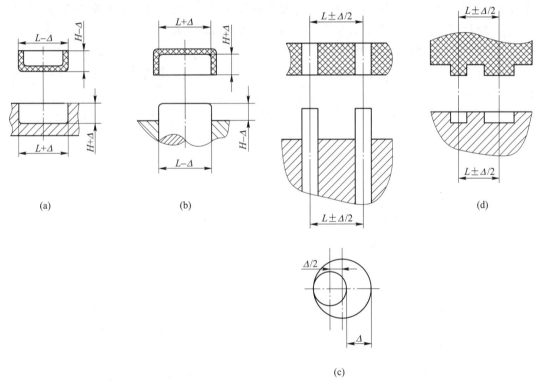

图6-19　型芯、型腔公差

B　影响塑件尺寸误差的因素及其控制

塑件成型后所获得的实际尺寸与名义尺寸之间的误差称为塑件的尺寸偏差。塑件尺寸偏差主要从以下几方面考虑。

a　塑料制品的成型收缩率

塑料的成型收缩率可按相应的标准和有关塑料生产厂的产品说明书等资料查找。对于某些不太重要的制品，如日用器皿等，可不考虑收缩率。对尺寸精度有较高要求的制品，只有在成型工艺规程规定条件下制造出试样后，才能获得准确的收缩率值。塑料制品的壁厚、形状、外形尺寸、熔料流长度、浇口形式等均对收缩有影响，这点在计算成型零件工作尺寸时，应予以注意。

在设计模具成型零件时，通常按塑料制品平均收缩率计算，见式（6-3）。

$$S_{cp} = \frac{S_{max} + S_{min}}{2} \tag{6-3}$$

b  成型零件的制造偏差

成型零件的制造偏差包括加工偏差和装配偏差。在设计模具成型零件时，一般可取塑件总公差 $\Delta$ 的 $1/6 \sim 1/3$，使由制造偏差所引起的制品尺寸偏，保持在尽可能小的程度。

c  成型零件的磨损

成型零件的磨损主要来自熔体的冲刷和塑件脱模时的刮磨，其中被刮磨的型芯径向表面的磨损最大。一般要求成型零件的磨损引起的制品尺寸误差不大于制品尺寸公差的 $1/6$。这对于低精度、大尺寸的制品，由于值较大容易达到要求，最大磨损量则取 $\Delta/6$ 以下；型腔底面（或型芯端面）与脱模方向垂直，最大磨损量可取为 0。

d  模具活动零件配合间隙的影响

模具在使用中导柱与导套之间的间隙会逐渐变大，会引起制品径向尺寸误差的增加。模具分型面间隙的波动，也会引起制品深度尺寸误差的变化。

在模具成型零件工作尺寸计算时，必须保证制品总的尺寸误差不大于制品允许的公差，即

$$\delta_z + \delta_c + \delta_s + \delta_j \leq \Delta \tag{6-4}$$

式中  $\delta_z$——成型零部件制造误差；

$\delta_c$——成型零部件的磨损量；

$\delta_s$——塑料的收缩率波动引起的塑件尺寸变化值；

$\delta_j$——由于配合间隙引起塑件尺寸误差；

$\Delta$——塑件的公差。

C  成型零件工作尺寸计算方法

a  平均值法

当制品的成型收缩率和成型零件工作尺寸或制造偏差及磨损量均为各自的平均值时，制品的尺寸误差也正好为平均值。从而推导出一套计算型腔、型芯和中心距尺寸的公式，这些公式统称为平均值法。按塑件平均收缩率、平均制造公差和平均磨损量来计算，方法简便但精度不高，不适用于精密塑件或塑件制品尺寸比较大时的模具设计。

型腔径向尺寸。设塑料平均收缩率为 $S_{cp}$；塑件外形基本尺寸为 $L_s$，如图 6-20 所示，塑件公差值为 $\Delta$，则塑件平均尺寸为 $L_s - \frac{\Delta}{2}$；型腔基本尺寸为 $L_M$，其制造公差为 $\delta_z$，成型零部件的磨损量为 $\delta_c$，则型腔平均尺寸为 $L_M + \frac{\delta_z}{2}$，型腔磨损为最大值的一半 $\left(\frac{\delta_c}{2}\right)$，根据塑件公差来确定，成型零件制造公差 $\delta_z$ 一般取 $(1/6 \sim 1/3)\Delta$；磨损量一般取小于 $\Delta/6$，故塑件型腔径向尺寸为：

$$L_{\mathrm{m}} = \left[ L_{\mathrm{s}} + L_{\mathrm{s}}S_{\mathrm{cp}} - x\Delta \right]_0^{+\delta_z} \tag{6-5}$$

式中 $x$——修正系数，中小型塑件 $x$ 取 3/4，$\delta_z = \Delta/3$，$\delta_c = \Delta/6$；大尺寸和精度较低的塑件 $x$ 取 1/2~3/4，$\delta_z < \Delta/3$，$\delta_c < \Delta/6$。

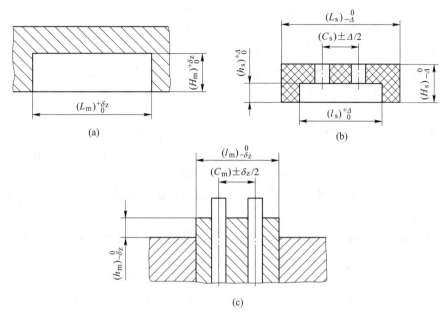

图 6-20  模具成型零件尺寸与制品零件尺寸关系
（a）型腔；（b）塑件；（c）型心

型芯径向尺寸。设塑件内型尺寸为 $l_{\mathrm{s}}$，其公差值为 $\Delta$，则其平均尺寸为 $l_{\mathrm{s}} + \Delta/2$；型芯基本尺寸为 $l_{\mathrm{m}}$，制造公差为 $\delta_z$，其平均尺寸为 $l_{\mathrm{m}} - \delta_z/2$，得型芯径向尺寸：

$$l_{\mathrm{m}} = \left[ l_{\mathrm{s}} + l_{\mathrm{s}}S_{\mathrm{cp}} + x\Delta \right]_{-\delta_z}^{0} \tag{6-6}$$

式中，系数 $x = 1/2~3/4$。

型腔深度尺寸。按公差带标注原则，塑件高度尺寸为 $H_{\mathrm{s}-\Delta}^0$，型腔深度尺寸为 $H_{\mathrm{M0}}^{+\delta_z}$。型腔底面和型芯端面均与塑件脱模方向垂直，磨损很小，因此计算时磨损量 $\delta_c$ 不予考虑，则有型腔深度尺寸：

$$H_{\mathrm{M}} = \left[ H_{\mathrm{s}} + H_{\mathrm{s}}S_{\mathrm{cp}} - x'\Delta \right]_0^{+\delta_z} \tag{6-7}$$

式中，对中小型塑件 $x'$ 取 2/3，$\delta_z = \dfrac{1}{3}\Delta$；对大型塑件 $x'$ 可在 1/3~1/2 范围选取，$\delta_z = \dfrac{1}{3}\Delta$。

型芯高度尺寸。同理可得型芯高度尺寸计算公式：

$$h_{\mathrm{m}} = \left[ h_{\mathrm{s}} + h_{\mathrm{s}}S_{\mathrm{cp}} + x'\Delta \right]_{-\delta_z}^{0} \tag{6-8}$$

式中，系数 $x = 1/2~3/4$。

中心距尺寸。塑件、模具中心距的关系：型芯与成型孔的磨损可认为是沿圆周均匀磨损，不影响中心距，计算时仅考虑塑料收缩，而不考虑磨损余量，塑件上中心距为 $C_{\mathrm{s}} \pm \dfrac{1}{2}\Delta$，模具成型零件的中心距为 $C_{\mathrm{m}} \pm \dfrac{1}{2}\delta_z$，其平均值即为基本尺寸，制造误差 $\delta_z$，活动型芯尚有与其配合孔的配合间隙 $\delta_{\mathrm{j}}$，中心距尺寸：

$$C_{\mathrm{m}} = \left[ C_{\mathrm{s}} + C_{\mathrm{s}} S_{\mathrm{cp}} \right] \pm \frac{\delta_{\mathrm{z}}}{2} \tag{6-9}$$

式中，模具中心距制造公差 $\delta_{\mathrm{z}}$ 通常按塑件公差的 1/4 选取。

注意：（1）对带有嵌件或孔的塑件，在成型时由于嵌件和型芯等影响了自由收缩，故其收缩率较实体塑件为小。计算带有嵌件的塑件的收缩值时，上述各式中收缩值项的塑件尺寸应扣除嵌件部分尺寸。（2）$S_{\mathrm{cp}}$ 根据实测数据或选用类似塑件的实测数据。如果把握不大，在模具设计和制造时，应留有一定的修模余量。

b　公差带法

公差带法：使成型后的塑件尺寸均在规定的公差带范围内。

首先在最大塑料收缩率时满足塑件最小尺寸要求，计算出成型零件的工作尺寸，然后校核塑件可能出现的最大尺寸是否在其规定的公差带范围内。再按最小塑料收缩率时满足塑件最大尺寸要求，计算成型零件工作尺寸，然后校核塑件可能出现的最小尺寸是否在其公差带范围内。

公差带法选用的原则是：有利于试模和修模，有利于延长模具使用寿命。例如，对于型腔径向尺寸，修大容易，而修小困难，应先按满足塑件最小尺寸来计算；而型芯径向尺寸修小容易，应先按满足塑件最大尺寸来计算工作尺寸；对型腔深度和型芯高度计算也先要分析是修浅（小）容易还是修深（大）容易，依此来确定先满足塑件最大尺寸还是最小尺寸。验算合格的必要条件：

$$(S_{\max} - S_{\min})L_{\mathrm{s}} + \delta_{\mathrm{z}} + \delta_{\mathrm{c}} \leqslant \Delta \tag{6-10}$$

若验算合格，型腔径向尺寸则可表示为：

$$L_{\mathrm{M}} = \left[ L_{\mathrm{s}} + L_{\mathrm{s}} S_{\max} - \Delta \right]_{0}^{+\delta_{\mathrm{z}}} \tag{6-11}$$

若验算不合格，则应提高模具制造精度以减小 $\delta_{\mathrm{z}}$，或降低许用磨损量 $\delta_{\mathrm{c}}$，必要时改用收缩率波动较小的塑料材料。

型芯径向尺寸。塑件尺寸为 $l_{\mathrm{s}0}^{+\Delta}$，型芯径向尺寸为 $l_{\mathrm{m}-\delta_{\mathrm{z}}}^{0}$，与型腔径向尺寸的计算相反，修模时型芯径向尺寸修小方便，且磨损也使型芯变小，计算型芯径向尺寸应按最小收缩率时满足塑件最大尺寸，则型芯径向尺寸可表示为：

$$l_{\mathrm{m}} = \left[ l_{\mathrm{s}} + l_{\mathrm{s}} S_{\min} + \Delta \right]_{-\delta_{\mathrm{z}}}^{0} \tag{6-12}$$

型腔深度尺寸。设计计算型腔深度尺寸时，先应满足塑件高度最大尺寸进行初算，再验算塑件高度最小尺寸是否在公差范围内。则型腔深度尺寸可表示为：

$$H_{\mathrm{M}} = \left[ (1 + S_{\min})H_{\mathrm{s}} - \delta_{\mathrm{z}} \right]_{0}^{+\delta_{\mathrm{z}}} \tag{6-13}$$

型芯高度尺寸。型芯分类为组合式和整体式。整体式型芯，修磨型芯根部较困难，以修磨型芯端部为宜；常见的轴肩连接组合式型芯，修磨型芯固定板较为方便。修磨型芯端部常用：

$$h_{\mathrm{m}} = \left[ (1 + S_{\min})h_{\mathrm{s}} + \Delta \right]_{-\delta_{\mathrm{z}}}^{0} \tag{6-14}$$

修磨型芯固定板常用：

$$h_{\mathrm{m}} = \left[ (1 + S_{\max})h_{\mathrm{s}} + \delta_{\mathrm{z}} \right]_{-\delta_{\mathrm{z}}}^{0} \tag{6-15}$$

中心距尺寸。设塑件上两孔中心距为 $C_{\mathrm{s}} \pm \frac{\Delta}{2}$，模具上型芯中心距为 $C_{\mathrm{m}} \pm \frac{\delta_{\mathrm{z}}}{2}$，$S_{\max}$ 为塑件

最大收缩率，$S_{\min}$为塑件最小收缩率，则中心距尺寸可表示为：

$$C_m = \frac{S_{\max} + S_{\min}}{2}C_s + C_s \tag{6-16}$$

c　螺纹型芯与螺纹型环

（1）螺纹型芯与型环径向尺寸。影响塑件螺纹成型的因素很复杂，一般多采用平均值法。在计算径向尺寸时，采用增加螺纹中径配合间隙的办法来补偿，即增加塑件螺纹孔的中径和减小塑件外螺纹的中径的办法来改善旋入性能。

螺纹型芯：

$$\text{中径}\quad d_{m中} = \left[\,(1 + S_{cp})D_{s中} + \Delta_中\,\right]_{-\delta_中}^{0} \tag{6-17}$$

$$\text{大径}\quad d_{m大} = \left[\,(1 + S_{cp})D_{s大} + \Delta_大\,\right]_{-\delta_大}^{0} \tag{6-18}$$

$$\text{小径}\quad d_{m小} = \left[\,(1 + S_{cp})D_{s小} + \Delta_小\,\right]_{-\delta_小}^{0} \tag{6-19}$$

螺纹型环：

$$\text{中径}\quad D_{m中} = \left[\,(1 + S_{cp})d_{s中} - \Delta_中\,\right]_{0}^{+\delta_中} \tag{6-20}$$

$$\text{大径}\quad D_{m大} = \left[\,(1 + S_{cp})d_{s大} - \Delta_大\,\right]_{0}^{+\delta_大} \tag{6-21}$$

$$\text{小径}\quad D_{m小} = \left[\,(1 + S_{cp})d_{s小} - \Delta_小\,\right]_{0}^{+\delta_小} \tag{6-22}$$

式中　$d_{m中}$，$d_{m大}$，$d_{m小}$——分别为螺纹型芯的中径、大径和小径；

$\quad D_{s中}$，$D_{s大}$，$D_{s小}$——分别为塑件内螺纹的中径、大径和小径的基本尺寸；

$\quad D_{m中}$，$D_{m大}$，$D_{m小}$——分别为螺纹型环的中径、大径和小径；

$\quad d_{s中}$，$d_{s大}$，$d_{s小}$——分别为塑件外螺纹的中径、大径和小径的基本尺寸；

$\quad \Delta_中$，$\Delta_大$，$\Delta_小$——塑件螺纹中径、大径、小径公差，目前国内尚无标准，可参考金属螺纹公差标准选用精度较低者；

$\quad \delta_中$，$\delta_大$，$\delta_小$——分别为螺纹型芯或型环中径、大径和小径的制造公差，一般按塑件螺纹中径公差的$1/5\sim1/4$选取。

螺距。螺纹型芯与型环的螺距尺寸计算公式与前述中心距尺寸计算公式相同：

$$P_m = \left[\,(1 + S_{cp})P_s\,\right] \pm \frac{\delta_z}{2} \tag{6-23}$$

式中　$P_m$——螺纹型芯或型环的螺距；

$\quad P_s$——塑件螺纹螺距基本尺寸；

$\quad \delta_z$——螺纹型芯与型环螺距制造公差。

计算出的螺距常有不规则的小数，使机械加工较为困难。因此：1）相连接的塑件内外螺纹的收缩率相同或相近似时，两者均可不考虑收缩率；2）塑件螺纹与金属螺纹相连接，但配合长度小于极限长度或不超过7~8牙的情况，螺距计算可以不考虑收缩率。

（2）成型型腔壁厚的计算。在注塑成型过程中，型腔所受的力有塑料熔体的压力、合模时的压力、开模时的拉力等，其中最主要的是塑料熔体的压力。在塑料熔体压力作用下，型腔将产生内应力及变形。如果型腔侧壁和底壁厚度不够，当型腔中产生的内应力超过型腔材料的许用应力时，型腔即发生强度破坏。与此同时，刚度不足则发生过大的弹性变形，从而产生溢料和影响塑件尺寸及成型精度，也可能导致脱模困难等，可见模具对强度和刚度都有要求。但是，理论分析和实践证明，模具对强度及刚度的要求并非要同时兼顾。对大尺寸型腔，刚度不足是主要问题，应按刚度条件计算；对小尺寸型腔，强度不足是主要问题，应按强度条件计算。强度计算的条件是满足各种受力状态下的许用应力。刚度计算的条件则由于模具特殊性，可以从以下几个方面加以考虑：防止溢料，保证塑件精度，有利于脱模。

根据模具设计的结构不同，成型型腔可分为圆形（整体式、组合式）、矩形（整体式、组合式），不规则型腔可简化成规则型腔计算。

1）刚度计算条件。刚度计算条件由于模具的特殊性，应从以下三个方面来考虑。

从模具型腔不溢料考虑。当高压熔体注入型腔时，非整体式型腔某些配合面产生间隙，间隙过大则出现溢料。这时应将塑料不产生溢料所许可的允许变形量作为型腔的刚度条件。各种塑料的最大不溢料变形量见表6-3。

表 6-3　常用塑料最大不溢料的变形量

| 黏度特性 | 塑 料 品 种 | 允许变形量/mm |
|---|---|---|
| 低黏度塑料 | 尼龙（PA）、聚乙烯（PE）、聚丙烯（PP）、聚甲醛（POM） | ≤0.025~0.04 |
| 中黏度塑料 | 聚苯乙烯（PS）、ABS、聚甲基丙烯酸甲酯（PMMA） | ≤0.05 |
| 高黏度塑料 | 聚碳酸酯（PC）、聚砜（PSU）、聚苯醚（PPO） | ≤0.06~0.08 |

从制件尺寸精度考虑。某些塑料制件或塑件的某些部位尺寸常要求较高的精度，这就要求模具型腔应具有很好的刚性，以保证塑料熔体注入模具型腔不能产生过大的、使塑件超差的变形量。此时，型腔的允许变形量 $\delta_p$ 由塑件尺寸和公差值来确定。由塑件尺寸精度确定的刚度条件可用表6-4所列的经验公式计算出来。

表 6-4　保证塑件尺寸精度允许变形量 $\delta_p$

| 塑件尺寸/mm | 计算 $\delta_p$ 经验公式 | 塑件尺寸/mm | 计算 $\delta_p$ 经验公式 |
|---|---|---|---|
| <10 | $i\Delta/3$ | 200~500 | $i\Delta/[10(1+iA)]$ |
| 10~50 | $i\Delta/[3(1+iA)]$ | 500~1000 | $i\Delta/[15(1+iA)]$ |
| 50~200 | $i\Delta/[5(1+iA)]$ | 500~1000 | $i\Delta/[20(1+iA)]$ |

注：$\Delta$ 为塑件尺寸公差值；$i$ 为塑件精度等级。

从保证塑件的顺利脱模考虑。如果塑料熔体压力使模腔产生过大的弹性变形，当变形量超过制件的收缩值时，则塑件周边将被型腔紧紧包住而难以脱出。因此型腔允许的变形量应小于制件壁厚的收缩值。

$$\delta_p = t \cdot S \tag{6-24}$$

式中　$t$——制件侧壁厚度，mm；

　　　$S$——制件材料的收缩率。

在一般情况下，因塑料的收缩率较大，型腔的弹性变形量不会超过塑料冷却时的收缩值。因此型腔的刚度要求主要由不溢料和塑件精度来决定。当塑件某一尺寸同时有几项要求时，应以其中最苛刻的条件作为刚度设计的依据。

2）强度计算条件。型腔壁厚的强度计算条件是型腔在各种受力形式下的应力值不得超过模具材料的许用应力 $\sigma_p$。图 6-21 和图 6-22 分别为圆形型腔和矩形型腔的整体式和组合式四种结构。

图 6-21 和图 6-22 中的几何参数意义为：$S$ 表示型腔侧壁厚度，单位为 mm；$T$ 表示支撑板厚度，单位为 mm；$h$ 表示型腔侧壁高度，单位为 mm；$H$ 表示型腔侧壁外形高度，单位为 mm；$r$ 表示圆形型腔内半径，单位为 mm；$R$ 表示圆形型腔外半径，单位为 mm；$l$ 表示矩形型腔内侧壁长边长度，单位为 mm；$b$ 表示矩形型腔侧壁短边长度，单位为 mm；$L$ 表示矩形型腔外形长边长度，单位为 mm；$B$ 表示矩形型腔外形短边长度，单位为 mm。

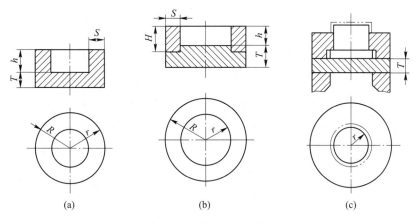

图 6-21　圆筒形凹模结构
（a）整体式；（b）组合式；（c）支撑板结构

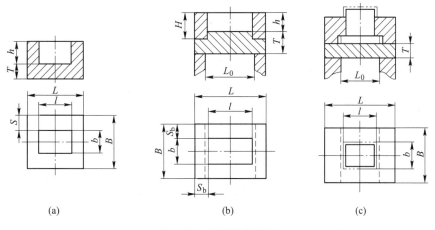

图 6-22　矩形凹模结构
（a）整体式；（b）组合式；（c）支撑板结构

应用表 6-5 中计算公式，可得到模具结构尺寸 $S$ 和 $T$，取刚度和强度条件计算值的大值作为计算结果。也可将表中各式变换成校核式 $\delta \leqslant \delta_p$ 或 $\sigma \leqslant \sigma_p$，分别对刚度和强度条件计算值进行 $S$ 和 $T$ 校核。

按强度和刚度条件计算型腔的壁厚和垫板厚度的公式，见表 6-5。表中各式的计算参数意义为：$p$ 表示最大型腔压力，单位为 MPa，根据型腔压力公式确定，一般为 30～50 MPa；$E$ 表示模具钢材的弹性模量，单位为 MPa，一般中碳钢取 $2.1 \times 10^5$ MPa，预硬化塑

料模具钢取 $2.2 \times 10^5$ MPa；$\delta_p$ 表示模具钢材的允许刚度值，单位为 mm，根据表 6-5 进行计算。

**表 6-5　刚度和强度条件计算公式**

| 凹模类型 | 尺寸类型 | 按强度条件 | 按刚度条件 |
|---|---|---|---|
| 整体式圆形凹模<br>［见图 6-21（a）］ | 凹模侧壁厚度 | $S = r\left(\sqrt{\dfrac{\delta_p}{\delta_p - 2p}} - 1\right)\ (\delta_p > 2p)$ | $S = 1.14\,h\sqrt[3]{\dfrac{ph}{E\delta_p}}$ |
| | 凹模底板或凸模支撑板厚度 | $T = 0.87r\sqrt{\dfrac{p}{\delta_p}}$ | $T = 0.56r\sqrt[3]{\dfrac{pr}{E\delta_p}}$ |
| 组合式圆形凹模<br>［见图 6-21（b）<br>和（c）］ | 凹模侧壁厚度 | $S = r\left(\sqrt{\dfrac{\delta_p}{\delta_p - 2p}} - 1\right)\ (\delta_p > 2p)$ | $R = r\sqrt[3]{\pi\,\dfrac{\delta_p E + 0.75rp}{\delta_p E - 1.25rp}}$ |
| | 凹模底板或凸模支撑板厚度 | $T = 1.10r\sqrt{\dfrac{p}{\delta_p}}$ | $T = 0.91r\sqrt[3]{\dfrac{pr}{E\delta_p}}$ |
| 整体式矩形凹模<br>［见图 6-22（a）］ | 凹模侧壁厚度 | $S = 0.71l\sqrt{\dfrac{p}{\delta_p}}$<br>$\left(\dfrac{h}{l} \geqslant 0.41\right)$<br><br>$S = 1.73l\sqrt{\dfrac{p}{\delta_p}}$<br>$\left(\dfrac{h}{l} < 0.41\right)$ | $S = h\sqrt[3]{\dfrac{Cph}{\phi E\delta_p}}$<br>$C = \dfrac{3(l^4 + h^4)}{2(l^4 + h^4) + 96}$<br>$\phi$ 取 $0.6 \sim 1.0$ |
| | 凹模底板或凸模支撑板厚度 | $T = 0.71b\sqrt{\dfrac{p}{\delta_p}}$ | $T = b\sqrt[3]{\dfrac{C'pb}{E\delta_p}}$<br>$C' = \dfrac{l^4/h^4}{32\left[(l^4/h^4) + 1\right]}$ |
| 组合式矩形凹模<br>［见图 6-22（b）<br>和（c）］ | 凹模侧壁厚度 | 长边：$\delta_{max} = \dfrac{phb}{2HS} + \dfrac{phl^2}{2HS} \leqslant \delta_p$<br><br>短边：$\delta_{max} = \dfrac{phb^2}{2HS^2} + \dfrac{phl^2}{2HS} \leqslant \delta_p$ | $S = 0.31l\sqrt[3]{\dfrac{plh}{HE\delta_p}}$ |
| | 凹模底板或凸模支撑板厚度 | $T = 0.871\sqrt{\dfrac{pb}{B\delta_p}}$ | $T = 0.54\,L_0\sqrt[3]{\dfrac{pbL_0}{BE\delta_p}}$ |

注：对于边长尺寸较大的型腔在计算变形量时，应同时考虑侧壁的挠度与相邻壁的拉伸变形量一半的和。

在注射模的标准件中，凹模的外形为矩形，所以当凹模为圆形时，一般也采用矩形模板。因此，凹模强度的计算也以矩形为主。

中小型模具（模板的长度和宽度在 500 mm 以下的模具）的强度，只要模板的有效使用面积不大于其长度和宽度的 60%，深度不超过其长度的 10%，可以不必通过计算。大型模具（长度或宽度在 630 mm 以上）的凹模强度必须通过计算。

### 6.5.4 结构零部件设计

注射模具由成型零部件和结构零部件组成。结构零部件部分介绍的内容包括注射模的标准模架、注射模的合模导向机构和支撑零部件。支撑零部件主要由固定板（动模、定模板）、支撑板、垫板和动、定模座板等组成。

#### 6.5.4.1 标准模架

标准模架又可称为标准模座或者标准模坯，它由专业的公司进行生产。一般的标准模架都有固定板、顶出板、模脚、导柱导套等。依据上述几点，于是就产生了标准的模架。常见的注塑模模架如图 6-23 所示。目前注塑模模架国家标准为《塑料注射模模架》（GB/T 12555—2006），该标准规定了塑料注射模模架的组合型式、尺寸和标记。

**A 模架组合型式**

标准规定模架以其在模具中的应用方式，分为直浇口与点浇口两种形式，直浇口模架基本型分为四种如图 6-24 所示；点浇口模架基本型分为四种如图 6-25 所示。模架按结构特征分为 36 种主要结构见表 6-6。

根据使用要求，模架中的导柱导套可以有不同的安装型式。

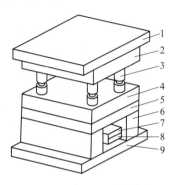

图 6-23 常见注塑模模架
1—定模座；2—定模固定板；
3—导柱与导套；4—动模固定板；
5—支撑板；6—垫块；
7—推杆固定板；8—推板；
9—动模座

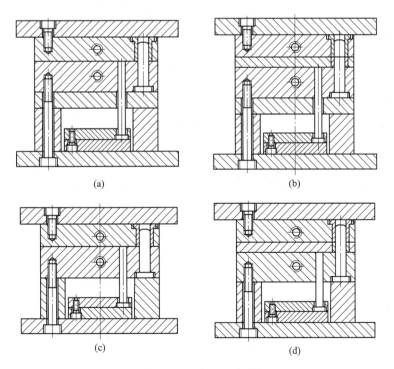

(a)　　　　　　　　　(b)

(c)　　　　　　　　　(d)

图 6-24 四种直浇口型模架
（a）直浇口 A 型模架；（b）直浇口 B 型模架；（c）直浇口 C 型模架；（d）直浇口 D 型模架

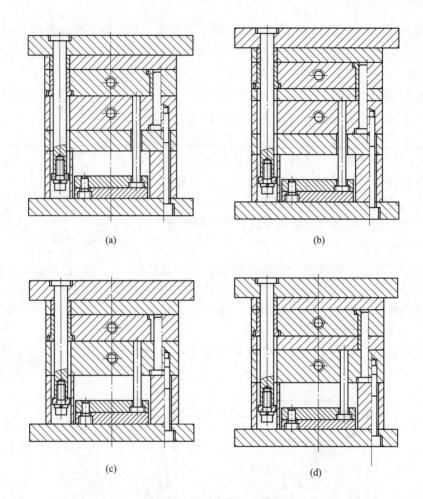

(a)                                    (b)

(c)                                    (d)

图 6-25    四种点浇口型模架

（a）点浇口 DA 型模架；（b）点浇口 DB 型模架；（c）点浇口 DC 型模架；（d）点浇口 DD 型模架

表 6-6    模架的主要结构形式简介

| 浇口形式 | 基 本 形 式 | 主要结构名称 | | | |
|---|---|---|---|---|---|
| 直浇口 | 直浇口基本型 | A | B | C | D |
| | 直身基本型 | ZA | ZB | ZC | ZD |
| | 直身无定模座板型 | ZAZ | ZBZ | ZCZ | ZDZ |
| 点浇口 | 点浇口基本型 | DA | DB | DC | DD |
| | 直身点浇口基本型 | ZDA | ZDB | ZDC | ZDD |
| | 点浇口无推料板型 | DAT | DBT | DCT | DDT |
| | 直身点浇口无推料板型 | ZDAT | ZDBT | ZDCT | ZDDT |

续表 6-6

| 浇口形式 | 基 本 形 式 | 主要结构名称 | |
|---|---|---|---|
| 简化点浇口 | 简化点浇口基本型 | JA | JC |
| | 直身简化点浇口型 | ZJA | ZJC |
| | 简化点浇口无推料板型 | JAT | JCT |
| | 直身简化点浇口无推料板型 | ZJAT | ZJCT |

B  基本模架组合尺寸

组成模架的零件应符合《塑料注射模零件》（GB/T 4169.1—2006～GB/T 4169.23—2006）的规定。

模架的组合尺寸为零件的外形尺寸和孔径与孔位尺寸，基本模架组合尺寸如图 6-26 直浇口模架组合尺寸图示和图 6-27 点浇口模架组合尺寸图示所示，以及见表 6-7。

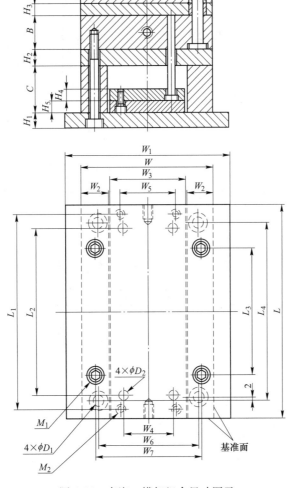

图 6-26  直浇口模架组合尺寸图示

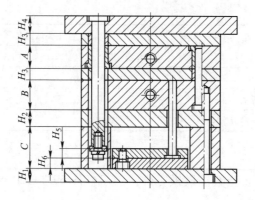

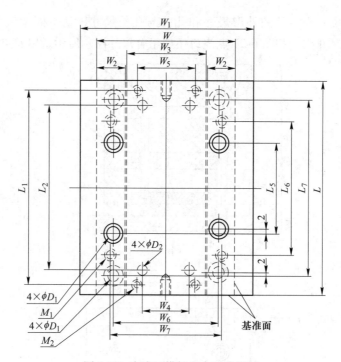

图 6-27　点浇口模架组合尺寸图示

**表 6-7　基本型模架组合尺寸**（部分）　　　　　　　　　　（mm）

| 代号 | 系　　列 | | | | | | | | | | |
|------|------|------|------|------|------|------|------|------|------|------|------|
| | 1515 | 1518 | 1520 | 1523 | 1525 | 1818 | 1820 | 1823 | 1825 | 1830 | 1835 |
| W | 150 | | | | | 180 | | | | | |
| L | 150 | 180 | 200 | 230 | 250 | 180 | 200 | 230 | 250 | 300 | 350 |
| $W_1$ | 200 | | | | | 230 | | | | | |
| $W_2$ | 28 | | | | | 33 | | | | | |
| $W_3$ | 90 | | | | | 110 | | | | | |
| $A$、$B$ | 20、25、30、35、40、45、50、60、70、80 | | | | | 25、30、35、40、45、50、60、70、80 | | | | | |

续表 6-7

| 代号 | 系 列 | | | | | | | | | | |
|---|---|---|---|---|---|---|---|---|---|---|---|
| | 1515 | 1518 | 1520 | 1523 | 1525 | 1818 | 1820 | 1823 | 1825 | 1830 | 1835 |
| $C$ | 50、60、70 | | | | | 60、70、80 | | | | | |
| $H_1$ | 20 | | | | | 20 | | | | | |
| $H_2$ | 30 | | | | | 30 | | | | | |
| $H_3$ | 20 | | | | | 20 | | | | | |
| $H_4$ | 25 | | | | | 30 | | | | | |
| $H_5$ | 13 | | | | | 15 | | | | | |
| $H_6$ | 15 | | | | | 20 | | | | | |
| $W_4$ | 48 | | | | | 68 | | | | | |
| $W_5$ | 72 | | | | | 90 | | | | | |
| $W_6$ | 114 | | | | | 134 | | | | | |
| $W_7$ | 120 | | | | | 145 | | | | | |
| $L_1$ | 132 | 162 | 182 | 212 | 232 | 160 | 180 | 210 | 230 | 280 | 330 |
| $L_2$ | 114 | 144 | 164 | 194 | 214 | 138 | 158 | 188 | 208 | 258 | 308 |
| $L_3$ | 56 | 86 | 106 | 136 | 156 | 64 | 84 | 114 | 124 | 174 | 224 |
| $L_4$ | 114 | 144 | 164 | 194 | 214 | 134 | 154 | 184 | 204 | 254 | 304 |
| $L_5$ | — | 52 | 72 | 102 | 122 | — | 46 | 76 | 96 | 146 | 196 |
| $L_6$ | — | 96 | 116 | 146 | 166 | — | 98 | 128 | 148 | 198 | 248 |
| $L_7$ | — | 144 | 164 | 194 | 214 | — | 154 | 184 | 204 | 254 | 304 |
| $D_1$ | 16 | | | | | 20 | | | | | |
| $D_2$ | 12 | | | | | 12 | | | | | |
| $M_1$ | $4 \times M_{10}$ | | | | | $4 \times M_{12}$ | | | | | $6 \times M_{12}$ |
| $M_2$ | $4 \times M_6$ | | | | | $4 \times M_8$ | | | | | |

C 基本模架标记

标准中规定了的模架应有下列标记：模架、基本型号、系列代号、定模板厚度 $A$（以毫米为单位）、动模板厚度 $B$（以毫米为单位）、垫块厚度 $C$（以毫米为单位）、拉杆导柱长度（以毫米为单位）。

**示例1**：模板宽 200 mm，长 250 mm，$A=50$ mm，$B=40$ mm，$C=70$ mm 的直浇口 A 型模架标记如下：

模架 A 2025-50×40×70 GB/T 12555—2006

**示例2**：模板宽 300 mm，长 300 mm，$A=50$ mm，$B=60$ mm，$C=90$ mm，拉杆导柱长度 200 mm 的点浇口 B 型模架标记如下：

模架 DB 3030-50×60×90-200 GB/T 12555—2006

D 选择标准模架的程序及要点

（1）在模具设计时，应根据塑件图样及技术要求分析、计算。确定型腔的大小和布置方案，画出型腔的视图。型腔的位置最好在中间对称的位置，以免注射时产生受力不匀现象。

（2）根据冷却系统的设计，将冷却管道加画在型腔的周围。冷却水道与塑腔的距离一般为 12~15 mm。

（3）根据所选模架的类型，将导柱、导套布置在合适位置上。支撑柱的位置支撑柱应分布均匀，以防模具变形。推杆应尽量布置在塑件承受脱模力较大的部分。

（4）考虑到不同型号及规格的注射机，不同结构形式的锁模机构具有不同的闭合距离。模架厚度 $H$ 与闭合距离 $L$ 的关系为：

$$L_{\min} \le H \le L_{\max} \qquad (6-25)$$

（5）设计时需计算开模行程与定、动模分开的间距与推出塑件所需行程之间的尺寸关系，注射机的开模行程应大于取出塑件所需的定、动模分开的间距，而模具推出塑件距离需小于注射机顶出液压缸的额定顶出行程。

（6）安装时需注意：模架外形尺寸不应受注射机拉杆的间距影响；定位孔径与定位环尺寸需配合良好；注射机顶出杆孔的位置和顶出行程是否合适；喷嘴孔径和球面半径是否与模具的浇口套孔径和凹球面尺寸相配合；模架安装孔的位置和孔径与注射机的移动模板及固定模板上的相应螺孔相配。

（7）还要考虑如侧抽芯机构对模架有无加大的需要，为保证塑件质量和模具的使用性能及可靠性，需对模架组合零件的力学性能，特别是它们的强度和刚度进行准确的校核及计算，以确定动、定模板及支撑板的长、宽、厚度尺寸，从而正确地选定模架的规格。

### 6.5.4.2　合模导向机构

合模导向机构是保证动定模或上下模合模时，正确定位和导向的零件。合模导向机构主要有导柱导向和锥面定位两种形式，导柱导向机构应用最普遍，主要零件是导柱和导套。

导柱既可以设置在动模一侧，也可以设置在定模一侧，应根据模具结构来确定。标准模架的导柱一般设在动模部分。在不妨碍脱模的条件下，导柱通常设置在型芯高出分型芯面较多的一侧。导柱与导套的设计要求如下。

（1）应尽量选用标准模架，因为标准模架中的导柱、导套的设计和制作是有科学依据并经过实践检验的。合理布置导柱位置，导柱中心至模具外缘至少应有一个导柱直径的厚度。导柱布置方式常采用等直径不对称布置，或不等直径对称布置，一副模具一般需要 2~4 个导柱。

（2）导柱工作部分长度应比型芯端面高出 6~8 mm，以确保其导向与引导作用。

（3）导柱工作部分的配合精度采用 H7/f7 或 H8/f8 配合；导柱、导套固定部分配合精度采用 H7/k6 或 H7/m6。配合长度通常取配合直径的 1.5~2 倍，其余部分可以扩孔，以减小摩擦，并降低加工难度。

（4）导柱与导套应有足够的耐磨性，多采用低碳钢经渗碳淬火处理，其硬度为 48~55 HRC；也可采用 T8 或 T10 碳素工具钢，经淬火处理。导柱工作部分的表面粗糙度为 $Ra$ 0.4 $\mu$m，固定部分为 $Ra$ 0.8 $\mu$m；导套内外圆柱面表面粗糙度取 $Ra$ 0.8 $\mu$m。

（5）导柱头部应制成截锥形或球头形；导套的前端也应倒角，一般倒角半径为 1~2 mm。

### 6.5.4.3　支撑零部件

模具支撑零件主要有支撑板（动模垫板）、垫板（支撑块）、支撑块、支撑板、支撑柱（动模支柱）等。大型加强刚度的支撑结构模具中，支撑板的跨距较大，当已选定的支撑板厚度通过校验不够时，或者，设计时为了有意识地减小支撑板的厚度以节约材料，可在支撑板与底板之间设置支撑板、支撑柱或支撑块。

（1）固定板（动模板、定模板）：在模具中起安装和固定成型零件、合模导向机构以及推出脱模机构等零部件的作用。为了保证被固定零件的稳定性，固定板应具有一定的厚度和足够的刚度和强度。材料：一般采用碳素结构钢制成，合金结构钢制造。

（2）支撑板：盖在固定板上面或垫在固定板下面的平板，其作用：防止固定板固定的零部件脱出固定板，并承受固定部件传递的压力，因此它要具有较高的平行度、刚度和强度，常用材料：45 钢制成，经热处理调质，28 ~ 32 HRC（230 ~ 270 HBS），50、40Cr、40MnB、40MnVB、45Mn2 调质至 28~32 HRC（230~270 HBS），结构钢 Q235~Q275。

（3）支撑板与固定板之间通常采用螺栓连接，当两者需要定位时，可加插定位销。

（4）垫块的高度：应符合注射机安装要求和模具结构要求。

$$H = h_1 + h_2 + h_3 + S + (3 \sim 6) \tag{6-26}$$

式中　　$H$——垫块高度；

　　$h_1$——推板厚度；

　　$h_2$——推杆固定板厚度；

　　$h_3$——推板限位钉高度（若无限位钉，则取零）；

　　$S$——脱出塑料制件所需的顶出行程。

### 6.5.5 推出机构设计

在注射成型的每一循环中，塑件必须由模具型腔中取出。完成取出塑件这个动作的机构就是推出机构，也称为脱模机构。

#### 6.5.5.1 推出机构的驱动方式

（1）手动脱模。手动脱模是指当模具分型后，用人工操纵推出机构（如手动杠杆）取出塑件。手动脱模时，工人的劳动强度大，生产效率低，推出力受人力限制，不能很大。但是推出动作平稳，对塑件无撞击，脱模后制品不易变形，操作安全。在大批量生产中不宜采用这种脱模方式。

（2）机动脱模。利用注射机的开模动力，分型后塑件随动模一起移动，达到一定位置时，脱模机构被机床上固定不动的推杆推住，不再随动模移动，此时脱模机构动作，把塑件从动模上脱下来。这种推出方式具有生产效率高、工人劳动强度低且推出力大等优点，但对塑件会产生撞击。

（3）液压或气动推出。在注射机上专门设有推出油缸，由它带动推出机构实现脱模，或设有专门的气源和气路，通过型腔里微小的推出气孔，靠压缩空气吹出塑件。这两种推出方式的推出力可以控制，气动推出时塑件上还不留推出痕迹，但需要增设专门的液动或气动装置。

（4）带螺纹塑件的推出机构。成型带螺纹的塑件时，脱模前需靠专门的旋转机构先将螺纹型芯或型环旋离塑件，然后再将塑件从动模上推下，脱螺纹机构也有手动和机动两种方式。

6.5.5.2　推出力的计算

注射成型过程中，型腔内熔融塑料因固化收缩包在型芯上，为使塑件能自动脱落，在模具开启后就需在塑件上施加一推出力。推出力是确定推出机构结构和尺寸的依据，其近似计算式为：

$$F = Ap(\mu\cos\alpha - \sin\alpha) \tag{6-27}$$

式中　$F$——推出力；

　　　$A$——塑件包容型芯的面积，$mm^2$；

　　　$p$——塑件对型芯单位面积上的包紧力，一般情况下，模外冷却的塑件，$p$ 取 $2.4 \times 10^7 \sim 3.9 \times 10^7$ Pa；模内冷却的塑件，$p$ 取 $0.8 \times 10^7 \sim 1.2 \times 10^7$ Pa；

　　　$\mu$——塑件对钢的摩擦系数，为 $0.1 \sim 0.3$；

　　　$\alpha$——脱模斜度。

6.5.5.3　推出机构的设计原则

（1）机构应尽量简单可靠，推出机构的运动要准确、可靠、灵活，无卡死现象，机构本身要有足够的刚度和强度，足以克服脱模阻力。

（2）保证制品不因推出而变形损坏，这是对推出机构的最基本要求。在设计时要正确估计塑件对模具黏附力的大小和所在位置，合理地设置推出部位，使推出力能均匀合理地分布，要让塑件能平稳地从模具中脱出而不会产生变形。推出力应作用在不易使塑件产生变形的部位，如加强筋、凸缘、厚壁处等。应尽量避免使推出力作用在塑件平面位置上。

（3）推出力的分布应尽量靠近型芯（因型芯处包紧力最大），且推出面积应尽可能大，以防塑件被推坏。

（4）推出脱模行程应恰当合理，保证制品可靠脱模。

（5）若推出部位需设在塑件使用或装配的基准面上时，为不影响塑件尺寸和使用，一般使推杆与塑件接触部位处凹进塑件 0.1 mm 左右，而推杆端面则应高于基准面，否则塑件表面会出现凸起影响基准面的平整和外观。

6.5.5.4　一次推出机构

塑件在推出零件的作用下，通过一次推出动作，就能将塑件全部脱出。这种类型的脱模机构即为一次推出机构，也称为简单脱模机构。它是最常见的，也是应用最广的一种脱模机构。一般有以下几种形式。

A　推杆脱模机构

a　机构组成和动作原理

推杆脱模是最典型的一次推出机构，它结构简单，制造容易且维修方便，其机构组成和动作原理如图 6-28 所示。它是由推杆、推杆固定板、推板导套、推板导柱、推杆垫板、拉料杆、复位杆和限位钉等所组成的。推杆、拉料杆、复位杆都装在推杆固定板上，然后用螺钉将推杆固定板和推杆垫板连接固定成一个整体，当模具打开并达到一定距离后，注射机上的机床推杆将模具的推出机构挡住，使其停止随动模一起的移动，而动模部分还在继续移动后退，于是塑件连同浇注系统一起从动模中脱出。合模时，复位杆首先与定模分型面相接触，使推出机构与动模产生相反方向的相对移动。模具完全闭合后，推出机构便回复到了初始的位置（由限位钉保证最终停止位置）。

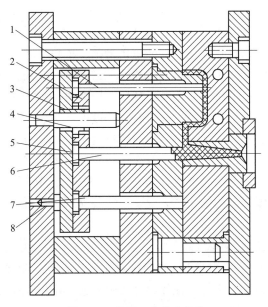

图 6-28　推杆一次推出机构

1—推杆；2—推杆固定板；3—推板导套；4—推板导柱；5—推板；6—拉料杆；7—复位杆；8—限位钉

国家标准规定的推杆有推杆、扁推杆、带肩推杆三种，其设计已经标准化，推杆的位置应合理布置，其原则是：根据制品的尺寸，尽可能使推杆位置均匀对称，以及使制品所受的推出力均衡，并避免推杆弯曲变形。

b　推杆与推杆孔间配合

推杆与推杆孔间配合为间隙配合，一般选 H7/f6，其配合间隙兼有排气作用，但不应大于所用塑料的排气间隙，以防漏料。配合长度一般为推杆直径的 2~3 倍。推杆端面应精细抛光，因其已构成型腔的一部分。为了不影响塑件的装配和使用，推杆端面应高出型腔表面 0.1 mm。

c　复位机构

推杆或推套将塑件推出后，必须返回其原始位置，才能合模进行下一次注射成型。最常用的方法是复位杆复位，复位杆的设计已经国家标准化。

推杆推出是应用最广的一种推出形式，它几乎可以适用于各种形状塑件的脱模。但其推出力作用面积较小，如设计不当，易发生塑件被推坏的情况，而且还会在塑件上留下明显的推出痕迹。

B　推管脱模机构

推管脱模机构它适于环形、筒形塑件或带有孔的部分的塑件的推出，用于一模多腔成型更为有利。由于推管整个周边接触塑件，故推出塑件的力量均匀，塑件不易变形，也不会留下明显的推出痕迹。

推管脱模机构要求推管内外表面都能顺利滑动。其滑动长度的淬火硬度为 HRC50 左右，且等于脱模行程与配合长度之和，再加上 5~6 mm 余量。非配合长度均应用 0.5~1 mm 的双面间隙。推管在推出位置与型芯应有 8~10 mm 的配合长度，推管壁厚应在 1.5 mm 以上。

C　推板脱模机构

对于薄壁容器、壳体以及表面不允许有推出的痕迹的制品，需要采用推板推出机构，推板也称推件板。在分型面处从壳体塑件的周边推出，推出力大且均匀。对侧壁脱模阻力较大的薄壁箱体或圆筒制品，推出后外观上几乎不留痕迹，这对透明塑件尤为重要。推板脱模机构不需要回程杆复位。推板应由模具的导柱导向机构导向定位，以防止推板孔与型芯间的过度磨损和偏移。推板与型芯之间要有高精度的间隙、均匀的动配合。要使推板灵活脱模和回复，又不能有塑料熔体溢料。为防止过度磨损和咬合发生，推板孔与型芯应做淬火处理，通常在推板与型芯间留有单边 0.2 mm 左右间距，避免两者之间接触，又有锥形配合面起辅助定位作用，可防止推板孔偏心而引起溢料，其斜度为 10°左右。对于大型深腔容器，特别是软质塑料，为防止过大脱模力使制品壁产生皱褶，应该给成型时所形成的真空腔引气。

D　多元件组合推出脱模机构

对于一些深腔壳体、薄壁制品以及带有局部环状凸起、凸肋或金属嵌件的复杂制品，如果对它们只采用某一种推出零件，往往容易使制品在推出过程中出现缺陷，可采用两种或两种以上的推出零件，如图 6-29 所示。

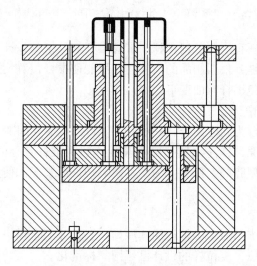

图 6-29　多元件组合推出机构

6.5.5.5　二次推出机构

一次脱模机构是在脱模机构推运动中一次将塑件脱出的，这些塑件因为形状简单，仅仅是从型芯上脱下或仅从型腔内脱出。对于形状复杂的塑件，因模具型面结构复杂，塑件被推出的半模部分（一般是动模部分）既有型芯，又有型腔或型腔的一部分，必须将塑件既从被包紧的型芯上（或从被黏附的型腔中）脱出，脱模阻力是比较大的，若由一次动作完成，势必造成塑件变形、损坏，或者在一次推出动作后，仍然不能从模具内取下或脱落。对于这种情况，模具结构中必须设置两套脱模机构，在一个完整的脱模行程中，使两套脱模机构分阶段工作，分别完成相应的顶推塑件的动作，以便达到分散总的脱模阻力和顺利脱件的目的，这样的脱模机构称为二次推出机构。

设计二次推出机构时应注意，第一次推出机构的脱模力大，应不使制品损伤；而第二次脱模应有较大的行程，保证制件自动坠落。机构的动作顺序安排为：第一次脱模时，两级脱模机构所有元件应同步推进。在一次脱模结束后，一次脱模元件静止不动而二次脱模元件沿原脱模方向继续运动，或者二次脱模元件超前于一次脱模元件向前运动（两者都动但速度不同），直至将塑件完全脱出。弹开式二级脱模机构如图6-30所示。为此，一次脱模元件在推出过程中，要用滑块让位、摆杆外摆、钢球打滑、弹簧、限位螺钉等方法使一次脱模元件在一次脱模结束后不动或慢速运动，从而达到使两套脱模机构分阶段工作的目的。

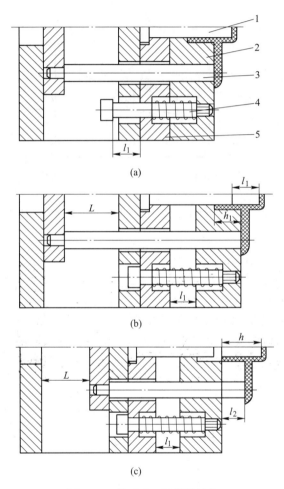

图 6-30　弹开式二级脱模机构
（a）未推出状态；（b）第一次推出；（c）推出完成
1—型芯；2—动模型腔；3—推杆；4—弹簧；5—型芯固定板

### 6.5.5.6　浇注系统凝料的推出和自动脱落

自动化生产要求模具的操作可全部自动化，除塑件能实现自动化脱落外，浇注系统凝料也要求能自动脱落。

（1）普通浇注系统凝料推出和自动脱落。这种浇注系统凝料脱落形式多指侧浇口、直浇口类型的模具，浇注系统凝料与塑件连接在一起，只要塑件脱模，浇注系统凝料就随着脱落，常见的形式是靠自重坠落，有时塑件有少部分留于型腔或推板内，给自动脱落带来困难，解决的办法可用如上所述的二次脱模机构，或采用下述办法使主流道和分流道的凝料能可靠地脱离型腔。

（2）连杆掸落装置。图 6-31 是利用注射机的开闭运动通过连杆使塑件及浇注系统凝料可靠落下的装置。

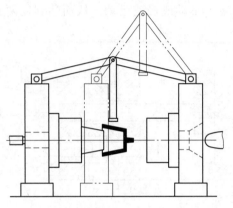

图 6-31　推出塑件及浇注系统凝料的机构

（3）空气推出和吹落。用空气阀通过空气间隙，吹出 0.5~0.6 MPa 的压缩空气把塑件推出吹落。

### 6.5.6　侧向分型与抽芯机构的设计

#### 6.5.6.1　侧向分型与抽芯机构的形成

当注射成型塑件如图 6-32 所示的侧壁带有孔、凹穴和凸台等塑件时，模具上成型该处的零件就必须制成可侧向移动的零件，称为活动型芯，在塑件脱模前必须先将活动型芯抽出，否则就无法脱模。带动活动型芯作侧向移动（抽拔与复位）的整个机构称为侧向分型与抽芯机构。

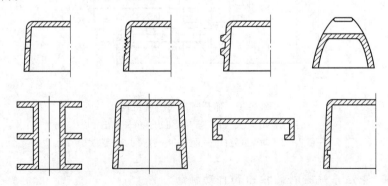

图 6-32　成型时需侧向分型与抽芯机构的制品

图 6-32 所示均为需要模具设置侧向分型或抽芯机构的典型塑件。除此之外，对于成型那些深型腔且侧壁不允许有脱模斜度、深型腔且侧壁要求高光亮的塑件，其模具结构也

需要侧向分型与抽芯机构。

带动侧向成型零件作侧向移动的整个机构称为侧向分型与抽芯机构，简称侧向抽芯机构。如图 6-33 所示，本模具中采用斜导柱抽芯机构，通过斜导柱与滑块的运动将侧型芯从制件中抽出。当注射机带动动模座下移时，斜导柱带动滑块侧向移动，将侧型芯插于型腔中，从而实现侧向的分型与复位动作。

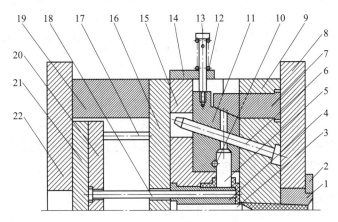

图 6-33 侧向分型抽芯机构的设计

1—浇口套；2—定位圈；3—分流型芯；4—主型芯；5—侧型芯；6—斜导柱；7—锁紧块；
8—定模座板；9—定模；10—固定销；11—侧滑块；12—弹簧；13—限位杆；14—挡块；15—动模；
16—支撑板；17—复位杆；18—顶杆；19—支板；20—顶杆固定板；21—顶杆垫板；22—动模座板

### 6.5.6.2 侧向抽芯机构的分类

侧向抽芯机构的分类方法很多，通常按动力来源分为三种类型。

（1）手动侧向抽芯机构。开模前人工取出侧型芯或开模后将塑件与侧型芯一同顶出，模外手工抽出侧型芯，合模前再将侧型芯装入模体。这种类型模具结构简单，割模周期短。但是注射效率低，抽芯力小，只在小批量生产或试制性生产时采用。

（2）机动侧向抽芯机构。依靠注射机的开模力、顶出力或合模力进行模具的侧向分型、抽芯及复位动作的机构。这种机构最常用，它动作可靠，抽芯力大，操作方便，成型效率高，易实现自动化。根据抽芯方式及机械结构的不同分为斜导柱式、弯拉杆式、弯拉板式、斜滑块式、顶出式及齿轮齿条式抽芯机构等，其中以斜导柱侧向抽芯机构用得最为广泛。

（3）液压或气动侧向抽芯机构。依靠液压或气动装置为动力将侧型芯抽出。这种机构的特点是传动平稳，抽芯距和抽芯力较大，抽芯动作不受开模时间限制。但是它需配备整套液压或气动装置，成本较高，一般在大型注射模或注射机本身带有抽芯液压缸的模具。

### 6.5.6.3 侧向抽芯机构抽芯距的计算

抽芯距是将侧型芯或侧哈夫块从成型位置抽到不妨碍塑件顶出时侧型芯或哈夫块所移动的距离。

$$S = S_c + (2 \sim 3) \tag{6-28}$$

式中 $S$——设计抽芯距，mm；

$S_c$——临界抽芯距，mm。

临界抽芯距就是侧型芯或哈夫块抽到恰好与塑件投影不重合时所移动的距离，它的值不一定总是等于侧孔或侧凹的深度，需要根据塑件的具体结构和侧表面形状而确定。

#### 6.5.6.4　侧向抽芯机构抽拔力的计算

对塑件侧向抽芯，就是侧向脱模，抽拔力就是侧向脱模力，其计算方法与脱模推出力计算方法相同。带侧孔和侧凹的塑件，除了在特定条件下可强制脱模、小批量生产和抽拔力较小的塑件可采用活动镶块与塑件一起顶出后在模外抽芯外，绝大多数情况下，抽芯都是依靠模具打开时注射机的开模动作进行抽芯，随着注射机的发展，液压抽芯应用也逐渐增多。

#### 6.5.6.5　斜导柱侧向分型与抽芯机构

斜导柱驱动的侧向分型与抽芯机构应用最广，它不但可以向外侧、也可用来向内侧抽芯，这类侧向抽芯分型与抽芯机构的特点是结构紧凑、动作安全可靠、加工制造方便，是设计和制造注射模抽芯时最常用的机构，但它的抽芯力和抽芯距受到模具结构的限制，一般适用于抽芯力不大及抽芯距小于 60 mm 的场合。

### 6.5.7　温度调节系统设计

注塑模具的温度会直接影响到塑料产品的质量与生产效率，所以模具上需要添加温度调节系统，以达到理想的温度要求。一般成型的塑料温度，在 200 ℃ 左右，而塑料件固化后，要从模具中取出的温度，在 60 ℃ 左右。热塑性塑料在成型后，必须对模具有效的冷却，使融熔塑料的热量必须很快地传给模具，以便使塑料冷却后可迅速脱模。图 6-34 为典型冷却系统图。

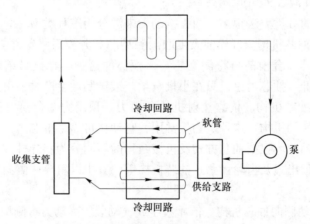

图 6-34　典型冷却系统图

#### 6.5.7.1　模具温度的调节对塑件的质量的影响

模具工作时的温度是周期性变化的，注射熔体时模具温度升高，脱模时模具温度降低。其热量的传递要靠对流、辐射和传导等方式完成，高温塑料熔体在模具型腔内凝固并释放热量，均有一个比较适用的模具温度范围，注射成型中的模具可以看成一个热交换器，它使塑件的质量达到最佳，但是不正常的模具温度将会使塑件产生各种缺陷，见表 6-8。

表 6-8　不正常的模温造成的塑件的各种缺陷

| 缺陷 | 模温过低 | 模温过高 | 模温不均 |
|---|---|---|---|
| 塑件不足 | · | | |
| 尺寸不稳定 | | | · |
| 表面波纹 | · | | |
| 扭曲变形 | | · | · |
| 裂纹 | · | | · |
| 表面不光洁 | · | | |
| 塑件脆弱 | · | | |
| 塑件粘模 | | · | |
| 塑件透明度低 | · | | |
| 脱模不良 | | | · |

注："·"表示此项不正常模温可能造成的塑件的各种缺陷。

### 6.5.7.2　模具温度的调节对生产效率的影响

一般来说在塑件的整个成型周期模内冷却的时间大约占 75%，因此提高冷却效率、缩短冷却时间是提高生产效率的关键。如图 6-35 所示，模温增加，冷却时间增加。如图 6-36 所示，注塑成型中的热量传递形式。在注塑成型过程中塑料熔体所释放的热量有 90% 由冷却介质带走，因此注塑模的冷却时间主要取决模具冷却系统的冷却效果。

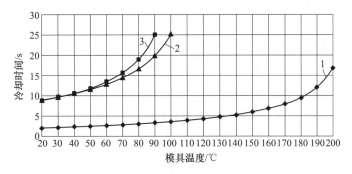

图 6-35　模具温度与冷却时间的关系

1—PA66；2—ABS；3—PP

（2 mm 厚、200 mm 长的产品，以中间范围的料温和 1 s 时间注射）

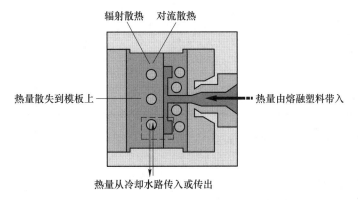

图 6-36　注塑成型中的热量传递形式

根据牛顿冷却定律,塑件的冷却速率与塑件的温度及冷却介质之温差成正比,冷却系统从模具中带走的热量(kJ)为

$$Q = \frac{h\Delta TA\theta}{3600} \tag{6-29}$$

式中  $Q$——冷却介质从模具带走的热量,kJ;

  $h$——冷却管道与冷却介质间的传热系数,kJ/($m^2 \cdot h \cdot °C$);

  $A$——冷却管道的热传面积,$m^2$;

  $\Delta T$——模具温度与冷却介质的温度差,$°C$;

  $\theta$——冷却时间,s。

从式(6-29)可知,在所需传递的热量不变时,可以通过下面三条途径缩短冷却时间。

A  提高热传系数 $\varphi$

$$h = \varphi \frac{(\rho v)^{0.8}}{d^{0.2}} \tag{6-30}$$

式中  $\varphi$——与冷却介质温度有关;

  $\rho$——冷却介质在该温度下的密度;

  $v$——冷却介质的流速;

  $d$——冷却管路的直径。

热传系数的大小取决于冷却水的流速和管路的直径。为缩短冷却时间,应提高冷却介质的流速或减小管路的直径。见表6-9,当管道内冷却水流速达到或高于 0.5~1.5 m/s 时,冷却水处于湍流状态,冷却效率显著提高。

表 6-9  冷却水的稳定涡流速度与流量($Re>10000$,水温 10 ℃)

| 水管直径/mm | 最低流速/m·s⁻¹ | 体积流量/m³·min⁻¹ |
|---|---|---|
| 8 | 1.66 | $5.0 \times 10^{-3}$ |
| 10 | 1.32 | $6.2 \times 10^{-3}$ |
| 12 | 1.10 | $7.4 \times 10^{-3}$ |
| 15 | 0.87 | $9.2 \times 10^{-3}$ |
| 20 | 0.66 | $12.4 \times 10^{-3}$ |
| 25 | 0.53 | $15.5 \times 10^{-3}$ |
| 30 | 0.44 | $18.7 \times 10^{-3}$ |

B  提高模具与冷却介质间的温差

$$\Delta T = T_w - T_\theta$$

式中  $T_w$——模温,$°C$;

  $T_\theta$——冷却介质温度,$°C$。

当模温固定时，尽可能降低冷却介质温度，可以增大温差，有利于缩短冷却时间，提高生产率。但是，当采用低温水冷却模具时，大气中的水分有可能在模具型腔表面凝聚而导致塑料制品的质量下降。

C　增加冷却管道的热传面积

$$A = n\pi dL$$

式中　$L$——模具上一根冷却水管的长度，mm；

　　　$d$——冷却水管直径；

　　　$n$——模具上冷却水管的数量。

增大冷却介质的传热面积，就需在模具上开设尺寸尽可能大、数量尽可能多的冷却管道，但由于在模具上有各种孔（如推杆孔、型芯、孔）和缝隙（如镶块接缝）的限制，因此只能在满足模具结构设计的情况下尽量多开设冷却水管。但是，水管的直径不能过大；过大的直径会使流速减慢，雷诺数 $Re$ 降低，热传系数降低。冷却水流速与水管直径的关系，见表6-9。

在塑胶模具设计当中，常用的冷却方式一般就是以下几种。

（1）用水冷却模具，这种方式最常见，运用最多。

（2）用油冷却模具，不常见。

（3）用压缩空气冷却模具。

（4）自然冷却。对于特简单的模具，注塑完毕之后，依据空气中与模具的温差来冷却。

## 6.5.8　冷却系统的设计原则

为了提高冷却系统的效率和使型腔表面温度分布均匀，在冷却系统的设计中应遵循如下原则。

（1）在塑料模具设计时冷却系统的布置应先于顶出机构，不要在顶出机构设计完毕后才去考虑是否有足够的空间来布置冷却回路。应尽早地将冷却方式和冷却回路的位置确定下来，并与顶出机构取得协调，以便获得最佳的冷却效果。

（2）考虑冷却系统的均匀性。

1）合理地确定冷却管道大小、中心距，根据经验如图6-37所示，水道直径 $d$ 建议取

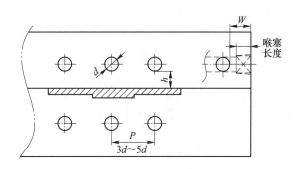

图6-37　适当水道间距设计

8~14 mm，水道深度 $h$ 建议取 $0.75d$~$2d$，水道之间距离 $P$ 建议取 $3d$~$5d$，水道与内模边缘距离 $W$ 最少 10 mm，或喉塞长度 4 mm。增加水道深度会减少冷却效能，水道相隔太远会使模面温度不均衡。模具的传热路径如图 6-38 所示。模具的温度差如图 6-39 所示。图 6-38（b）开设的冷却管道直径太小、间距太大，所以型腔的表面温度变化很大（53 ℃、33~61 ℃、65 ℃）。而图 6-39（a）所布置的冷却管道间距合理，保证了型腔表面温度均匀分布。

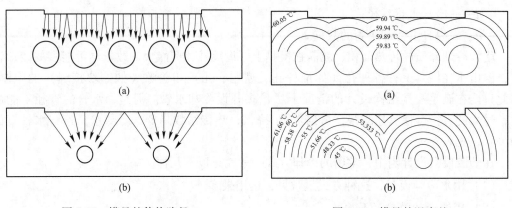

图 6-38　模具的传热路径 　　　　　　　　　图 6-39　模具的温度差
（a）冷却管道直径大、间距小；　　　　　　　（a）冷却管道直径大、间距小；
（b）冷却管道直径小、间距大　　　　　　　　（b）冷却管道直径小、间距大

　　2）冷却水道与分型面各处距离尽量相等，且其排列与成型面形状相符，如图 6-40（a）所示。但冷却水道的设计和布置还应考虑与塑件的壁厚相适用，壁厚处加强冷却，防止后收缩变形，如图 6-40（b）所示。冷却管道与型腔壁的距离太大会使冷却效率下降，而距离太小又会造成冷却不均匀。

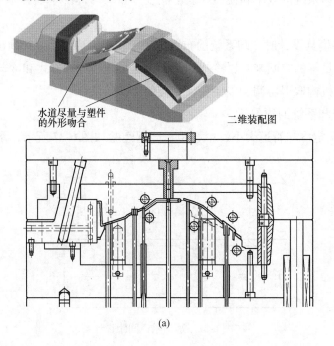

水道尽量与塑件的外形吻合　　　　　　　　　　二维装配图

（a）

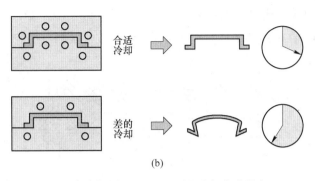

图 6-40　考虑塑件形状和壁厚的冷却水道的布置

（3）浇口附件的热量大，为使模温均匀，水道应首先通过浇口部位并沿熔融料流方向流动，即从高模温区流向低模温区，如图 6-41 所示。

（4）为保证塑件的质量，当采用多浇口进料或者型腔形状复杂时，熔体在汇合处会产生熔接痕，为确保该处熔接强度，尽可能不在熔接部位（ A 处）开设冷却通道，如图 6-42 所示。冷却水道要易于加工清理，一般水道孔径为 10 mm 左右，冷却水道的设计要防止冷却水的泄漏，凡是易泄漏的部位要加密封圈。

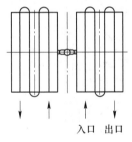

图 6-41　冷却水道的出、入口的布置图

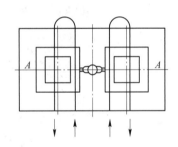

图 6-42　冷却水道避免产生熔接痕

（5）大型或薄壁塑件的成型时熔体的流程长，熔体温度越流越低，若要使塑件冷却速度相同，可改变冷却水道的排列密度，即在料流末端水道可以稀疏些。

（6）冷却水道的出、入口水的温差尽量小。冷却水道总长较长时，则水流在出、入口水的温差会比较大，容易造成模具温度分布不均，塑件在冷却定型过程中各处的收缩会产生较大差异，脱模后塑件容易发生翘曲变形。设计时应尽量采取有效措施减小水道出、入口水的温差，以使模温分布均匀。

### 6.5.9　常见冷却系统的结构

用水冷却模具，在模具设计当中无非就是通水管道（简称为"水道"）的设计。水路常用的直径有 $\phi$12 mm、$\phi$10 mm、$\phi$8 mm、$\phi$6 mm。有时，当模具比较小也会运用到 $\phi$5 mm、$\phi$4 mm。

在模具当中的冷却水路，有很多样式，对于不同形状的塑件，冷却水道的位置与形状也不一样。

### 6.5.9.1　浅型腔扁平塑件的冷却

浅型腔扁平塑件在使用侧浇口时，通常采用在动定模两侧与型腔表面等距离钻孔的形式，如图6-43所示。

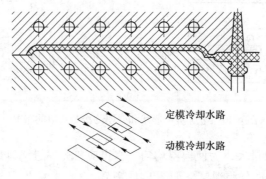

定模冷却水路

动模冷却水路

图6-43　浅型腔扁平塑件的冷却

### 6.5.9.2　中等高度的塑件的冷却

对于采用点浇口进料的中等高度的壳形塑件，在凹模底部附近采用与型腔等距离钻孔的形式，而凸模由于不容易散热，因此要加强冷却，按塑件的形状铣出矩形截面的冷却槽。中等高度塑件冷却回路如图6-44所示。

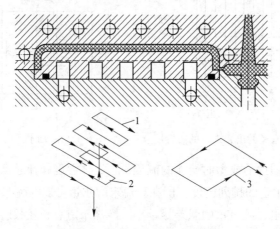

图6-44　中等高度塑件冷却回路
1—定模冷却回路；2—动模冷却回路；3—浇口处冷却回路

### 6.5.9.3　深型腔塑件的冷却

深型腔塑件最困难的是凸模的冷却。大深型腔塑件，凹模采用分层循环的水道，即在凹模一侧从浇口附近进水，水流沿分层水道围绕型腔流动，从分型面附近的出口排出。凸模采用隔片式或喷流式，即在凸模上加工一定数量的盲孔，每个盲孔用隔板分成底部连通的两个部分（见图6-45），从而形成凸模的冷却回路。这种隔板形式的冷却水道加工麻烦，隔板与孔的配合要求紧，否则隔板容易转动而达不到设计目的。图6-45（a）多型芯的导流板串联的冷却形式，图6-45（b）多型芯的冷却水管并联的形式。或者在型芯中间加工一个盲孔，在型芯中间装一个喷水管，进水从管中喷出后再向四周冲刷型芯内壁，

图 6-45（c）单型芯垂直的冷却形式，图 6-45（d）单型芯斜入式冷却形式。低温的进水直接作用于型芯的最高部位。对于中心的浇口，喷流冷却效果很好，隔板式和喷流式的典型形式如图 6-46 所示。

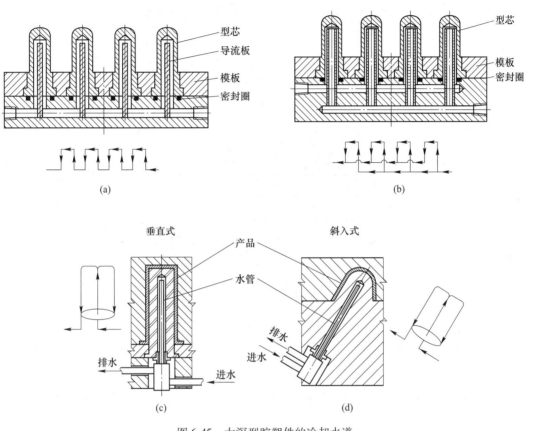

图 6-45　大深型腔塑件的冷却水道

（a）（b）隔板式；（c）（d）喷流式

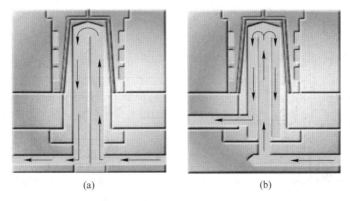

图 6-46　典型的隔板式和喷流式形式

（a）隔板式；（b）喷流式

特深型腔塑件常常采用如图 6-47 所示的冷却水道。凸模及凹模均设置螺旋式（也称盘旋式）冷却水道，入水口在浇口附近，水流分别流经凸模与凹模的螺旋槽后在分型面附近流出，这种形式的冷却水道冷却效果特别好。

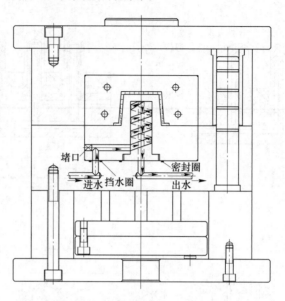

图 6-47　特深型腔塑件的冷却水道

#### 6.5.9.4　细长塑件和型腔复杂的塑件的冷却

对于细长塑件（空芯）的冷却水道在细长的凸模上开设比较困难，通常采用喷流式。当型芯细小无法在型芯上直接设置冷却回路，这时若不采用特殊冷却方式，就会使塑件变形，可以型芯中心压入高导热性的导热针、铜或铍铜芯棒，并将芯棒的一端伸到冷却水孔中冷却，如图 6-48 所示。

当模具的型腔某局部有较多加强筋，并相互之间距离很近时，可以考虑做成铍铜芯棒。其底部通直流水道，以防止其他材质的芯棒引起冷却不及，如图 6-49 所示。

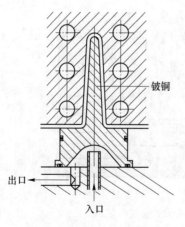

图 6-48　细长塑件的冷却

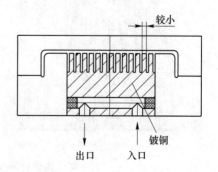

图 6-49　型腔复杂的塑件的冷却

## 思 考 题

（1）什么是热塑性塑料和热固性塑料？

（2）注塑成型模具有哪几类？

（3）注塑成型模具的设计包括哪几部分，浇注系统中浇口位置的选择原则是什么？

## 参 考 文 献

[1] 黄锐，曾邦禄 . 塑料成型工艺学 ［M］. 北京：中国轻工业出版社，2011.

[2] 张玉龙，张永侠 . 塑料挤出成型工艺与实例 ［M］. 北京：化学工业出版社，2011.

[3] 北京市塑料工业公司编 . 塑料成型设备 ［M］. 北京：中国轻工业出版社，1993.

# 7 挤塑成型

## 7.1 概　述

塑料挤塑成型又称挤出成型、挤压成型，是挤塑机中通过加热、加压而使塑料以熔融流动状态连续通过模具，成为截面与模具形状相同的连续体的一种成型方法。挤出制品都是横截面一定的连续材料，在生产及应用上有多方面的优点，据统计，在塑料成型加工中，挤塑成型的产量约占整个制品的50%以上，因此塑料挤出成型在塑料成型加工中占有重要的地位。

直接影响挤塑成型产品断面尺寸的主要因素是熔融塑料温度、压力及挤出速度。挤塑成型机筒的加热过程如图 7-1 所示，颗粒状塑料从加料筒进入机筒，在挤塑机螺杆的作用下，将塑料向前输送，在机筒内塑料逐渐熔融，从进料口到出料口挤塑成型熔体温度是呈增量分布的，通常将机筒分为三段，即加料段、压缩段和均化段，其中均化段的温度是否稳定，直接影响到产品的质量。

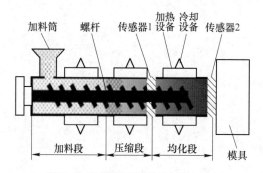

图 7-1　挤塑成型机筒的加热过程

塑料颗粒由料斗进入机筒后，随着螺杆的旋转逐渐被推向机头（模具）方向，在加料段，螺槽被松散的固体颗粒或者粉末充满，并逐渐被压实。当物料进入压缩段后，由于螺槽逐渐变浅，以及滤网、分流板和机头的阻力，在塑料中形成很高的压力，从而将物料压得很密实，同时，由于机筒外加热和螺杆、机筒对物料的混合、剪切作用所产生的内摩擦热的作用下，塑料的温度逐渐升高。对于常规三段全螺纹螺杆来说，大约在压缩段的三分之一处，与机筒壁相接触的某一点的塑料温度达到黏流温度，开始熔融的物料逐渐增多，而未熔融的物料逐渐减少，大约在压缩段的结束处，全部物料熔融而转为黏流态，但这时各点的温度尚不很均匀，经过均化段的均化作用后，螺杆将熔融物料定压、定量、定温地挤入机头（模具）。机头中的口模是个成型部件，物料通过它获得一定截面的几何形状和尺寸，再经过冷却定型和其他工序，则得到成型的制品。

这一过程的变量主要有温度、压力、流率和能量，有时也用物料的黏度，因其不易直接测得，而且它与温度有关，故一般不用它来讨论挤出过程。

（1）温度。温度是挤出过程得以进行的主要条件之一。物料从加入料斗到最后成型为制品经历了一个复杂的温度过程。根据挤出理论和实践，物料在挤出过程中的热量来源主要有两个：第一，物料与物料之间，物料与螺杆、机筒之间的剪切、摩擦产生的热量；第二，机筒外部加热器提供的热量。而温度的调节主要由挤塑机的加热冷却系统和控制系统进行控制的。一般来说，为了加大输送能力，不希望加料段的温度升高的过高，因此在该段必要时需要进行冷却。为了促使物料熔融、均化，在压缩段物料要升到较高的温度，而在均化段也应保持一定的温度，以补偿热量损失，获得高质量的制品，每一种物料的挤出过程应有一条最佳的温度轮廓曲线。

（2）压力。挤出过程中，由于螺槽深度的改变及分流板、滤网和口模产生的阻力，沿机筒轴线方向在物料内部建立起来不同的压力。压力的建立也是物料得以经历物理状态变化，得到均匀密实的熔体。影响压力的因素很多，如机头、分流板、滤网的阻力，加热冷却系统，螺杆转速等，其中以螺杆和机筒的结构影响最大。压力随时间呈周期性的波动，这种波动对制品的质量有不利的影响。螺杆、机筒的设计，螺杆转速的变化，加热冷却系统的不稳定都是产生压力波动的原因。

（3）流率（挤出量）。流率是描述挤出过程的一个重要参数。它的大小象征着机器生产率的大小。它有两个含义：一是绝对流率，用 $Q$ 表示，单位 kg/h；另一个是比流率，用每转的流率 $Q/n$ 表示。影响流率的因素很多，如机头压力、螺杆与机筒的设计、螺杆的转速、加热冷却系统和物料的性质等。图 7-2 为在机头压力不变的情况下，流率和螺杆转速的关系，它常用来研究挤塑机的性能。

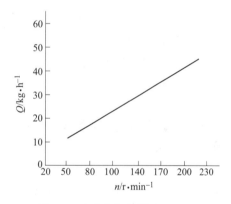

图 7-2　流率与螺杆转速的关系

（4）能量（功率）。若从能量的观点来观察挤塑过程，就有一个能量平衡的问题，为了使加入的物料熔融呈黏流态，必须提供热能；为了使物料压实并得以成型，物料必须有一定的压力，即必须供给压力能。热能和压力能都用加热器的电能和驱动螺杆的机械能转化而来。这些能量一部分被熔融物料和成型物品所利用，其余部分作为热能损失而损失掉。其平衡方程式如下：

$$Z + HJ = Q_v(T_1 - T_0)\rho C_v J + Q_v \Delta p + H' \qquad (7\text{-}1)$$

式中　$Z$——单位时间内由螺杆输入的机械能；

$H$——由外部加热器输入的热能；

$J$——热功当量；

$Q_v$——体积挤出量；

$T_0$——加入物料的温度；

$T_1$——挤出温度；

$\rho$——物料在挤出温度 $T_1$、挤出压力 $\Delta p$ 下的密度；

$C_V$——在 $T_0$ 和 $T_1$ 之间物料的平均定容比热容，它包括比热容潜能；

$\Delta p$——挤出压力；

$H'$——辐射和传导而造成的热损失。

式（7-1）右端第一项是物料由固态变为熔融状态所需要的能量，第二项是物料在挤塑过程中所获得的压力能。由于该式中包含的物理量有的难以直接测出，以及挤塑过程情况多变，故目前尚难以直接用本式进行定量计算，但可以定性地分析挤出过程的能量关系。

### 7.1.1 挤塑成型生产线的组成

挤塑生产线通常由挤塑机、辅机及控制系统组成，也称为挤塑机组，如图 7-3 所示。

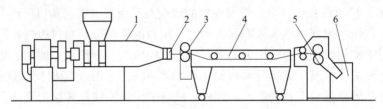

图 7-3 双螺杆挤塑机生产线示意图

1—主机；2—机头；3—牵引；4—冷却；5—切割；6—料仓

#### 7.1.1.1 主机

塑料挤出成型的主要设备是挤塑机，即主机，它主要包括挤压系统、传动系统、加热冷却系统和控制系统。

（1）挤压系统。挤压系统主要由料斗、螺杆和机筒组成，是挤塑机的关键部件，其作用是使塑料塑化成均匀的熔体，并在此过程中建立压力，再被螺杆连续、定压、定温、定量的挤出机头。

（2）传动系统。传动系统主要由电机，调节装置及传动装置组成，其作用是驱动螺杆并供给螺杆在工作过程中所需要的扭矩和转速。

（3）加热冷却系统。加热冷却系统主要由温控设备组成，其作用是通过机筒进行加热和冷却，保证挤塑机系统的成型在工艺要求范围内进行。

（4）控制系统。控制系统主要由电器、仪表和执行机构组成，其作用是调节控制螺杆转速、机筒温度和机头压力等。

#### 7.1.1.2 辅机

除主机外，还需要配有辅机才能实现挤塑成型。辅机的组成要根据制品的种类来确定，一般包括机头、定型装置、冷却装置、牵引装置、切割装置和收卷装置。

（1）机头。机头是塑件成型的主要部件，熔融的塑料通过机头（模具）获得与其断面几何界面相似的塑料制品。

（2）定型装置。定型装置的作用是将从机头挤出的塑料按既定的形状稳定下来，并对其进行精确的调整，从而得到断面尺寸精确，表面光滑的塑料制品。一般是通过冷却和加压的办法达到这一目的。

（3）冷却装置。冷却装置的作用是将定型后的制品进一步冷却，以获得最终形状和尺寸。

（4）牵引装置。牵引装置的作用是均匀地牵引塑料制品，使挤塑过程连续稳定地进行。牵引速度的快慢在一定程度上能调节制品的断面尺寸，对挤塑机生产率也有一定的影响。

（5）切割装置。切割装置的作用是将连续挤出的制品按照要求切成一定长度和宽度。

（6）收卷装置。收卷装置的作用是将连续挤出的软制品收成卷，如电线、电缆等。

### 7.1.1.3　控制系统

控制系统由各种电器、仪表和执行机构组成。根据自动化程度的高低，可控制挤塑主机、辅机的拖动电机、驱动油泵、油缸和其他的执行机构所需的功率、速度和轨道运行，并检测控制主、辅机的温度、压力及流量，最终实现对整个机组的自动化控制及对产品质量的控制。

## 7.1.2　挤塑机的分类

随着塑料挤出成型法的广泛应用和不断地发展，使挤塑机的类型日益更新，其分类方法主要分为以下几种：

（1）按安装位置分，分为立式和卧式；

（2）按用途分，分为成型挤塑机、混炼造粒挤塑机和供料用喂料挤塑机；

（3）按螺杆的数目分，分为无螺杆挤塑机、单螺杆挤塑机、双螺杆挤塑机和多螺杆挤塑机；

（4）按是否排气分，分为排气式挤塑机和非排气式挤塑机；

（5）按螺杆转速分，分为普通挤塑机、高速挤塑机和超高速挤塑机。

一般是按螺杆数目及结构进行分类的，归纳如图7-4所示。

## 7.1.3　挤塑成型的特点

与其他成型方法比较，挤塑成型法具有如下特点。

（1）挤塑成型可实现连续化、自动化生产。生产操作简单，工艺控制容易，生产效率高，产品质量稳定。

（2）可以根据产品的不同要求，改变产品的断面形状。其产品为管材、棒材、片材、薄膜、电缆、单丝、中空制品和异型材等。

（3）生产的连续操作，特别适合于较长尺寸的制品。其生产率的提高比其他方法快。

（4）应用范围广。只要改变螺杆及辅机，就能适用于多种塑料及多种工艺过程。例如，可以加工大多数热敏性塑料及部分热固性塑料，也能用挤出法进行共混改性、塑化、造粒、脱水和着色等。

（5）设备成本低、投资少、见效快，占地面积小，生产环境清洁。

（6）可以进行综合性生产。挤塑机与压延机配合，可以压延薄膜，与压机配合，可以生产各种压制制品。

可见，挤塑成型在塑料加工中占有相当重要的地位，并且伴随着塑料工业的迅速发展，还将具有更广泛的应用前景。

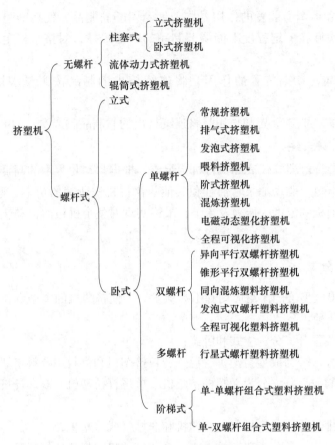

图 7-4　挤塑机的分类

# 7.2　单螺杆挤塑机

### 7.2.1　单螺杆挤塑机的发展及分类

　　单螺杆挤塑机发展的主要标志在于其关键零件——螺杆的发展，通过对螺杆进行的研究实验，至今已有近百种螺杆用于挤塑成型设备，常见的有分离型、屏障型与波状型等。

　　从单螺杆的发展来看，尽管近年来单螺杆挤塑机已较为完善，但随着高分子材料和塑料制品的不断发展，还会出现更有特点的新型螺杆和特殊单螺杆挤出成型机。常规单螺杆挤塑机图 7-5 为常规单螺杆挤塑机示意图，主要由驱动、传动、加料、加热、排挤、冷却和控制等部分组成。挤塑机工作时，螺杆被驱动而物料被螺杆泵送，强制挤出口模成型为所需要截面形状的塑料制品。可见物料自料斗加入，由口模挤出，经历了固体输送、熔融和熔体输送三个阶段，而混合只有当物料熔融后才得以显著进行。就分散混合而言，其关键量是剪切力。要想获得较大的剪切力，必须提供高的剪切速率，这就要求在熔体输送区有小间隙的高剪切区，而且要使熔体多次通过这样的高剪切区，而常规单螺杆挤塑机：一方面因为螺槽较深，无高剪切区；另一方面在其挤塑过程中，固液相共存于一个螺槽内并形成两相流动，且这种两相流动不能打破。因此，常规单螺杆挤塑机的混炼效果不理想。

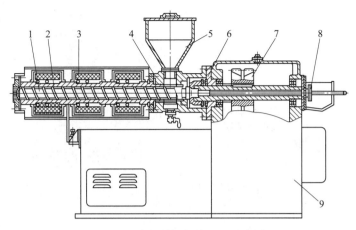

图 7-5 常规单螺杆挤塑机示意图

1—螺杆；2—机筒；3—加热器；4—料斗支座；5—料斗；6—推力轴承；

7—传动系统；8—螺杆冷却系统；9—机身

为提高常规单螺杆挤塑机的混炼效果，人们在以下两方面做了努力：第一，对螺杆进行种种改型设计；第二，在螺杆上设置各种类型的混炼元件，从而产生了一批分离型螺杆、屏障型螺杆、销钉型螺杆、波状形螺杆、DIS 螺杆、HM 多角形螺杆为代表的新型螺杆。为此，把装备有新型螺杆的挤塑机称为新型单螺杆挤塑机。这些新型的螺杆和混炼元件，在工作过程中，一方面能提供大应变，提供高剪切，并不断调整料流的界面取向，使之与剪切方向处于最佳角度；另一方面，能破坏两相流动，把固液相搅和在一起，并对熔融料流进行分割，增加界面，打乱了常规螺杆上熔体的稳态流动，从而大大有利于熔体的均化，提高了混炼效果，如图 7-6 所示。

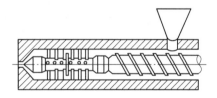

图 7-6 新型单螺杆挤塑机
（局部）示意图

## 7.2.2 单螺杆挤塑机基本结构

### 7.2.2.1 基本结构

单螺杆挤塑机由挤出系统、传动系统、加热冷却系统和温度控制系统四部分组成，如图 7-7 所示。

A 挤出系统

挤塑机的挤出系统主要由螺杆和机筒组成，是挤塑机工作的核心部分。其作用是使塑料塑化成均匀的熔体，并在此过程中建立压力，再被螺杆连续、定压、定温和定量地挤出机头。

普通三段式螺杆结构评价螺杆质量指标：一是生产能力，不同规格的螺杆生产能力是不同的，即使是同一规格型号的螺杆，其螺杆结构、几何尺寸、转速的不同，生产同一物料的能力也各不相同；二是功率消耗；三是挤塑制品的质量，主要考核外观、内在质量以及其他的挤塑特性，主要表现在制品会不会出现不光滑、波浪形、鲨鱼皮、气泡等缺陷；

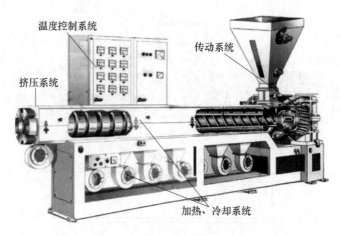

图 7-7　单螺杆挤塑机示意图

四是螺杆的适应能力，它是指螺杆加工不同的塑料、配备不同模具和不同制品的适应能力；五是机械加工的工艺性，不致使螺杆加工困难，影响造价，同时考虑使用寿命。基于以上几点，传统的三段式螺杆有四种构型，如图 7-8 和表 7-1 所示。

（1）等距渐变螺杆。从加料段的第一个螺槽开始直至均化段的最后一个螺槽的深度是逐渐变浅；或者加料段和均化段是等深螺槽，在熔融段上深度是逐渐变浅，它们的螺距均不变。

（2）等距突变螺杆。加料段和均化段的螺槽深度不变，在熔融段上的螺槽深度突然变浅且螺距不变。

（3）等深变距螺杆。螺槽深度不变，螺距从加料段第一螺槽开始直至均化段末端是从宽逐渐变窄的。

（4）变深变距螺杆。螺槽深度和螺纹升程从加料段开始直至均化段末端都是逐渐变化，即螺纹升程从宽逐渐变窄，螺槽深度由深逐渐变浅。

如何选择普通三段式螺杆结构，主要取决于塑料的物理性能。在实际应用中，使用比较广泛的是等距渐变型螺杆。

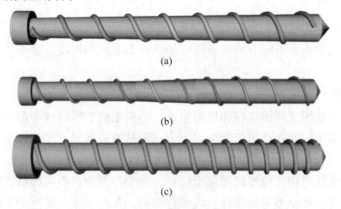

(a)

(b)

(c)

图 7-8　螺杆构型
（a）等距渐变螺杆；（b）等距突变螺杆；（c）等深变距螺杆

表 7-1 四种螺杆结构的特点

| 螺杆结构类型 | 优点 | 缺点 | 适应性 |
|---|---|---|---|
| 等距渐变 | • 加工制造容易，成本低<br>• 物料与机筒接触面积大，有利于物料的均化和塑化<br>• 加料段第一螺槽较深，固体输送能力大 | 不适应压缩比大的小直径螺杆，螺杆强度低 | 适应性强 |
| 等距突变 | • 加工制造容易，成本低<br>• 物料与机筒接触面积大，有利于物料的均化和塑化<br>• 加料段第一螺槽较深，固体输送能力大 | 突变段长度短，塑化差 | PP、PE |
| 等深变距 | • 螺杆强度高<br>• 可提速高产<br>• 可加大压缩比 | • 熔体漏流大<br>• 均化段螺槽深，影响塑化效果<br>• 机械加工困难 | 用于要求质量不高的制品，如回收废旧料的造粒 |
| 变距变深 | • 压缩比可加大到 1∶8<br>• 产量高<br>• 塑化好 | 机械加工困难 | 很少应用 |

B 传动系统

挤塑机的传动系统一般由原动机、调速装置和减速装置组成，其驱动功率的确定，通常采用经验公式估算：

$$P = KD_b^2 \cdot n \tag{7-2}$$

式中 $D_b$——螺杆直径，mm；

$n$——螺杆转速，r/min。

对 $D_b \leqslant 90$ mm 的挤塑机，一般 $K \approx 0.00354$；对 $D_b > 90$ mm 的挤塑机，$K \approx 0.008$。

用类比法或根据我国标准中推荐的数据确定驱动功率，见表 7-2。

表 7-2 我国挤塑机系列所推荐的驱动功率

| 螺杆直径 $D_b$/mm | 30 | 45 | 65 | 90 | 120 | 150 | 200 |
|---|---|---|---|---|---|---|---|
| 驱动功率 P/kW | 3~1 | 5~1.67 | 15~5 | 22~7.3 | 55~18.3 | 75~25 | 100~33.3 |

挤塑机螺杆转速要求：一是能无级调速；二是应有一定的调速范围。

国内螺杆的线速度为：HPVC 管、板、丝，$v = 3 \sim 6$ m/min；SPVC 管、板、丝，$v = 6 \sim 9$ m/min；薄膜，$v = 16 \sim 18$ m/min。

C 加热冷却系统

（1）料筒的加热。通常有液体加热、蒸汽加热和电加热三种，其中以电加热用得最多，电加热又可分为电阻加热和感应加热。

（2）冷却装置。料筒的冷却目前以水冷为主，水冷却速度快，冷却效率高。

D　温度控制系统

挤塑机中需要对料筒及机头的温度进行控制（见图7-9），从而保证塑件的质量。常用热电偶作为温度测量元件，通常在机头和料筒各温度控制段的中部安装热电偶，且使物料或料筒直接接触测温热电偶，热电偶的输出端与温控仪表相连接，目前多用智能控制系统，控制精度±3 ℃以内。

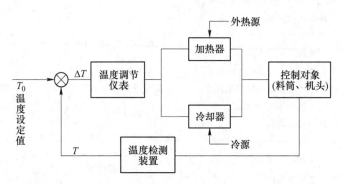

图7-9　挤塑机温度控制框图

### 7.2.2.2　单螺杆挤塑机主要技术参数

（1）螺杆直径：指螺杆外圆直径，用 $D$ 表示，单位为 mm。

（2）螺杆长径比：指螺杆工作部分长度与螺杆直径 $D$ 之比，用 $L/D$ 表示。

（3）螺杆转速范围：指螺杆的最高转速至螺杆的最低转速；用 $n$ 表示螺杆的转速，单位为 r/min。

（4）主螺杆的驱动电机功率：用 $P$ 表示，单位为 kW。

（5）挤塑机机筒加热功率：用 $E$ 表示，单位为 kW。

（6）挤塑机的生产能力：用 $Q$ 表示，单位为 kg/h。

（7）挤塑机中心高度：指螺杆中心线到地面的距离，用 $H$ 表示，单位为 mm。

（8）挤塑机外形尺寸：指总长×总宽×总高，用 $L×W×H$ 表示，单位为 mm 或 m。

（9）挤塑机质量：用 $W$ 表示，单位为 kg 或 t。

### 7.2.3　单螺杆挤塑机原理

挤塑成型是将物料送入机筒与旋转着螺杆之间进行固体输送、压缩、熔融和塑化，最终定量地通过机头口模而成型。

#### 7.2.3.1　塑料随温度的三态变化

根据高分子物理学的概念，塑料在一定的外力作用下，受热时会出现玻璃态、高弹态和黏流态三种物理状态，这三种物理状态在一定条件会相互转化。

塑料由玻璃态转化为高弹态的温度称为玻璃化温度，用 $T_g$ 表示；由高弹态转化为黏流态的温度称为黏流温度，用 $T_f$ 表示；塑料温度高到一定程度发生分解的温度，称为分解温度，用 $T_d$ 表示。图7-10所示为塑料在恒压下随温度变化的三态。塑料成型方法是根据以下三种状态性质确定选择的。

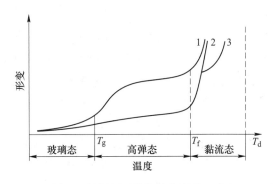

图 7-10 恒压下热塑性塑料的三态
1—非结晶型聚合物；2—结晶型聚合物；3—大分子量结晶型聚合物

当塑料温度在 $T_g$ 温度以下时，塑料的大分子和链段都不能运动，处于脆性玻璃态，成为坚硬的固体，受外力作用时，其形变量很小。当塑料温度在玻璃化温度以上时，塑料呈橡胶状柔软且富有弹性的高弹态，在较小的外力作用下，就可以产生较大的形变，开始时，形变随温度的升高而增大，到一定温度后变形为恒定。因此，在高弹态的温度范围内，塑料可以用拉伸、吹胀、弯曲、热压及真空成型。当温度高于黏流态时，塑料大分子可产生相对的运动，且具有塑性流动。此时，对其施加一定的作用力，黏性流动的形变就会随时间的增加而增大，当外力解除后，其形变不能回复到原来的形态。因此，在此温度范围内，塑料可以用挤出、注塑及吹塑工艺加工。

挤塑成型是塑料在 $T_f \sim T_d$ 之间黏流态进行的，所以塑料 $T_f \sim T_d$ 的温度范围越宽，成型过程的操作就越容易进行；而 $T_f \sim T_d$ 的范围越窄，挤塑成型就越困难。

### 7.2.3.2 挤塑过程的物态变化

挤塑过程中，根据塑料在螺杆中的物态变化过程，可将螺杆分成三个基本职能区，即加料段、压缩段和均化段。

（1）加料段。加料段是从挤塑机喂料口到塑料开始呈现熔融状态之间的一段。在加料段塑料呈固体颗粒状，加料段末端，塑料因受热变软。其作用是压实塑料，并输送固体塑料。

（2）压缩段。压缩段是塑料开始熔融到螺槽内塑料完全熔融的一段。其作用是使塑料进一步被压实和塑化，并使逐渐被熔融的塑料内夹带的气体被压出，从加料口出排除，并提高塑料的热传导性，使其温度继续升高。为使塑料被压实塑化，该段的螺槽是逐渐变浅的。

（3）均化段。均化段是从熔融段末端到机头之前的一段。塑料进入均化段，温度及塑化程度不够均匀，所以要进一步被塑化均匀，再被定压、定量和定温地挤出。该段的螺槽容积可以是不变的或逐渐减小的。

### 7.2.3.3 固体摩擦输送理论

固体输送理论是研究固体输送区内螺杆输送塑料的机理及固体输送率的主要影响因素。人们从不同角度研究了固体输送机理，最典型的是固体摩擦理论、黏性牵附理论及能量平衡理论。目前应用最广的理论，是建立在固体摩擦静力学平衡基础上的固体摩擦输送理论。

#### 7.2.3.4　熔融理论

熔融段是固体输送段与熔体输送段之间的区段。在熔融段内塑料从固态转化为熔融态，并有高弹态与黏流态共存。因此，在熔融段塑料的流动比固体输送更为复杂。熔融理论是研究在熔融段内塑料的熔融过程及流动情况。它是建立在热力学、流变学等基础理论上的理论，用于指导螺杆熔融段的设计。

在研究塑料挤塑的熔化过程中，研究者对黑色塑料与本色塑料的混合进行挤出实验，令正常运转的挤塑机突然停车，迅速冷却螺杆和机筒，使螺槽内的熔体塑料固化，把固化了的塑料和螺杆一起从机筒中顶出，剥下螺槽内的塑料带，即可在静态下观察分析从加料段到压缩段再到均化段的全过程变化。目前，人们已经利用小型透明机筒的挤塑机或全过程可视化挤塑机，在动态下观察研究塑料的熔融过程及其在螺杆内的实际流动情况。

经观察分析，塑料在挤出过程的变化如下描述：从加料段开始，在螺杆的推进作用下，固体塑料颗粒从松散状逐渐到未熔融的坚实的固体塞状，塑料固体塞到加料段末端，在筒壁热及摩擦热的作用下，螺槽中与筒壁接触部分及螺杆与筒壁之间的部分塑料最先升温，开始形成薄熔膜。随着塑料被向前输送，熔膜厚度逐渐超过螺杆与机筒间的间隙，螺棱将熔体刮落至螺槽内推进面一侧。在螺槽中螺纹推进面一侧汇集了由窄到宽的熔体（或称熔池），而另一面则是由宽到窄的固体床。螺槽中熔池与固体床界面处，是受热软化变形，处于高弹态向黏流态转化而黏结的粒子。塑料被继续向前推送，机筒热量和螺杆与机筒之间塑料内摩擦产生的热量也不断传给未熔固体床，螺槽内熔池宽度不断增加，固体床宽度不断减少，直至固体床最终消失，螺槽内充满了熔融塑料，到此熔融过程全部结束。此处，螺槽中的塑料应基本成为黏性熔体，进入熔体输送区。

#### 7.2.3.5　熔体输送理论

均化段有时又称为熔体输送段、计量段或挤出段，熔体输送区作用相当于一个泵，对物料进一步均匀混合、塑化、加压，然后使其在合适的温度下，定压和定量的输送到机头。研究这一段基本规律的理论便称为熔体输送理论，又称为流体动力学理论。该理论于1953 年提出，以流体动力学为基础，将物料在熔体输送段运动作为等温牛顿黏性流动，假定熔体在两块无限大的平行板之间流动为条件，建立了计算公式，在进行概略的设计计算时，一般以该段的生产率代表挤塑机的生产率，以其动力消耗作为整个挤塑机功率计算基础。本节以生产实用为目的，进行简要分析说明。

A　熔体输送及混合机理

塑料在挤塑机中全部熔融后，到达的最后一段就是熔体输送段。在此段，熔体在螺槽中以多种流动方式运动，既被输送，又被混合。

熔体输送段螺杆机筒展开图如图 7-11 所示。若把螺杆与机筒表面的相对运动 $v$ 分解为平行于螺槽方向的分速度 $v_z$ 和垂直于螺槽方向的分速度 $v_x$。这两个分速度使熔体产生不同方向的流动，实现输送与混合。

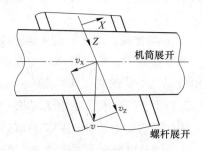

图 7-11　熔体输送段螺杆机筒展开图

熔体在机头口模阻力的作用下，会产生沿螺杆方向的压力差，再考虑机筒内壁螺棱之间的间隙熔体，熔体由正流、反流、横流和漏流四种形式组成。

B 挤出量的计算

在实际加工中，熔体在螺杆中的流动不是上面所说的单独的哪一种流动，而是正流、逆流、横流和漏流四种流动方式的组合。其中，横流主要影响塑料的混合效果，而通过其他三种流动，则影响挤出量。若用 $Q$ 代表挤塑机的挤出量（挤出的体积流量/单位时间），则挤出量应该是正流、逆流和漏流的代数和，即

$$Q = Q_d + Q_p + Q_l \tag{7-3}$$

挤出量的多少是由螺杆几何参数、塑料物理性能及工艺条件决定的。

C 影响挤出量的主要因素

塑料挤出虽然时间短，但却是一个较为复杂的过程，对挤出量的影响，也是从加料段到压缩段再到均化段等由多方面的因素相互交织、共同作用的结果。以螺杆几何参数、物料性能及加固工艺条件分别加以说明。

a 螺杆几何参数对挤出量的影响

（1）螺杆直径的影响。在正常工作条件下，螺杆与机筒筒壁的间隙较小，机头口模面积能使机头保持正常压力的条件下，正流流量与螺杆直径平方成正比。

（2）均化段长度对挤出量的影响。挤出量随均化段长度的增加而加大。

（3）均化段的螺槽深度对挤出量的影响。当机头压力较低时，机头阻力小，所以挤出量随均化段螺槽深度的增加而增大；若机头压力较高时，机头阻力大，所以挤出量随均化段螺槽深度的增加而减少。

（4）螺槽螺旋角对挤出量的影响。当螺旋角小于45°时，挤出量随螺旋角的增大而稍有增加；螺旋角大于45°时，挤出量随螺旋角的增大而稍略有下降。

（5）螺杆间隙对挤出量的影响。螺杆间隙越大，挤塑机漏流流量越大，挤出量就越小。螺杆间隙较小时，挤塑机的挤出量随间隙的增加略有下降，但当螺杆间隙增大到一定值时，挤出量就显著降低。

b 工艺条件对挤出量的影响

在塑料挤出过程中工艺条件对挤出量的影响也是多方面的，主要因素有螺杆转速、物料性能、螺杆与机筒温度等。

c 塑料物性对挤出量的影响

塑料物性对挤出量的影响也是较为重要的，主要包括塑料的几何尺寸、塑料配方成分、熔体指数和熔融温度。

d 塑料尺寸的影响

塑料颗粒较小时，挤出量随颗粒尺寸的增加而增大；而当颗粒尺寸大到一定值时，颗粒之间的空隙增大，挤出量又会随颗粒尺寸的增加而减小。

e 塑料成分的影响

塑料成分中对挤出量影响较大的因素是挥发物，挥发物含量越大，在加工的过程中失去挥发物越多，自然挤出量随挥发物的含量增加而降低。

f　熔体指数的影响

塑料熔体指数越大，其流动就越容易，所以挤出量随物料熔体指数的增加而增加。

g　熔融温度的影响

熔融温度越高，熔融所需要的热量及时间越长，所以挤出量随温度的增加而降低。

### 7.2.4　单螺杆挤塑机的操作规程

7.2.4.1　开机前的准备工作

（1）用于挤塑生产的物料应达到所需干燥要求，必要时还需进一步干燥。

（2）根据产品的品种、尺寸，选好机头规格，按装机头法兰、模体、口模、多孔板及过滤网的顺序将机头装好。

（3）接好压缩空气管，装上芯模电热棒及机头加热圈，检查用水系统。

（4）调整口模各处间隙均匀，检查主机与辅机中心线是否对准。

（5）启动各运转设备，检查运转是否正常，发现故障及时排除。

（6）开启加热器，对机头、机身及辅机均匀加热升温；待各部分温度比正常室温高10 ℃左右时，恒温加热 30~60 min，使机器内外温度一致。

7.2.4.2　开机操作

开机是生产中的重要环节，控制不好会损坏螺杆和机头，温度过高会引起塑料的分解，温度太低会损坏螺杆、机筒及机头。开机具体步骤如下。

（1）以低速启动开机，空转，检查螺杆有无异常及电动机、安培表电流有无超载现象，压力表是否正常。机器空运载时间不宜过长，以防止螺杆与机筒刮磨。

（2）逐步少量加料，待物料挤出口模时，方可正常加料，在塑料未挤出之前任何人不得处于口模前方，防止出现人员伤亡事故。

（3）塑料挤出后，即需将挤出物慢慢引上冷却定型、牵引设备，并事先启动这些设备。然后根据控制仪表的指示值和对挤出制品的要求，将各环节做适当调整，直到挤塑操作达到正常的状态为止。

（4）切割取样，检查外观是否符合要求，尺寸大小是否符合标准，快速检测性能，然后根据质量的要求调整挤出工艺，使制品达到标准的要求。

7.2.4.3　停机操作

（1）停止加料，将挤塑机内的塑料挤净，关闭机筒和机头电源，以便下次操作。

（2）关闭主机电源的同时，关闭各个辅机的电源。

（3）打开机头连接法兰，清理多孔板及机头各个部件。清理时，应使用铜棒、铜片，清理后涂少许机油。螺杆、机筒的清理，必要时可将螺杆从机尾顶出，清理后复原，一般情况下可用过渡料清理。

（4）挤出聚烯烃类塑料，通常在挤塑机满载的情况下停机，这时防止空气进入机筒，以免物料氧化而在继续生产时影响产品的质量。对聚氯乙烯类塑料，也可采用带料停机，届时先关闭料门，降低机头连接体处温度 10~20 ℃，待机身内物料挤净后停机。

（5）关闭总电源和冷却水总电源。

# 7.3  双螺杆挤塑机

## 7.3.1  双螺杆挤塑机的发展及分类

### 7.3.1.1  双螺杆挤塑机的发展

双螺杆挤塑机是多螺杆挤塑机中的一种，第一台双螺杆挤塑机是 1869 年在英格兰由 Follows 和 Bates 为制造香肠开发的。用于塑料加工的第一台双螺杆挤塑机是在第二次世界大战之前，在意大利由 Roberto Colombo 和 Carlo Pasquetti 研制的。在双螺杆挤塑机的机筒中，并排安放两根螺杆，故称双螺杆挤塑机，其结构如图 7-12 所示。

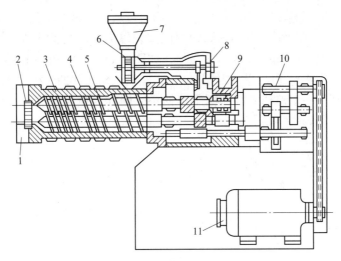

图 7-12  双螺杆挤塑机结构

1—机头连接器；2—多孔板；3—机筒；4—加热器；5—螺杆；6—加料器；7—料斗；
8—加料器传动机；9—止推轴承；10—减速箱；11—电动机

随着科学技术的发展，对双螺杆挤塑机的机理进行分析和研究，结构上存在的问题逐步得到解决，功能得到不断完善和发展。20 世纪 60 年代后，双螺杆挤塑机可以在混炼、排气、脱水、造粒和粉料直接挤出以及玻璃纤维或其他填充料的填充增强改性等方面，70 年代又研制成功可组合型双螺杆挤塑机，使其应用范围更大，成本更低，因而得到广泛的应用。

### 7.3.1.2  双螺杆挤塑机的分类

双螺杆挤塑机的分类方法很多，归纳起来，通常有以下几种方法。

*A  啮合型与非啮合型*

双螺杆挤塑机按两根螺杆的相对位置，可分为啮合型与非啮合型，如图 7-13 所示。啮合型有可按其啮合程度分为部分啮合和全啮合型。全啮合双螺杆的中心距 $A=r+R$，其中，$r$ 为螺杆根半径，$R$ 为螺杆顶半径。部分啮合双螺杆的中心距 $A>r+R$。非啮合型双螺杆的中心距 $A \geqslant 2R$。非啮合型的双螺杆挤塑机，其工作原理基本与单螺杆挤塑机相似，故实际使用少。

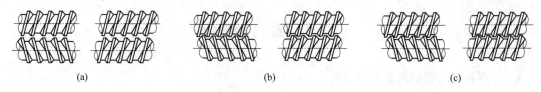

图 7-13　螺杆啮合类型

（a）非啮合型；（b）部分啮合型；（c）全啮合型

**B　开放型与封闭型**

开放与封闭是指啮合区的螺槽中，物料是否有沿螺槽或物料是否有沿螺槽与螺齿啮合间隙输送的可能。由此，还可分为纵向开放或封闭，横向开放或封闭。

若物料从加料区到螺杆末端有输送通道，物料可从一根螺杆流到另一根螺杆则称为纵向开放型，如图 7-14 所示。否则称为纵向封闭型，纵向封闭的两根螺杆各自形成若干个互不相通的腔室，两根螺杆间没有物料交换，如图 7-15 所示。在两根螺杆的啮合区，若横过螺棱有通道，即物料可从同一根螺杆的一个螺槽流向相邻的另一个螺槽，或一根螺杆中的物料可以流到另一根螺杆的相邻两个螺槽中，则称为横向开放，如图 7-14 所示。反之称为横向封闭型，如图 7-15 所示。

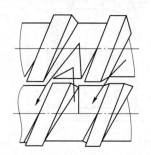

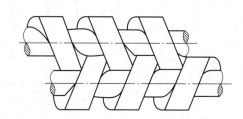

图 7-14　纵横向开放型双螺杆　　　　图 7-15　纵横向封闭型双螺杆

**C　同向旋转与反向旋转**

双螺杆挤塑机按螺杆旋转的方向不同，又可分为同向旋转和反向旋转两大类。反向旋转的双螺杆又可分为向内和向外两种，如图 7-16 所示。

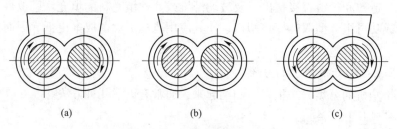

（a）　　　　　　　　　（b）　　　　　　　　　（c）

图 7-16　双螺杆的旋转方式

（a）同向旋转；（b）向内反向旋转；（c）向外反向旋转

**D　圆柱双螺杆与圆锥双螺杆**

若两根螺杆轴线平行，称为平行双螺杆，也称为圆柱形双螺杆，如图 7-17 所示，若轴线相交，称为圆锥双螺杆，如图 7-18 所示。

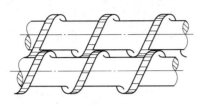
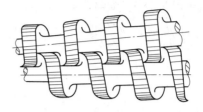

图 7-17 平行双螺杆（圆柱形双螺杆）　　　图 7-18 圆锥形双螺杆

双螺杆挤塑机的螺杆有圆柱形、圆锥形和阶梯形。其螺纹断面形状有矩形和梯形等。可以采用变距、变深、变螺纹厚度、变螺纹线数或综合使用各种方法以得到所需要的压缩比。

常用的双螺杆通常是以上几种类型的组合。对于啮合同向旋转式挤塑机，根据速度又分为低速挤塑机和高速挤塑机。其设计、操作特性和应用领域均不同。低速同向旋转式双螺杆挤塑机多用于型材挤出，而高速挤塑机多用于特种聚合物操作。

表 7-3 列出了双螺杆结构及其特点，具体结构示意图如图 7-19 所示。

表 7-3　双螺杆结构及其特点

| 序号 | 各种双螺杆的特点 |
|---|---|
| 1 | 螺杆分为三段，各段有不同的螺距和不同的螺杆头数，用来使物料经受强烈的搅拌、塑化、脱水和排气等过程，如图 7-19（a）所示 |
| 2 | 用变化螺纹厚度的办法达到必需的压缩比，用来加工成型温度范围较宽的塑料，如图 7-19（b）所示 |
| 3 | 锥形螺杆制造复杂、便于布置止推轴承，加料处比出口有较高的圆周速度，使混炼效果好，用使螺杆或机筒轴向移动的方法调节间隙，控制塑化质量，可得到大压缩比，如图 7-19（c）所示 |
| 4 | 螺杆分三段，每段等距等深，但直径不一，以达到所需的压缩比，适用于塑化和排气、脱水，如图 7-19（d）所示 |
| 5 | 螺杆分两段，每段用变距螺杆来压缩物料，在第一段内排出水分和挥发物，如图 7-19（e）所示 |
| 6 | 一根螺杆用变螺纹厚度的办法使容积越来越小，另一根相反，以使物料在槽中交换运动以达到强烈搅拌和塑化的目的，如图 7-19（f）所示 |

## 7.3.2　双螺杆挤塑机的基本结构及主要参数

### 7.3.2.1　基本结构

双螺杆挤塑机是在单螺杆挤塑机基础上发展起来的。它由机筒、螺杆、加热器、机头连接器（包括多孔板）、传动装置（包括电动机、减速箱和止推轴承）、加料装置（包括料斗、加料器和加料器传动装置）和机座等部件组成。各部件的作用与单螺杆挤塑机基本相同。

A　上料系统

输送器和加料器统称为上料系统，主要有下列几种。

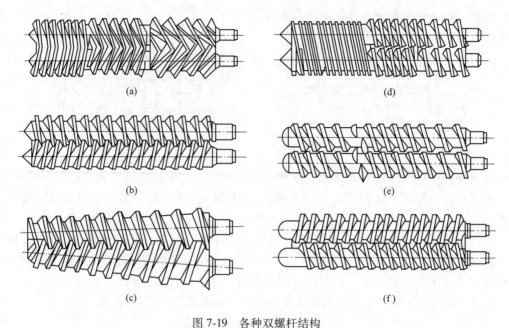

图 7-19　各种双螺杆结构

（a）分段式双螺杆；（b）变螺纹双螺杆；（c）锥形双螺杆；（d）分段、等深、变径双螺杆；
（e）分段变距双螺杆；（f）变距反向双螺杆

a　螺旋输送器

螺旋输送器分刚性螺纹在刚性套管中旋转或螺旋弹簧在柔性金属或塑料管内旋转式，它们都是通过高速旋转螺旋轴和弹簧产生轴向力和离心力，使原料被推动而提升送入料斗中。

b　强制加料器

强制加料器可直接安装在料斗或进料口处，使原料在外加压力的推动下强制进入挤塑机。

c　双螺杆挤塑机加料装置

双螺杆挤塑机采用如图 7-20 所示的定量加料装置。它是利用控制送料螺杆的转数来

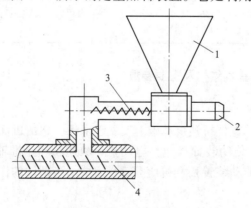

图 7-20　定量加料装置

1—料斗；2—驱动系统；3—螺杆；4—机筒

控制加料量，单螺杆挤塑机对加料量没有严格的要求，但是双螺杆挤塑机则不然，必须进行定量加料。因为双螺杆挤塑机的加料量对剪切速率、物料温度和压力分布产生直接的影响，所以当螺杆工作时，螺槽内并不完全充满物料，只要控制物料在螺槽内的充满状态便能控制剪切速率、物料温度和压力大小的分布，从而控制挤出量的大小。

d　气力输送系统

气力输送系统主要有压送式和吸引式。压送式上料装置是由一台鼓风机送出压缩空气以 0.2~0.6 MPa 的压力将原料吹入管道中，再经过料斗中的旋风分离器，进入料斗内。吸引式上料装置是由引风机在料斗内形成的负压，将卸料阀自动关闭，同时吸入原料至料斗中，一旦料斗装满，引风机即关闭，此时原料靠自重将料阀开启流入料斗中。

B　机筒结构

由于轴承系统和传动系统结构复杂，所以双螺杆挤塑机很难从后部装拆螺杆，对于锥形螺杆、加料段直径加大的变径螺杆不可能从机筒前方拔出螺杆，因此双螺杆挤塑机常采用向前脱出机筒的方法装卸螺杆。一般双螺杆挤塑机螺杆长径比小，机筒不长，拆卸并无太大困难。在机筒与基座连接处设计有易于拆卸的结构，机筒加热器的电源线及加料器的设置位置等均设计成适应机筒拆卸位移的要求。

C　螺杆结构

螺杆结构有整体及组装两种，整体螺杆由不可拆卸的基本元件组成一个整体。组装式是由若干个单独结构元件拼装成的组合体，每个单独元件可根据需要任意组合，一杆多用，经济方便。

双螺杆挤塑机螺杆一般由以下两种基本单元组成。

（1）输送元件。此元件的主要功能是输送物料，给物料一定的推力，使物料能克服流道的阻力。输送元件又分为全啮合式及普通啮合式。

（2）混炼元件。物料在螺杆中的混炼过程，是剪切和混合的结合，剪切促进混合，混合必有剪切。根据混炼元件的不同，剪切作用的效果就不同。

D　双螺杆挤塑机的加热冷却系统

双螺杆加工物料的范围较广，其所需热量主要由外加热供给，但物料温度也随螺杆的转速增加而增加，为得到加工所需热量并避免过热，对各种物料的温度控制十分重要。对物料温度控制除通过改变螺杆转速之外，主要还是机筒与螺杆的温度控制系统来调节。

对于大多数双螺杆挤塑机，螺杆与机筒的温度控制多采用强制循环温控系统，它是由一系列管道、阀、泵组成，其结构复杂，温控效果好，温度稳定。

双螺杆机筒的加热方法主要靠电加热，有电阻加热、电感应加热和载体加热。双螺杆机筒的冷却方法有强制空气冷却、水冷却及蒸汽冷却。

E　排气（脱挥）装置

双螺杆挤塑机一般都设有排气装置，用于将挤出过程中物料内的空气、残留单体、低分子挥发物、溶剂及反应生成物内的气体排出。如果将双螺杆挤塑机专门用作脱挥器，则一般双螺杆挤塑过程中附带的排气功能就转变成专门的脱挥功能。

7.3.2.2　主要技术参数

双螺杆挤塑机的主要参数如下。

（1）螺杆直径。螺杆直径是指螺杆外径，单位为 mm。对于变直径（或锥形）螺杆它是一个变值，应指明是哪一端直径。

（2）螺杆的中心距。螺杆的中心距是指两根螺杆中心线之间的距离。它是一个重要参量，在设计双螺杆时，从制定总体方案到具体结构设计，影响相关参数的设计。

（3）螺杆的长径比。螺杆的长径比是指螺杆的有效长度和外径之比，它反映了双螺杆挤塑机的规格及性能。

（4）螺杆的转向。双螺杆挤塑机的螺杆有同向旋转和异向旋转。从发展趋势看，同向旋转的双螺杆挤塑机多用于混料，异向旋转的双螺杆挤塑机多用于挤出制品。

（5）驱动功率。驱动功率是指驱动螺杆的电动机功率。

（6）螺杆承受的扭矩。双螺杆挤塑机承受的扭矩载荷较大。为表征其承载能力和保护挤塑机安全运转，一般在其规格参数中要列出螺杆所能承受的最大扭矩，工作时不得超过，单位一般用 N·m 表示。

（7）推力轴承的承受能力。推力轴承在双螺杆挤塑机中是个重要部件，一般在产品规格说明中都给出推力轴承的承载能力。

（8）螺杆转速范围。它是一个特征参数，在一定程度上反映双螺杆挤塑机的挤出能力和混炼效果。不同类型双螺杆挤塑机的螺杆转速范围是不同的。螺杆转速范围用 $n_{min} \sim n_{max}$ 表示，其中 $n_{min}$ 为最低转速，$n_{max}$ 为最高转速。

（9）加热功率和加热段数。加热功率单位用 kW 表示。

（10）产量。双螺杆挤塑机的产量是一个重要参数，它表示机器生产能力的大小，是用户选择双螺杆挤塑机规格时的主要依据之一，它的单位为 kg/h。

### 7.3.3 双螺杆挤塑机理

双螺杆挤塑机的输送机理要比单螺杆挤塑机复杂，它与很多因素有关，如螺杆的啮合与否、啮合区螺槽是封闭还是开放，螺杆的旋转方向、加入物料的性质以及加入量的多少等。因而不能像过去一段时间流行的说法那样，把不同类型、不同运转条件下的所有双螺杆挤塑机的工作机理简单地说成都是正位移输送，或把啮合同向双螺杆挤塑机的工作机理说成和单螺杆挤塑机一样，应分别讨论。

（1）非啮合双螺杆挤塑机。一般认为因其两根螺杆不能形成封闭的或半封闭的腔室，无正位移输送条件，故其物料不是靠正位移输送。但有关研究发现，若加入的颗粒料较少、螺槽未被物料充满且达不到临界充满度，则在固体输送段，固体颗粒不是在螺轩、机筒与其之间的摩擦力作用下被拖曳着沿螺槽方向向前输送，而是在两根螺杆的下方，被螺棱推着沿挤出方向向前输送。这时的输送机理，应当是正位移输送。在加料量大、充满度高于临界充满度的条件下，可以将其输送机理看作类似于单螺杆挤塑机，物料对金属的摩擦力和黏性力是控制挤塑机输送量的主要因素，摩擦是主要的推动力。

（2）啮合异向旋转双螺杆挤塑机（包括平行双螺杆挤塑机和锥形双螺杆挤塑机）。通过设计，可以使这种双螺杆实现不同程度的正位移输送，但必须使物料不同程度地封闭在由两根螺杆和机筒形成的腔室中。啮合区螺槽纵横向封闭越好，正位移输送能力越强，由此可以说，只有全啮合、螺槽纵横向皆完全封闭，才能实现完全的正位移输送。若在啮合区螺槽纵向或横向有一定程度的开放，就会丧失一定的正位移输送能力，这是因为在压力梯度的作用下，物料会流经这些开放通道，即会产生漏流。正位移输送能力的丧失，换来了混合能力或其他性能（如排气）的提高。至于两螺杆间留有因制造公差而形成的间隙，因被输送的物料黏度很高，使这些间隙密封，仍可视其为能实现正位移输送。自然，若在螺杆某部位设置非螺纹段（如圆柱段、齿形段）或反螺纹段，则在这些部位物料的输送是靠轴向压力差。

（3）啮合同向旋转双螺杆挤塑机。从理论上，它可以设计成在啮合区横向封闭，但纵向不能完全封闭，必须有一定程度的开放，否则两根螺杆装不到一起。换言之，必须将螺槽宽度设计得大于螺棱宽度，在纵向留下一定的通道。通道的大小由使用目的而定。纵向开放得越大，正位移输送能力丧失得越多。可以用图 7-21 来解释这种正位移输送作用：即将螺棱宽度对沿螺槽方向流动物料的阻碍并使其流线在轴线方向移动距离的大小作为正位移作用的判断，流线在轴向位移量越大，正位移作用越大，因而图 7-21（a）的正位移能力大于图 7-21（b）。Rauwendaal 用图 7-21（c）来解释正位移输送：由于螺棱顶部有一定宽度，物料在此处受阻，不能进入另一根螺杆，因而形成环流。这部分受阻的物料有助于物料的正向输送。

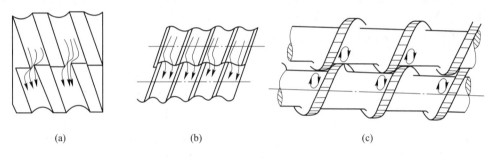

（a）　　　　　　　　　　（b）　　　　　　　　　　（c）

图 7-21　同向双螺杆的正位移作用

由于目前流行的啮合同双螺杆的螺棱宽度都设计得比螺槽宽度窄得多，因此一般认为啮合同向双螺杆挤塑机既具有一定的正位移输送能力，也有摩擦、黏性拖曳输送能力，其输送机理介于单螺杆挤塑机和啮合异向纵横向皆封闭的双螺杆挤塑机之间。然而研究发现，当加入固体粒料（且保持固体的摩擦性质），则在固体输送段是靠正位移输送物料的。自然，对于熔体输送，若在螺杆的某部位组合上反向螺纹元件和反向捏合盘元件，则在该部位物料的输送是靠轴向压差。

## 7.4　几种塑件的挤塑工艺

挤塑机可视为一台输送泵，适用于高黏度的液体，而且可在高温高压下运行，因此可用于各种聚合物的加工。但挤塑机成型制品是多种多样的，每一种制品的工艺和技术都各具特点，有的比较简单，如管、棒等，有的则比较复杂，如薄膜、异型材等。

低密度聚乙烯管的生产工艺与高密度聚乙烯管的生产工艺相同，只是低密度聚乙烯管是盘绕出厂的，小口径的管子可以盘绕成长 200~300 m 一卷。由于低密度聚乙烯比较软，强度较低，直径较小，一般外径不超过 110 mm。

低密度聚乙烯管，由于连续长度长，所有管接件很少，而且比较柔软，可随地形走向敷设不需弯头，因此常用作临时通水管道。其缺点是耐压低。再者，由于低密度聚乙烯管的绝缘性能比聚氯乙烯硬管好，而且不需要像聚氯乙烯硬管那样进行弯管，因而在建筑部门中用它做电线电缆的护管是很受欢迎的。

### 7.4.1　多孔低密度聚乙烯管材挤塑成型

#### 7.4.1.1　原材料与配方

（1）主原材料配方（质量份）LDPE：100；改性填料：30。其中，改性填充材料以碳酸钙为主，并加入一定量的挤塑成型流动改性剂和产品性能改性剂。

（2）标志线原配方料（质量份）LDPE：100；聚乙烯色母粒：2~3。

#### 7.4.1.2　主要设备及技术参数

（1）挤塑机 1 螺杆直径为 70 mm，长径比为 28：1，电动机功率为 22 kW。

（2）挤塑机 2 螺杆直径为 35 mm，长径比为 25：1，电动机功率为 5.5 kW。

（3）真空定径设备：抽气速度为 80 m³/h，泵电动机功率为 3.0 kW。

（4）牵引设备：履带式牵引机，牵引速度为 0~1 m/min，梅花异型橡胶夹块，电动机功率为 1.1 kW。

直式模机头和角式模机头芯模进出冷却水的位置如图 7-22 所示。

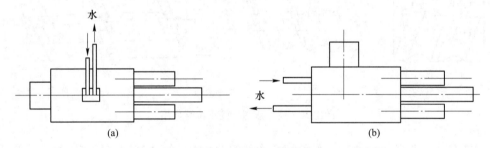

图 7-22　芯模进出水的位置
（a）直式模机头；（b）角式模机头

带标志线的多孔管直式模机头，主要由模腔、芯模、分流体、口模板和冷却水管等组成。具体结构如图 7-23 所示。

挤塑机 1 挤出的主要原料，通过主连接体进入机头腔内，在分流体的作用下将熔融塑料均匀地分向多孔管各个流道，形成均匀的管坯向前，直至塑料从口模板挤出。

挤塑机 2 挤出的标志线原料，通过副连接体进入外模腔内，经过分流后流向多孔管各个管坯上，与主原料汇流熔融，形成标志线的管坯。

真空定径管套模（图中未标注）与口模板相连、对管坯抽真空冷却定型。

#### 7.4.1.3　制备工艺

A　生产工艺流程

多孔塑料管材的生产工艺流程如图 7-24 所示。在两台共挤生产线中，挤塑机 1 挤出管材主原料，挤塑机 2 挤出标志线原料。

B　挤塑工艺参数

（1）挤塑机机身温度：从加料口至机头，逐渐增高，共分五个区段，各区段温度见表 7-4。

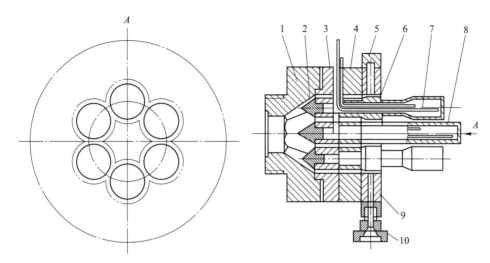

图 7-23 带标志线的多孔管直式模机头

1—主连接体；2—分流体；3—分流板；4—过渡板；5—外模板；6—芯模；
7—冷却水；8—冷却水管罩；9—中型芯；10—副连接板

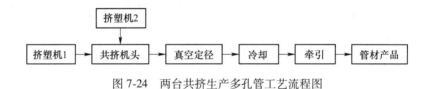

图 7-24 两台共挤生产多孔管工艺流程图

表 7-4 挤塑机机身温度

| 区段 | 一 | 二 | 三 | 四 | 五 |
|---|---|---|---|---|---|
| 温度/℃ | 110~120 | 130~140 | 150~160 | 160~180 | 180~190 |

（2）机头温度：机头进料端 A 温度应高于口模端 B 温度，具体温度如下：机头 A 温度为 150~160 ℃；机头 B 温度为 130~150 ℃。

（3）真空压力：0.005~0.008 MPa。

（4）冷却水温度：10~25 ℃。

（5）生产速度：0.6~0.8 m/min。

## 7.4.2 ABS 板材挤塑成型

ABS 挤塑板是以 ABS 树脂为主要原料，经混合干燥、挤塑成型的塑料板材。ABS 板材具有冲击强度高、耐热性能好、韧性好、表面光洁、易二次加工等特点，是性能优良的塑料板材。其广泛应用于家电、电子、包装等领域，可制作电冰箱、洗衣机内衬、电视机、收录机外壳及仪表盘等。

### 7.4.2.1 ABS 塑料成型工艺特点

（1）ABS 在熔融状态下的流变性呈现假塑性流体，对剪切速率较敏感。改善加工流动性，通过提高压力（剪切速率）比提高温度更有效。

（2）ABS是无定型聚合物，熔融温度较低，熔程较宽，易于加工，且在成型温度有较小波动时，影响也不大。成型后无结晶，收缩率大。

（3）ABS树脂在成型前常需进行干燥处理，使吸水率降低到0.1%以下，防止因吸湿性较大造成制品中出现银纹、气泡等缺陷。

#### 7.4.2.2　主要设备

（1）挤塑机为普通单螺杆挤塑机，螺杆长径比$L/D=20\sim25$。

（2）机头一般采用衣架式机头，物料在机头内停留时间短，分配均匀，可成型0.2~6 mm的ABS板材。

（3）三辊压光机由直径200~450 mm的三辊压光机进行压光、冷却，若将中辊换为花辊时，还可生产花纹的ABS板材。

（4）高速混合干燥机用于成型前物料混合、干燥。

#### 7.4.2.3　成型工艺

**A　ABS板材挤塑工艺流程**

挤塑ABS板材的工艺流程如图7-25所示。

图7-25　挤塑ABS板材工艺流程

**B　ABS板材的成型工艺要求**

**a　混合干燥生产ABS板材的物料**

在生产前要进行干燥处理。工艺条件为在温度80~90 ℃下干燥1~2 h，干燥后的料应在短时间内使用，防止物料重新吸收空气中的水分。

**b　ABS板（片）材的挤出成型温度**

下列ABS板（片）材的挤出加工温度供参考。

（1）机身温度：一区40~60 ℃；二区100~120 ℃；三区130~140 ℃；四区140~150 ℃。

（2）连接器：140~150 ℃。

（3）机头温度：一区160~170 ℃；二区150~160 ℃；三区150~155 ℃；四区150~160 ℃；五区160~170 ℃。衣架式机头为中间进料，由中间自两边有一定的挤出扩张角，为了保证宽度方向上出料均匀，机头温度一般为中间低、两边高，配合模唇调节阻力块来调节出料。

**c　压光机的三辊线速度**

压光机的三辊线速度应比挤出速度稍快，牵引速度应等于或略小于压光辊速度。

思　考　题

（1）简述挤出成型的特点，挤出成型设备的组成，描述挤出成型过程。

（2）简述单螺杆挤塑机和双螺杆挤塑机的原理区别。

（3）描述 ABS 板材挤出成型工艺过程。

# 参 考 文 献

[1] 黄锐，曾邦禄. 塑料成型工艺学 [M]. 北京：中国轻工业出版社，2011.

[2] 何震海，常红梅，郝连东. 挤出成型 [M]. 北京：化学工业出版社，2007.

[3] 耿孝正. 双螺杆挤出机及应用 [M]. 北京：中国轻工业出版社，2003.

[4] 张玉龙，张永侠. 塑料挤出成型工艺与实例 [M]. 北京：化学工业出版社，2011.

[5] 张丽叶. 挤出成型 [M]. 北京：化学工业出版社，2002.

[6] 王善勤. 塑料挤出成型工艺与设备 [M]. 北京：中国轻工业出版社，1998.

[7] 耿孝正，张沛. 塑料混合及设备 [M]. 北京：中国轻工业出版社，1992.

[8] 北京市塑料工业公司. 塑料成型设备 [M]. 北京：中国轻工业出版社，1993.

# 8 无机非金属材料制备方法及成型工艺

## 8.1 概　述

无机非金属材料（inorganic nonmetallic materials）是以某些元素的氧化物、碳化物、氮化物、卤素化合物、硼化物以及硅酸盐、铝酸盐、磷酸盐、硼酸盐等物质组成的材料，是除有机高分子材料和金属材料以外的所有材料的统称。无机非金属材料的提法是 20 世纪 40 年代以后，随着现代科学技术的发展从传统的硅酸盐材料演变而来的。无机非金属材料是与有机高分子材料和金属材料并列的三大材料之一。

### 8.1.1　常见种类

无机非金属材料常见种类为二氧化硅气凝胶、水泥、玻璃、陶瓷。

### 8.1.2　成分结构

在晶体结构上，无机非金属的晶体结构远比金属复杂，并且没有自由的电子，具有比金属键和纯共价键更强的离子键和混合键。这种化学键所特有的高键能、高键强赋予这一大类材料以高熔点、高硬度、耐腐蚀、耐磨损、高强度和良好的抗氧化性等基本属性，以及宽广的导电性、隔热性、透光性及良好的铁电性、铁磁性和压电性。

硅酸盐材料是无机非金属材料的主要分支之一，硅酸盐材料是陶瓷的主要组成物质。

### 8.1.3　应用领域

无机非金属材料品种和名目极其繁多，用途各异，因此，还没有一个统一而完善的分类方法。通常把它们分为普通的（传统的）和先进的（新型的）无机非金属材料两大类。传统的无机非金属材料是工业和基本建设所必需的基础材料。如水泥是一种重要的建筑材料；耐火材料与高温技术，尤其与钢铁工业的发展关系密切；各种规格的平板玻璃、仪器玻璃和普通的光学玻璃以及日用陶瓷、卫生陶瓷、建筑陶瓷、化工陶瓷和电瓷等与人们的生产、生活休戚相关。它们产量大，用途广。其他产品，如搪瓷、磨料（碳化硅、氧化铝）、铸石（辉绿岩、玄武岩等）、碳素材料、非金属矿（石棉、云母、大理石等）也都属于传统的无机非金属材料。新型无机非金属材料是 20 世纪中期以后发展起来的，具有特殊性能和用途的材料。它们是现代新技术、新产业、传统工业技术改造、现代国防和生物医学所不可缺少的物质基础，主要有先进陶瓷（advanced ceramics）、非晶态材料（noncrystal material）、人工晶体（artificial crys-tal）、无机涂层（inorganic coating）、无机纤维（inorganic fibre）等。

### 8.1.4　分类

#### 8.1.4.1　传统陶瓷

瓷是粉体的致密烧结体，较之较早的陶，其气孔率明显降低，致密度升高。陶瓷在我国有悠久的历史，是中华民族古老文明的象征。从西安地区出土的秦始皇陵中大批陶兵马俑，气势宏伟，形象逼真，被认为是世界文化奇迹，人类的文明宝库。唐代的唐三彩、明清景德镇的瓷器均久负盛名。

传统陶瓷材料的主要成分是硅酸盐，自然界存在大量天然的硅酸盐，如岩石、土壤等，还有许多矿物如云母、滑石、石棉、高岭石等，它们都属于天然的硅酸盐。此外，人们为了满足生产和生活的需要，生产了大量人造硅酸盐，主要有玻璃、水泥、各种陶瓷、砖瓦、耐火砖、水玻璃以及某些分子筛等。硅酸盐制品性质稳定，熔点较高，难溶于水，有很广泛的用途。

硅酸盐制品一般都是以黏土（高岭土）、石英和长石为原料经高温烧结而成。黏土的化学组成为 $Al_2O_3 \cdot 2SiO_2 \cdot 2H_2O$，石英为 $SiO_2$，长石为 $K_2O \cdot Al_2O_3 \cdot 6SiO_2$（钾长石）或 $Na_2O \cdot Al_2O_3 \cdot 6SiO_2$（钠长石）。这些原料中都含有 $SiO_2$，因此在硅酸盐晶体结构中，硅与氧的结合是最重要也是最基本的。

硅酸盐材料是一种多相结构物质，其中含有晶态部分和非晶态部分，但以晶态为主。硅酸盐晶体中硅氧四面体 $[SiO_4]$ 是硅酸盐结构的基本单元。在硅氧四面体中，硅原子以 sp 杂化轨道与氧原子成键，Si—O 键键长为 162 pm，比起 Si 和 O 的离子半径之和有所缩短，故 Si—O 键的结合是比较强的。

#### 8.1.4.2　精细陶瓷

精细陶瓷的化学组成已远远超出了传统硅酸盐的范围。例如，透明的氧化铝陶瓷、耐高温的二氧化锆（$ZrO_2$）陶瓷、高熔点的氮化硅（$Si_3N_4$）和碳化硅（SiC）陶瓷等，它们都是无机非金属材料，是传统陶瓷材料的发展。精细陶瓷是适应社会经济和科学技术发展而发展起来的，信息科学、能源技术、宇航技术、生物工程、超导技术、海洋技术等现代科学技术需要大量特殊性能的新材料，促使人们研制精细陶瓷，并在超硬陶瓷、高温结构陶瓷、电子陶瓷、磁性陶瓷、光学陶瓷、超导陶瓷和生物陶瓷等方面取得了很好的进展，下面选择一些实例做简要的介绍。

高温结构陶瓷汽车发动机一般用铸铁铸造，耐热性能有一定限度。由于需要用冷却水冷却，热能散失严重，热效率只有 30% 左右。如果用高温结构陶瓷制造陶瓷发动机，发动机的工作温度能稳定在 1300 ℃ 左右，由于燃料充分燃烧而又不需要水冷系统，使热效率大幅度提高。用陶瓷材料做发动机，还可减轻汽车的质量，这对航天航空事业更具吸引力，用高温陶瓷取代高温合金来制造飞机上的涡轮发动机效果会更好。

已有多个国家的大的汽车公司试制无冷却式陶瓷发动机汽车。我国也在 1990 年装配了一辆，并完成了试车。陶瓷发动机的材料选用氮化硅，它的机械强度高、硬度高、热膨胀系数低、导热性好、化学稳定性高，是很好的高温陶瓷材料。氮化硅可用多种方法合成，工业上普遍采用高纯硅与纯氮在 1300 ℃ 反应后获得：

$$3Si + 2N_2 \longrightarrow Si_3N_4(1300\ ℃)$$

高温结构陶瓷除了氮化硅外，还有碳化硅（SiC）、二氧化锆（$ZrO_2$）、氧化铝等。

透明陶瓷一般陶瓷是不透明的，但光学陶瓷像玻璃一样透明，故称透明陶瓷。一般陶瓷不透明的原因是其内部存在有杂质和气孔，前者能吸收光，后者使光产生散射，所以就不透明了。因此，如果选用高纯原料，并通过工艺手段排除气孔就可能获得透明陶瓷。早期就是采用这样的办法得到透明的氧化铝陶瓷，后来陆续研究出如烧结白刚玉、氧化镁、氧化铍、氧化钇、氧化钇-二氧化锆等多种氧化物系列透明陶瓷。后又研制出非氧化物透明陶瓷，如砷化镓（GaAs）、硫化锌（ZnS）、硒化锌（ZnSe）、氟化镁（$MgF_2$）、氟化钙（$CaF_2$）等。这些透明陶瓷不仅有优异的光学性能，而且耐高温，一般它们的熔点都在 2000 ℃以上，如氧化钍-氧化钇透明陶瓷的熔点高达 3100 ℃，比普通硼酸盐玻璃高 1500 ℃。透明陶瓷的重要用途是制造高压钠灯，它的发光效率比高压汞灯提高一倍，使用寿命达 $2×10^4$ h，是使用寿命最长的高效电光源。高压钠灯的工作温度高达 1200 ℃，压力大、腐蚀性强，选用氧化铝透明陶瓷为材料成功地制造出高压钠灯。透明陶瓷的透明度、强度、硬度都高于普通玻璃，它们耐磨损、耐划伤，用透明陶瓷可以制造防弹汽车的窗、坦克的观察窗、轰炸机的轰炸瞄准器和高级防护眼镜等。

生物陶瓷人体器官和组织由于种种原因需要修复或再造时，选用的材料要求生物相容性好，对肌体无免疫排异反应；血液相容性好，无溶血、凝血反应；不会引起代谢作用异常现象；对人体无毒，不会致癌。已发展起来的生物合金、生物高分子和生物陶瓷基本上能满足这些要求。利用这些材料制造了许多人工器官，在临床上得到广泛的应用。但是这类人工器官一旦植入体内，要经受体内复杂的生理环境的长期考验。例如，不锈钢在常温下是非常稳定的材料，但把它做成人工关节植入体内，三五年后便会出现腐蚀斑，并且还会有微量金属离子析出，这是生物合金的缺点。有机高分子材料做成的人工器官容易老化，相比之下，生物陶瓷是惰性材料，耐腐蚀，更适合植入体内。

氧化铝陶瓷做成的假牙与真牙齿十分接近，它还可以做人工关节用于很多部位，如膝关节、肘关节、肩关节、指关节、髋关节等。$ZrO_2$ 陶瓷的强度、断裂韧性和耐磨性比氧化铝陶瓷好，也可用以制造牙根、骨和股关节等。羟基磷灰石 $[Ca_{10}(PO_4)_6(OH)_2]$ 是骨组织的主要成分，人工合成的与骨的生物相容性非常好，可用于颌骨、耳听骨修复和人工牙种植等。发现用熔融法制得的生物玻璃，如 $CaO-Na_2O-SiO_2-P_2O_5$，具有与骨骼键合的能力。

陶瓷材料最大的弱点是性脆，韧性不足，这就严重影响了它作为人工人体器官的推广应用。陶瓷材料要在生物工程中占有地位，必须考虑解决其脆性问题。

### 8.1.4.3　纳米陶瓷

从陶瓷材料发展的历史来看，经历了三次飞跃。由陶器进入瓷器这是第一次飞跃；由传统陶瓷发展到精细陶瓷是第二次飞跃，在此期间，不论是原材料，还是制备工艺、产品性能和应用等许多方面都有长足的进展和提高，然而对于陶瓷材料的致命弱点——脆性问题没有得到根本的解决。精细陶瓷粉体的颗粒较大，属微米级（μm），有人用新的制备方法把陶瓷粉体的颗粒加工到纳米级（nm），用这种超细微粉体粒子来制造陶瓷材料，得到新一代纳米陶瓷，这是陶瓷材料的第三次飞跃。纳米陶瓷具有延性，有的甚至出现超塑性。如室温下合成的 $TiO_2$ 陶瓷，它可以弯曲，其塑性变形高达 100%，韧性极好。因此，人们寄希望于发展纳米技术去解决陶瓷材料的脆性问题。纳米陶瓷被称为 21 世纪陶瓷。

## 8.1.5　发展历史

旧石器时代人们用来制作工具的天然石材是最早的无机非金属材料。在公元前 6000—前 5000 年中国发明了原始陶器。中国商代（约公元前 17 世纪初—约公元前 11 世纪）有了原始瓷器，并出现了上釉陶器。以后为了满足宫廷观赏及民间日用、建筑的需要，陶瓷的生产技术不断发展。公元 200 年（东汉时期）的青瓷是迄今发现的最早瓷器。陶器的出现促进了人类进入金属时代，中国夏代（约公元前 22 世纪末—约公元前 21 世纪初—约公元前 17 世纪初）炼铜用的陶质炼锅，是最早的耐火材料。铁的熔炼温度远高于铜，故铁器时代的耐火材料相应地也有很大发展。18 世纪以后钢铁工业的兴起，促进耐火材料向多品种、耐高温、耐腐蚀方向发展。公元前 3700 年，埃及就开始用简单的玻璃珠作为装饰品。

公元前 1000 年前，中国也有了白色穿孔的玻璃珠。公元初期罗马已能生产多种形式的玻璃制品。1000—1200 年间玻璃制造技术趋于成熟，意大利的威尼斯成为玻璃工业中心。1600 年后玻璃工业已遍及世界各地区。公元前 3000—前 2000 年已使用石灰和石膏等气硬性胶凝材料。随着建筑业的发展，胶凝材料也获得相应的发展。公元初期有了水硬性石灰，火山灰胶凝材料，1700 年以后制成水硬性石灰和罗马水泥。1824 年，英国 J. 阿斯普丁发明波特兰水泥。上述陶瓷、耐火材料、玻璃、水泥等的主要成分均为硅酸盐，属于典型的硅酸盐材料。18 世纪工业革命以后，随着建筑、机械、钢铁、运输等工业的兴起，无机非金属材料有了较快的发展，出现了电瓷、化工陶瓷、金属陶瓷、平板玻璃、化学仪器玻璃、光学玻璃、平炉和转炉用的耐火材料以及快硬早强等性能优异的水泥。同时，发展了研磨材料、碳素及石墨制品、铸石等。

20 世纪以来，随着电子技术、航天、能源、计算机、通信、激光、红外、光电子学、生物医学和环境保护等新技术的兴起，对材料提出了更高的要求，促进了特种无机非金属材料的迅速发展。20 世纪 30—40 年代出现了高频绝缘陶瓷、铁电陶瓷和压电陶瓷、铁氧体（又称磁性瓷）和热敏电阻陶瓷等。20 世纪 50—60 年代开发了碳化硅和氮化硅等高温结构陶瓷、氧化铝透明陶瓷、β-氧化铝快离子导体陶瓷、气敏和湿敏陶瓷等。至今，又出现了变色玻璃、光导纤维、电光效应、电子发射及高温超导等各种新型无机材料。

## 8.1.6　材料特性

普通无机非金属材料的特点是耐压强度高、硬度大、耐高温、抗腐蚀。此外，水泥在胶凝性能上，玻璃在光学性能上，陶瓷在耐蚀、介电性能上，耐火材料在防热隔热性能上都有其优异的特性，为金属材料和高分子材料所不及。但与金属材料相比，它抗断强度低、缺少延展性，属于脆性材料。与高分子材料相比，密度较大，制造工艺较复杂。特种无机非金属材料的特点如下。

（1）各具特色。例如，高温氧化物等的高温抗氧化特性；氧化铝、氧化铍陶瓷的高频绝缘特性；铁氧体的磁学性质；光导纤维的光传输性质；金刚石、立方氮化硼的超硬性质；导体材料的导电性质；快硬早强水泥的快凝、快硬性质等。

（2）各种物理效应和微观现象。例如，光敏材料的光-电、热敏材料的热-电、压电材料的力-电、气敏材料的气体-电、湿敏材料的湿度-电等材料对物理和化学参数间的功能转换特性。

（3）不同性质的材料经复合而构成复合材料。例如，金属陶瓷、高温无机涂层，以及用无机纤维、晶须等增强的材料。

# 8.2  无机材料原料

硅酸盐晶体结构种类很多，它们是构成地壳的主要矿物，也是水泥、陶瓷、玻璃、耐火材料等硅酸盐工业的主要原料，学习并掌握它们的晶体结构特点，对于理解硅酸盐矿物结构与性能的关系，合理地选择原料，都具有重要意义。

硅酸盐晶体的写法：

（1）氧化物法：把构成硅酸盐的演化物按价数依次写出。

钾长石：$K_2O \cdot Al_2O_3 \cdot 6SiO_2$，简式：$KAS_6$。

钠长石：$Na_2O \cdot Al_2O_3 \cdot 6SiO_2$，简式：$NAS_6$。

镁橄榄石：$2MgO \cdot SiO_2$，简式：$M_2S$。

（2）无机络盐法：按络阴离子来写。

钾长石：$K_2Al_2Si_6O_{16} \rightarrow KAlSi_3O_8$。

## 8.2.1  硅酸盐晶体结构分类

### 8.2.1.1  硅酸盐晶体结构的特点

（1）每个 $Si^{4+}$ 存在于 4 个 $O^{2-}$ 为顶点的四面体中心，构成 $[SiO_4]$ 四面体，它是硅酸盐晶体结构的基础，称为硅氧骨干。

（2）硅氧四面体的顶点的 $O^{2-}$ 最多为两个 $[SiO_4]$ 四面体所共用。

（3）两个临近的 $[SiO_4]$ 四面体之间只以共顶形式连接。

（4）当 O 和 Si 质量比不小于 4 时，$[SiO_4]$ 四面体趋向于不共用任何顶点。

（5）每种晶体中只有一种硅氧骨干。

（6）若 $Al^{3+}$ 为四配位，$[AlO_4]$ 四面体和 $[SiO_4]$ 四面体共同组成铝硅氧骨干；若 $Al^{3+}$ 为六配位，则 $Al^{3+}$ 位于硅氧骨干之外。

利用鲍林规则来分析：

（1）根据鲍林第一规则，硅酸盐晶体中存在 $[SiO_4]$ 四面体，键型为共价键与离子键的过渡型键。

（2）根据鲍林第二规则，Si—O 键静电键强为 $4/4 = 1$，负离子 O 的电价为 2，即 $[SiO_4]$ 顶角的 $O^{2-}$ 最多能为两个 $[SiO_4]$ 所公用。

（3）根据鲍林第三规则，两个 $[SiO_4]$ 之间最多只能共用一个顶点。

（4）根据鲍林第四规则，当 O 和 Si 质量比不小于 4 时，两个 $[SiO_4]$ 倾向于互不相连。

（5）根据鲍林第五规则，晶体中只能有一种硅氧骨干类型。

硅酸盐晶体中 $Al^{3+}$ 的存在方式：

（1）$[AlO_6]$ 八面体，$Al^{3+}$ 只能在硅氧骨干外，无法取代 $[SiO_4]$；

（2）［AlO$_4$］四面体，Al$^{3+}$可以取代 Si$^{4+}$，形成硅铝氧骨干，称为铝硅酸盐。

### 8.2.1.2　硅酸盐晶体结构的分类

（1）岛状结构。［SiO$_4$］四面体孤立存在，四面体之间互不连接，不共用任何顶点，而由其他金属离子连接。氧硅比为4。

（2）组群状结构。［SiO$_4$］四面体以两个、三个、四个或六个通过共用 O$^{2-}$ 来构成一个［SiO$_4$］四面体群，这些四面体群之间通过其他金属离子连接。其中，连接两个［SiO$_4$］四面体之间的 O$^{2-}$ 称为桥氧（非活性氧），其余的 O$^{2-}$ 称为非桥氧（活性氧）。双四面体氧硅比为3.5，环状结构氧硅比为3。

（3）链状结构。［SiO$_4$］四面体通过共用顶点构成了在一维方向无限延伸的链。单链氧硅比为3，双链氧硅比为2.75。

（4）层状结构。［SiO$_4$］四面体通过三个共用 O$^{2-}$ 在二维平面内延伸成一个［SiO$_4$］四面体层，在层中［SiO$_4$］四面体间构成一个六元环，［SiO$_4$］中的活性氧都指向同一个方向。氧硅比为2.5。

（5）架状结构。每个［SiO$_4$］四面体的 O$^{2-}$ 都是共用 O$^{2-}$，通过四个桥氧在三维空间形成架状结构。氧硅比为2。

结论：随氧硅比降低，［SiO$_4$］连接程度增高，［SiO$_4$］四面体连接由点到体。

## 8.2.2　硅酸盐晶体结构举例

### 8.2.2.1　镁橄榄石 Mg$_2$［SiO$_4$］（岛状）

（1）由［MgO$_6$］八面体和［SiO$_4$］四面体堆积而成。

（2）O$^{2-}$ 做近似的六方最紧密堆积，Mg$^{2+}$ 填充一半的八面体空隙，Si$^{4+}$ 填充 1/8 的四面体空隙。

（3）每个 O$^{2-}$ 是一个［SiO$_4$］和三个［MgO$_6$］的共用顶点。

因为 $W_{O^{2-}} = 2 = \sum Si$，在［SiO$_4$］中 $Si = 4/4 = 1$，在［MgO$_6$］中 $Si = 2/6 = 1/3$，所以 $\sum Si = 1 + 1/3 \times 3 = 2 = W_{O^{2-}}$。

### 8.2.2.2　层状结构的硅酸盐晶体

八面体层的种类有以下两种：

（1）Mg(OH)$_2$，水镁石——三八面体型（三个八面体共用一个顶点）；

（2）Al(OH)$_3$，水铝石——二八面体型（二个八面体共用一个顶点）。

四面体层与八面体层的组合方式有以下两种：

（1）双层型（单网层型）；

（2）三层型（复网层型）。

层状典型矿物主要有以下几种。

（1）高岭石（Al$_2$O$_3$·2SiO$_2$·2H$_2$O），即 Al$_4$［Si$_4$O$_{10}$］(OH)$_8$。其结构为双层型二八面体型。一层［SiO$_4$］四面体和一层［AlO$_6$］八面体相连。在［AlO$_6$］八面体中，每个 Al$^{3+}$ 和四个 OH$^-$ 及两个 O$^{2-}$ 离子相连，在二维平面内形成层状结构。层间为氢键结合。

（2）滑石（3MgO$_4$·SiO$_2$·H$_2$O），即 Mg$_3$［Si$_4$O$_{10}$］(OH)$_2$。其结构为三层型、三八面体型。三个 Mg$^{2+}$ 共用一个 O$^{2-}$ 形成三八面体。两层［SiO$_4$］四面体中间夹一层水镁层（镁

氧三八面体层）。层间结合力为范氏键。

（3）叶蜡石（$Al_2O_3 \cdot 4SiO_2 \cdot H_2O$），即 $Al_2[Si_4O_{10}](OH)_2$。其结构为三层型、二八面体型。两个 $Al^{3+}$ 共用一个 $O^{2-}$ 形成二八面体。层间结合力为范氏键。

（4）蒙脱石（微晶高岭石）。其结构为在叶蜡石的水镁层中发生晶格置换（1/3 的 $Al^{3+}$ 被 $Mg^{2+}$ 或其他低价离子进行 $1:1$ 置换），复网层带负电，复网层间产生斥力，为平衡电荷，在复网层间进入其他低价正离子（如 $Na^+$），正离子是水化的，靠复网层中八面体中的晶格置换造成的负价吸引，所以吸引力小，自由水可以自由出入，则 C 轴间距随水含量的多少而变化。

（5）白云母，即 $KAl_2[(AlSi_3)O_{10}](OH)_2$。其结构为在叶蜡石基础上发生晶格置换（在四面体中 1/4 的 $Si^{4+}$ 被 $Al^{3+}$ 所置换，其中 $Al^{3+}$ 为四配位），复网层带负电，为平衡电荷，复网层间进入低价阳离子 $K^+$，$K^+$ 处于两个相对氧面的六角边网眼中，吸引力较大，可认为参与结构。

（6）伊利石（水云母），云母类矿物经风化得到。其结构为在叶蜡石基础上发生晶格置换（八面体层中和四面体层都有置换 1/6 的 $Si^{4+}$ 被 $Al^{3+}$ 所置换，以硅氧层置换为主），为平衡电价，层间进入低价正离子 $K^+$，$K^+$ 填充于两个相对氧面的六角边网眼中，相当于形成配位数为 12 的 K-O 配位多面体。与蒙脱石相比，伊利石复网层带负电严重，但复网层间的结合力较蒙脱石大，阳离子不易被交换，分散性不太好。

### 8.2.2.3　$SiO_2$ 的各种晶型

（1）α-石英，β-石英。

（2）α-鳞石英，β-鳞石英，γ-鳞石英。

（3）α-方石英，β-方石英。

### 8.2.2.4　长石（铝硅酸盐）：架状结构

长石主要为架状结构，主要有钾长石 $K[AlSi_3O_8]$、钠长石 $Na[AlSi_3O_8]$、钙长石 $Ca[Al_2Si_2O_8]$、钡长石 $Ba[Al_2Si_2O_8]$。

长石与石英的区别为：

（1）石英 $[SiO_4]$ 组成的硅氧骨干，长石 $[SiO_4]$、$[AlO_4]$ 组成硅铝氧骨干；

（2）硅氧骨干不带电，硅铝氧骨干带负电；

（3）石英的骨架孔穴中无其他正离子，为平衡电荷，长石骨架孔穴中含其他正离子。

## 8.3　无机材料机械制备方法

化学学科领域中存在许多分支，这些分支就其诱发化学反应的能量性质加以区分，可以分为热化学、电化学、光化学、磁化学和放射化学等。20 世纪初，Ostwal D W 提出了由机械力诱发化学反应的机械力化学分支，当时只是从化学分类的角度提出这一概念，对机械力化学的基本原理还不是很清楚。自 1951 年起，Peters K 等人做了大量关于机械力诱发低温化学反应的研究工作，并于 1962 年在第 1 届欧洲粉碎会议上发表了题为"机械力化学反应"的论文，明确指出机械力化学反应是机械力诱发的化学反应，强调了机械力的作用，从而机械力化学引起了全世界的广泛关注。机械力化学（mechanochemisry）又称力化学、机械化学，它是研究在给固体施加机械能量时固体形态、晶体结构等发生变化，并诱导物理化学变化的一门学问。高能球磨法是制备纳米粉体的一种有效方法，具有工艺简单、成本低、易于工业化等优点。通过高能球磨实现的超细粉碎不同于一般的物质细化过程，它是伴随有能量转化的机械力化学过程。近年来，机械力化学研究有了较大进展，人们重视机械力化学在生产实践中的应用价值，注意到应该把机械力化学应用于开发具有高附加值材料方面。随着世界范围对新材料的开发利用，一些研究人员还发现，用机械力化学方法甚至可以实现许多在热力学上无法发生的化学反应，从而制备出自然界没有或者性能优于用其他方法制备的材料。

纳米材料是指晶界、晶粒等显微结构均已达到纳米尺度的材料。纳米微粒的独特结构使其产生了表面效应、体积效应、董子尺寸效应和宏观量子隧道效应，从而使纳米材料表现出光、电、磁、吸附、催化及生物活性等特殊性能。因此，纳米材料的开发与应用成为20世纪90年代以来材料科学领域新的研究热点，这些研究大都集中在制备方法及应用上。本节着重讨论机械力化学原理及其在纳米无机材料制备中的应用。

### 8.3.1 机械力化学原理及其效应

在粉碎过程中，物料受到外界机械力的作用，明显的变化是尺寸微细化和比表面积的增大。与此同时，由于物料颗粒不断接收到外界机械能，其中一部分积聚在颗粒中，引发一系列的机械力化学变化，如晶格畸变、晶格缺陷、颗粒无定形化、多晶转变、表面自由能增大、外激电子放射及出现等离子态等，这显著降低了元素的扩散激活能，使得组元间在室温下可显著进行原子或离子扩散；颗粒不断冷焊、断裂，组织细化，形成了无数的扩散/反应偶，同时扩散距离也大大缩短。陈小华、成奋强等人研究了机械球磨条件下石墨结构的畸变。结果表明，经过 150 h 的球磨（行星磨），石墨原有的晶体结构被破坏，引入多种缺陷的同时，石墨层发生的剥离和卷曲，形成了多边形粒子和纳米弓形等具有高度弯曲石墨面的纳米结构。经过 250 h 的球磨后，石墨层状结构完全断裂和破坏，形成了由纳米级的基本结构单元（BSU）组成的多孔碳。经过 3000 ℃ 热处理后，这种多孔碳并不能恢复成石墨组织结构。对于多晶型物质，当积聚的能量超过了结晶活化能时，会产生多晶转变，使晶型结构发生变化。例如：当粉磨氧化铅时，会发生铅黄（PbO）与密陀僧（$PbO_2$）两种晶型的相互转化，颗粒颜色会从黄色变为粉红色，继续粉磨，随后又变为黄色。在二氧化锆粉磨研究中发现，强大的机械力，例如在行星振动磨中的粉碎，可以使单斜 $ZrO_2$ 转变为四方 $ZrO_2$，而在一般振动磨机中的粉碎，由于作用力较弱，只能使单斜相变为无定形态这些变化常采用 X 衍射、红外光谱、核磁共振、电子顺磁共振及差热仪等进行测定。

在高能球磨过程中，晶粒的细化是一个普遍的现象，粉体在碰撞中反复破碎、焊合，缺陷密度增加，很快使颗粒细化至纳米级。表面化学键断裂而产生不饱和键自由离子和电子等，使矿物晶体内能增大。席生岐、屈晓燕等人从扩散理论出发，分析了高能球磨过程中的扩散特点，提出了固态合成反应模型并进行分析计算，结果表明：高能球磨中固态反应能否发生取决于体系在球磨过程中能量升高的程度，而反应完成与否受体系中扩散过程控制，即受制于晶粒细化程度和粉末碰撞温度。

粉磨过程中机械能用于生成新表面的部分仅为 1%，而以弹性应力造成的局部应力集中形式的储能为 10%~30%，另外还通过粉体结构变化（晶格畸变、多晶转变等）将一部分能量储存起来，其余则以热能的形式散发。机械力作用在固体颗粒上的力造成的弹性应力是机械力化学效应的重要因素，弹性应力引起原子水平的应力集中，一般由此而改变原子间的结合常数，从而改变它们本来的频率，也改变了原子间距和价键角度，结果改变化学结合能，使反应能力增大；弹性应力还可引发弛豫（relaxation），由此形成激化的振动状态可导致化学反应的发生而释放出来，这种能量在应力点以"热点"的形式出现。虽然磨内宏观温度一般不会超过 70 ℃，但局部碰撞点的温度要远远高于 70 ℃，这样的温度将引起纳米尺寸的化学反应，在碰撞点处产生极高的碰撞力，有助于晶体缺陷的扩散和原子的重排。局部碰撞点的升温可能是一促进因素，若以行星粉磨过程为例，发现机械力化学过程在作用瞬间（$10^{-9}$~$10^{-8}$ s）局部能够产生高温达 1000 K，产生高压达 1~10 GPa。

    Carslaw 和 Jaegecr 用数学模型的方法来估算磨内颗粒碰撞时表面所产生的微观温升。他们在 1959 年提出了以下模型：考虑由于滑动摩擦引起的微观发热现象，假设在系统中一个物体以很小的面积与其他物体接触，并以恒定的速度沿其他物体的表面运动。如果假设接触面积为正方形，则微观温升可由式（8-1）估算：

$$\Delta T = \frac{fwv_r}{4.24\lambda J(k_1 + k_2)} \tag{8-1}$$

式中    $f$——摩擦系数；

       $w$——正载荷；

       $v_r$——相对速度；

       $\lambda$——接触面积边长的一半；

       $J$——该接触面积上的扩散通量；

$k_1$，$k_2$——组元 1 和组元 2 的热传导率。

    在组元材料常数和球的质量已知的情况下 $\Delta T \propto 1/\lambda$。因此，$\Delta T$ 的大小取决于接触面积的大小，并且强烈地依赖于所考虑的体积的大小。当接触面积最小，如 $\lambda = 1$ nm 时，对于 Ge—Si、Si—Si 或 Ge—Ge 系统而言，$\delta T$ 的数值大约在 500 K 数量级。

## 8.3.2　机械力化学法制备纳米无机材料

    机械力化学在无机材料领域具有广泛的应用，如图 8-1 所示。

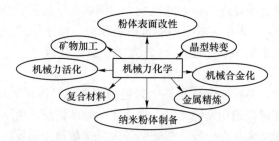

图 8-1　机械力化学（高能球磨法在无机材料中的应用）

### 8.3.2.1　机械力化学法制备纳米复合材料

机械力化学法是制备纳米复合材料的一种全新的方法。近年来，该法得到了科技界和企业界的极大的重视和发展。由于 TiC/Al 复合材料具有低的切割阻力、优良的导电性能和极高的硬度，所以被广泛地用作切割材料。材料研究人员不断寻求新的制备方法来提高 TiC/Al$_2$O$_3$ 复合材料的力学性能。研究发现，纳米颗粒均匀分布于 Al$_2$O$_3$ 基，可以在很大程度上提高复合材料的力学性能。然而，用一般的热化学方法却很难将纳米颗粒均匀分散到 Al$_2$O$_3$ 基中，所以杨森等人尝试用高能球磨法作为中间一个环节来制 TiC-Al$_2$O$_3$/Fe 基复合材料。图 8-2 是不同 Fe 含量的试样 XRD 图谱。

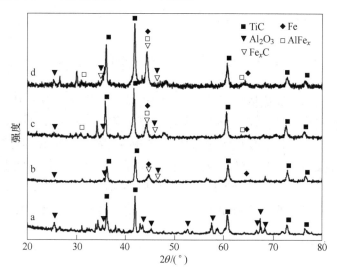

图 8-2　不同 Fe 含量的试样 XRD 图谱

a—Fe 含量为 0；b—Fe 含量为 10%；c—Fe 含量为 20%；d—Fe 含量为 30%

### 8.3.2.2　机械力化学法合成纳米陶瓷材料

钛酸钡陶瓷具有良好的介电性能，是电子陶瓷领域应用最广泛的材料之一。传统的磷酸钡合成方法是用 BaO 或 BaCO$_3$ 和 TiO$_2$ 经高温煅烧（不低于 900 ℃）而成，粒度大、不均匀，难以制备纳米粉体材料。近年来发展的新的合成方法主要有无机盐（硝酸盐、氯化物）或有机盐（草酸盐、柠檬酸盐）的共沉淀法、混合醇盐法，这些方法虽各有一定的优点，但也存在工艺过程复杂、难以控制、原料成本高等问题。因此迫切需要研究新的磷酸钡纳米粉体的制备方法。吴其胜、高树军等人研究了在氮气的保护下，行星粉磨 BaO、TiO$_2$ 混合物，机械力化学合成 BaTiO$_3$ 的方法。生成的 BaTiO$_3$ 纳米颗粒尺寸为 10~30 nm。

钛酸钙陶瓷是目前国内外大量使用的材料，它具有较高的介电系数和负温度系数，可以制成小型高容量的高频陶瓷电容器，如耦合、旁路、贮能、隔直流电容器等。纯钛酸钙陶瓷烧结温度较高（达 1650 K），烧结温度范围很窄，高温晶粒长大快，以至于烧成产品不能在生产上使用。因此，传统的固相烧结反应法难以制备超细 CaTiO$_3$。吴其胜、张少明研究按化学计量混合粉磨 CaO，TiO$_2$ 机械力化学合成 CaTiO$_3$ 纳米粉体，所得粉体颗粒尺寸为 20~30 nm。

### 8.3.2.3　机械力化学法制备合金材料

合金材料不仅具有其成分金属的性质，而且还具有其成分金属所不能比拟的力学物理性能，因此人们总是千方百计地寻找新的方法来制备性能更加优异的合金材料。近年来，高能球磨实现机械合金化（MA）的方法引起了许多材料研究人员的重视。

钇铝石榴石具有超强的力学性能和优良的热稳定性，越来越多地用作荷重材料、绝缘隔热材料、激光、光学材料等。Patankar S N、Froes F H（Sam）等人用 MA 法在高能球磨中混合粉磨 Al 粉和 $Y_2O_3$ 粉，强大的机械力使 Al 在原子水平上固溶到 $Y_2O_3$ 中形成固溶体，随后热处理得到石榴石。

另外，Mahmoud Zawrah 和 Leon Shaw 研究了用 MA 法混合粉磨 Al、Fe、Cr、Ti 粉末制备 $Al_{93}Fe_3Ti_2Cr_2$ 合金。制备出纳米晶超饱和铝基合金。这种合金在室温和高温下均具有优异的机械性能，它的硬度是 6061-Al 的 2 倍。

# 8.4　粉末固体反应制备技术

固相反应在无机非金属固体材料的高温过程中是一个普遍的物理现象，它是一系列合金、传统硅酸盐材料以及各种新型无机材料生产所涉及的基本过程之一。固相反应与一般气、液反应相比在反应机构、反应速度等方面有自己的特点：与大多数气、液反应不同，固相反应属非均相反应。因此，参与反应的固相相互接触是反应物间发生化学作用和物质输送的先决条件；固相反应的开始温度远低于反应物的熔点或系统的低共熔温度。这一温度与反应物内部开始呈现明显扩散作用的温度相一致，常称泰曼温度或烧结开始温度。

## 8.4.1　固相反应概述

### 8.4.1.1　固相反应的定义
狭义的固相反应：固体与固体间发生化学反应生成新的固体产物的反应。
广义的固相反应：凡是有固相参与的化学反应都可称为固相反应。

### 8.4.1.2　固相反应的分类
依反应的性质可分为四类。
（1）加成反应（A、B 为任一元素或化合物）：$A(s) + B(s) \rightarrow AB(s)$。
（2）造膜反应（固气反应，A、B 为单质）：$A(s) + B(g) \rightarrow AB(s)$。
（3）分解反应（固气反应）：$AB(s) \rightarrow A(s) + B(g)$。
（4）置换反应：$A(s) + BC(s) \rightarrow AC(s) + B(s)$；$AC(s) + BD(s) \rightarrow AB(s) + CD(s)$。

### 8.4.1.3　固相反应热力学
纯的固相反应总是放热的，并且熵变 $\Delta S$ 很小，所以 $\Delta G = \Delta H - T\Delta S \approx \Delta H < 0$。因此，纯固相反应总是可以自发进行的。

### 8.4.1.4　固相反应进程
固相反应进程由快路线的慢步骤的速率控制。

### 8.4.1.5　关于固相反应产物的若干一般规律
（1）最初产物的恒定性。对碱土金属氧化物和 $SiO_2$ 的二元固相反应，不论原始组成摩尔比如何，反应首先生成的化合物总是 2∶1 的正硅酸盐，而对于碱土金属氧化物与 $Al_2O_3$ 的反应，首先生成的化合物总是 1∶1。
（2）反应产物分级形成，最终产物由原始配料比决定。

## 8.4.2 固相反应动力学

### 8.4.2.1 扩散控制的固相反应动力学方程

固相反应一般都伴随有物质的扩散迁移。由于在固相中扩散速度通常很缓慢，因而在多数情况下，扩散往往起速率控制作用。

A 抛物线方程

用平板模型：假设 A、B 以平板模式相互接触，先形成产物层 AB；然后 A 通过 AB 向 B 扩散，在 B—BA 界面继续反应。若界面化学反应速率远大于扩散速率，则过程由扩散控制。在整个过程中，扩散截面积保持不变。

产物层厚度增加速率为：

$$\mathrm{d}y/\mathrm{d}t = K/y \tag{8-2}$$

式中 $y$——产物层厚度；

$K$——常数，包括扩散能力与物质间交换能力。

$$K = Dc_0$$

式中 $D$——扩散组分 A 的扩散系数；

$c_0$——A 在 BA—A 界面上浓度。

积分上式即得：

$$y^2 = 2Kt \tag{8-3}$$

产物层厚度的平方与反应时间成正比。

B 杨德尔方程

假定：

（1）反应物 B 是半径为 $R$ 的球体；反应物 A 包围着 B 颗粒，反应自球表面向中心进行；

（2）假设反应物 B 和产物 AB 的摩尔体积相等；

（3）在产物层中的浓度梯度是线性的。

先引入转化率 $G$ 的概念：参与反应的一种反应物，在反应过程中被反应了的体积分数。

$$G = \left[ 4/3\pi R^3 - 4/3\pi (R - y)^3 \right]/4/3\pi R^3 \tag{8-4}$$

$$y = R\left[ 1 - (1 - G)^{1/3} \right] \tag{8-5}$$

代入 $y^2 = 2Kt$，得：

$$\left[ 1 - (1 - G)^{1/3} \right]^2 = 2Kt/R^2 = K_J t \tag{8-6}$$

式中 $K_J$——杨德尔扩散方程式的速度常数，其通式为：

$$K_J = c\exp\left[ - Q/(RT) \right] \tag{8-7}$$

$Q$——固相反应活化能，而

$$K_J = 2K/R^2 = 2Dc_0/R^2 = 2c_0 D_0/R^2 \exp\left[ - Q/(RT) \right] \tag{8-8}$$

因此，扩散控制的固相反应活化能就是扩散活化能。

由于杨德尔方程推导过程中引入了抛物线方程的结论，因而代入了扩散截面积不变的假设。

由于假设反应物 B 和产物 AB 的摩尔体积相等和假设扩散截面积不变的限制，使得杨德尔方程只使用于转化率较小的时候，即反应初期。

C 金斯特林格方程

设球状模型：B 是平均粒径 $R$ 的颗粒，假定 A 为扩散相，反应沿整个球表面同时进行，首先 A 和 B 形成产物 AB，其厚度 $y$ 随反应进行不断增厚，假设反应物 B 和产物 AB 的摩尔体积相等，A 扩散通过产物层，A 在产物层内的浓度分布是 $r$ 和 $t$ 的函数，即是不稳定扩散。

设单位时间内通过 $4\pi r^2$ 球面扩散到产物层 AB 中 A 的量为 $dm_A/dt$，

由菲克第一定律得：

$$dm_A/dt = DSdc/dr = 4\pi r^2 Ddc/dr = M(y) \tag{8-9}$$

单位时间通过该层的 A 的扩散量取决于反应层厚度 $y$。

将式（8-9）变形得：

$$dc = M(y)dr/4\pi r^2 D \tag{8-10}$$

考虑边界条件 $r=R$ 时，$c=c_0$；$r=R-y$ 时，$c=0$。两边积分得，

$$M(y) = 4\pi DR(R-y)c_0/y = dm_A/dt \tag{8-11}$$

而

$$dm_A = \varepsilon 4\pi r^2 dy = \varepsilon 4\pi(R-y)^2 dy \tag{8-12}$$

式中　$\varepsilon$——单位体积中含 A 的摩尔数，$\varepsilon = \rho n/M$；

　　　$\rho$——AB 密度；

　　　$n$——与一个分子 B 化合所需 A 的分子数；

　　　$M$——AB 分子量。

所以

$$dy/dt = Dc_0R/\varepsilon(R-y)y = KR/\varepsilon(R-y)y \tag{8-13}$$

积分整理得

$$Ry^2/2 - y^3/3 = KRt/\varepsilon \tag{8-14}$$

而

$$y = R[1 - (1-G)^{1/3}] \tag{8-15}$$

即得

$$F = 1 - 2/3G - (1-G)^{2/3} = 2Kt/\varepsilon R^2 = K_r t \tag{8-16}$$

式中，$K_r$ 为金斯特林格扩散方程式的速度常数。

与杨德尔方程相比，金斯特林格方程只有反应物 B 和产物 AB 的摩尔体积相等一个假设，可适用于转化率较大的场合。

D 卡特尔方程

考虑到球形颗粒反应面积的变化及反应产物与反应物之间摩尔体积变化，提出了卡特尔方程

$$C(G) = [1 + (Z-1)G]^{2/3} + (Z-1)(1-G)^{2/3} = Z + (1-Z)KDt/r^2 \tag{8-17}$$

式中　$Z$——每用去单位体积组分 B 所形成产物 AB 的体积；

　　　$G$——转化率（按质量计）。

其中，在时间 $t$ 时，$r^2$=未反应 B 的半径 $r_1$+产物层 AB 厚度 $r'$。

8.4.2.2 界面化学反应控制的固相动力学方程

在某些情况下，扩散速度很快，此时固相反应由界面化学反应控制。

$$A + B \Longrightarrow AB$$

$$V = kc_A c_B$$

这是一个二级反应，假设 B 远远过量，则可认为其浓度为常数，故 $V = kc_A$ 变成一级反应。即

$$-\mathrm{d}m_A/\mathrm{d}t = kc_A$$

设反应物 A 起始量为 $a$，经 $t$ 时间以后消耗了 $x$，则残余量为 $a-x$，所以上式变为：

$$-\mathrm{d}(a - x)/\mathrm{d}t = k(a - x) \tag{8-18}$$

考虑到固相反应实际情况，引入接触面积 $F$ 和转化率 $G$，则为：

$$\mathrm{d}G/\mathrm{d}t = kF(1 - G) \tag{8-19}$$

若考虑球形颗粒，则

$$F = 4\pi R^2 (1 - G)^{\frac{2}{3}} \tag{8-20}$$

$$G = [R^3 - (R - x)^3]/R^3 \tag{8-21}$$

$$\mathrm{d}G/\mathrm{d}t = 4k\pi R^2 (1 - G)^{\frac{5}{3}} \tag{8-22}$$

积分并考虑边界条件， $\qquad H(G) = (1 - G)^{-\frac{2}{3}} - 1 = kt \tag{8-23}$

升华控制的固相反应动力学方程：

$$F(G) = 1 - (1 - G)^{\frac{2}{3}} = kt \tag{8-24}$$

对固相反应来说，其动力学并非一成不变，而是随着反应条件的变化而改变的。

过渡范围的动力学方程：设 $k$ 是化学反应速度常数，$D$ 是通过产物层的扩散系数。当过程达到平衡时：

$$vp = vD$$

即

$$kc = D(c_0 - c)/\delta \tag{8-25}$$

所以 $\qquad v = kc = 1/(1/kc_0 + \delta/Dc_0) \tag{8-26}$

（1）当扩散速度远大于化学反应速度时，即 $D/\delta \gg k$，则 $v = kc_0 = v_{pmax}$，说明化学反应速度控制此过程，称为化学动力学范围。

（2）当扩散速度远小于化学反应速度时，即 $k \gg D/\delta$，则 $c = 0$，$v = D(c - c_0)/\delta = Dc_0/\delta = vD_{max}$，说明扩散速度控制此过程，称为扩散范围。

（3）当扩散速度和化学反应速度接近时，它们共同控制此过程，属于过渡范围，则

$$v = 1/(1/kc_0 + \delta/Dc_0) = 1/(1/v_{pmax} + 1/vD_{max})$$

对于许多物理或化学步骤综合组成的反应，一般动力学方程为：

$$v = 1/(1/v_{1_{max}} + 1/v_{2_{max}} + 1/v_{3_{max}} + \cdots + 1/v_{n_{max}})$$

式中，$v_{1_{max}}$、$v_{2_{max}}$、$v_{3_{max}}$、$\cdots$、$v_{n_{max}}$ 分别为相应的扩散、化学反应、升华等步骤的最大可能速度，即反应的总阻力等于各环节分阻力之和。

### 8.4.3 影响固相反应速度的因素

（1）反应物化学组成与结构的影响。反应物化学组成与结构是影响固相反应的内因，是决定反应速率的重要因素。

（2）反应物活性。任何促进晶格活化的因素都能促进固相反应。

（3）反应物的分散度。分散度提高，能促进固相反应。

（4）反应温度和保温时间。随着温度升高，固相反应速度会加快；延长保温时间，会

促使反应进行完全。

（5）矿化剂。在反应过程中，能够加速反应的物质称为矿化剂。矿化剂可以通过与反应物形成固溶体产生缺陷或者起助熔作用等来促进反应的进行。

（6）压力。对纯固相反应来说，成型压力越大，接触面积越大，越能促进固相反应。但对能产生气体的固相反应，加压有时适得其反。

（7）气氛。通过改变固体表面特性而影响表面反应活性。对含有可变价离子的晶体，适当的气氛还可以促使形成缺陷，促进扩散，促进固相反应。

## 8.5  固气反应制备技术

气固相催化反应是工业上最为重要意义最常见的，是气体反应物借助于固体催化剂的作用而进行的反应，是化工专业的专业课"化学反应工程"中的重点内容之一。催化剂的结构、性能等因素的影响，决定了在催化剂存在下反应的复杂性。一般将气固相催化反应过程设想成由外扩散、吸附、表面反应、内扩散、脱附等过程组成。而在催化剂存在下的反应难免有副反应发生，因而存在反应选择性（$S$, Selection）的问题，而 $S$ 如何应对该过程的经济性影响很大。因此了解 $S$，不仅对反应器设计是必要的，而且对进一步改进催化剂，使之具有更优秀的性能是极其重要的影响 $S$ 的因素有很多，其中气固相催化反应中内外扩散过程对 $S$ 的影响很大。理解扩散过程对 $S$ 的影响，在解决实际工程问题中可起到有的放矢。但许多书本关于内外扩散过程对 $S$ 的影响只限于定性的解释，使初学者感到抽象、难以理解。为此，从定氢角度来描述气固相催化反应中内外扩散过程对 $S$ 的影响。

选择性是用生成某一产物的量与另一产物的量来衡量的，其定义如下。

总选择性：$S_P =$ 生成产物 P 的全部摩尔数/生成副产物 S 的全部摩尔数

瞬时选择性：$\qquad S_P = R_P/R_S$

式中　$r_P$——生成产物 P 的反应速率；

　　　$r_S$——生成副产物 S 的反应速率。

$r_P$、$r_S$ 形式与反应类型有直接的关系。下面以两个独立并存的反应类型的内外扩散过程对 $S$ 的影响为例进行定量讨论。

两个独立并存的反应为：

$$A \xrightarrow{k_1} B+C \qquad （主反应）$$

$$R \xrightarrow{k_2} S+W \qquad （副反应）$$

此反应的选择性可表示为：

$$S = r_B/r_S \qquad (8-27)$$

因为 $\qquad r_B = -r_A, \quad r_S = -r_R \qquad (8-28)$

所以 $\qquad S = (-r_A)/(-r_B) \qquad (8-29)$

当在一定温度反应下达到常态时，催化剂粒外扩散速率应等于粒内扩散速率。

$$(-r_A) = k_{SA} \cdot A(c_{A0} - c_{AS}) = 4\pi R^2 k_{SA}(c_{A0} - c_{AS}) = k_1 \eta_1 c_{AS}(4/3)\pi R^3 \qquad (8-30)$$

$$k_{SA} \cdot (c_{A0} - c_{AS}) = k_1 \eta_1 c_{AS}[(4/3)\pi R^3/(4\pi R^3)] \qquad (8-31)$$

令 $[(4/3)\pi R^3/(4\pi R^3)] = 1/a$，则：

$$k_{SA} \cdot a(c_{A0} - c_{AS}) = k_1 \eta_1 c_{AS} \tag{8-32}$$

$$c_{SA} = c_{A0} k_{SA} \cdot a/(k_{SA} \cdot a + k_1 \eta_1) \tag{8-33}$$

所以
$$(-r_A) = (4/3)\pi R^3 c_{A0}/[1/(k_{SA} \cdot a) + 1/(k_1 \eta_1)] \tag{8-34}$$

同理：
$$(-r_B) = (4/3)\pi R^3 c_{A0}/[1/(k_{SA} \cdot a) + 1/(k_2 \eta_2)] \tag{8-35}$$

所以
$$S = (c_{A0}/c_0)[1/(k_{SA} \cdot a) + 1/(k_2 \eta_2)]/[1/(k_{SA} \cdot a) + 1/(k_1 \eta_1)] \tag{8-36}$$

式中　$c_{A0}$——气体主体中组分 A 的浓度；

$\quad k_{SA}$——组分 A 的传质系数；

$k_1$，$k_2$——主、副反应的速率常数；

$\quad R$——催化剂颗粒的半径；

$\eta_1$，$\eta_2$——主、副反应催化剂的有效系数。

如无内外扩散，则有：
$$(1/k_{SA} \cdot a) = 0 : \eta_1 = \eta_2 = 1$$

所以
$$S = (c_{A0}/c_{R0})(k_1/k_2) \tag{8-37}$$

如无内扩散，则有：
$$\eta_1 = \eta_2 = 1$$

所以
$$S = (c_{A0}/c_{R0})[(1/k_{SR} \cdot a) + (1/k_2)]/[(1/k_{SA} \cdot a) + (1/k_1)] \tag{8-38}$$

如无外扩散，则有：$(1/k_{SA} \cdot a) = 0 : (1/k_{SR} \cdot a) = 0$

所以
$$S = (c_{A0}/c_{R0})(k_1 \eta_1/k_2 \eta_2) \tag{8-39}$$

式中　$c_{R0}$——气体主体中组分 R 的浓度；

$\quad k_{SR}$——组分 R 的传质系数。

综观式（8-37）~式（8-39）可以看出，讨论外扩散对 $S$ 的影响，用式（8-38）-式（8-37）来表示，内扩散对 $S$ 的影响，可以用式（8-39）-式（8-37）来说明。

既有，式（8-38）-式（8-37）得：
$$\Delta S_1 = (1/k_{SA} \cdot a)(1/k_1 - 1/k_2)/[(1/k_{SA} \cdot a + 1/k_1)(1/k_1)] \tag{8-40}$$

而式（8-39）-式（8-37）得：
$$\Delta S_2 = (c_{A0}/c_{R0})(k_1/k_2)[(\eta_1 - \eta_2)/\eta_2] \tag{8-41}$$

从以上推导得到的式（8-40）和式（8-41）可作如下讨论：

（1）因为反应无 A 参加的反应为主反应，所以 $k_1 > k_2$，则 $\Delta S_1 < 0$，即外扩散引起选择性下降；

（2）因为 $k_1 > k_2$，所以 $\eta_1 < \eta_2$，由式（8-41）知 $\Delta S_2 < 0$，即内扩散引起选择性下降。

由以上讨论可见，在讨论内外扩散对选择性的影响时，除了定性进行理论解释外，还可作定量表述。即从选择性定义出发，结合动力学方程得出分别在内外扩散影响下的选择性的定量计算公式；然后再结合内外扩散过程的特征分别从推导得出的公式中得出内外扩散过程对选择性的影响。

# 8.6　气相法制备纳米颗粒

广义的纳米材料是指三维尺寸中至少有一维处于纳米尺寸，即 1~100 nm。纳米材料的物理化学性质不同于微观原子、分子，也不同于宏观物体，而是介于宏观世界与微观世界之间，这种特殊的类型结构使纳米材料具有奇异的效应，如小尺寸效应、表面效应、量子尺寸效应和宏观量子隧道效应等，因此纳米材料也具有特殊的光学、力学、磁学、电学、超导、催化性能、耐蚀、力学性能等。随着科技的发展，纳米材料的特殊性能被越来越广泛地应用。纳米材料的制备方法对纳米材料的微观结构和性能有重要影响。因此，纳米制备技术是纳米科学领域内的一个重要研究课题。纳米材料的制备按原料状态分为气相法、液相法和固相法三大类。本节中主要介绍了气相法制备纳米材料的原理和一般方法。

### 8.6.1 气相合成反应的基本原理

气相法指直接利用气体或者通过各种手段将物质变为气体，使之在气体状态下发生物理或化学反应，最后在冷却过程中凝聚长大形成纳米微粒的方法。气相法包括物理气相合成法和化学气相合成法。无论哪一种合成方法都会涉及气相粒子成核、晶核长大、凝聚等一系列粒子生长的基本过程。

#### 8.6.1.1 气相合成中的粒子成核

气相反应生成超微粉的关键在于是否能在均匀气相中自发成核。在气相情况下有两种不同的成核方式：第一种是直接从气相中生成固相核，或先从气相中生成液滴核然后再从中结晶；第二种成核，起初为液球滴、结晶时出现平整晶面，再逐渐显示为立方形，其中中间阶段和最终阶段处于一定的平衡，即 Wulff 平衡多面体状态。化合物的结晶过程是很复杂的，按照成核理论，单位时间、单位体积内的成核率。

$$I = N_p \frac{KT}{h} \exp\left(-\frac{\Delta G + \Delta g}{KT}\right) \tag{8-42}$$

式中　$N_p$——母相单位体积中的原子数；
　　　$\Delta G$——形成一个新相核心时自由能的变化；
　　　$\Delta g$——原子越过界面的激活能；
　　　$T$——绝对温度；
　　　$K$——玻耳兹曼常数；
　　　$h$——普朗克常数。

其中，$\Delta g>0$，与温度及界面状态有关，但变化不大。决定 $I$ 大小的关键因素是 $\Delta G$。因此，在计算成核速率时要重点分析 $\Delta G$ 的变化。

#### 8.6.1.2 粒子的生长及粒径的控制

无论气相合成体系中以何种形式成核，一旦成核，就迅速碰撞长大形成初生粒子，因此气相合成中粒径的控制非常重要。控制粒径常用的方法有通过物料平衡条件控制，或是控制成核速率控制粒径。事实上，当气相反应平衡常数很大时，反应率很大，几乎能达100%。由此可根据物料平衡估算生成粒子的尺寸 $r$，即

$$\frac{4}{3}\pi r^3 = \frac{c_0 M}{\rho} \tag{8-43}$$

式中　$c_0$——气相金属源浓度，$mol/cm^3$；
　　　$\rho$，$M$——生成物密度和相对分子质量。

所以粒子直径 $D$ 为：

$$D = 2r = (6c_0 M/\pi N\rho) \tag{8-44}$$

式中　$N$——单位体积所生长的粒子数。

这表明粒子大小可通过原料源浓度加以控制。随着反应进行,气相过饱和度急剧降低,核成长速率就会大于均匀成核速率。晶核和晶粒的析出反应必将优先于均相成核反应,因此,从均相成核开始,由于过饱和度变化,超微粉反应就受自身控制,致使气相体系中的超微粉粒径分布变窄。不过,不同体系粒径的控制情况有所不同。

## 8.6.2　气相合成的主要工艺

### 8.6.2.1　前驱物为固体的气相法

#### A　惰性气体冷凝法

作为纳米颗粒的制备方法,惰性气体冷凝(IGC,Inert Gas Condensation)技术是最先发展起来的。1963 年,Ryozi Uyeda 及合作者率先发展了 IGC 技术,通过在纯净的惰性气体中的蒸发和冷凝过程获得较干净的纳米微粒。20 世纪 70 年代,该方法得到很大发展,并成为制备纳米颗粒的主要手段。1984 年,Gleiter 等人首先提出将气体冷凝法制得的纳米微粒在超高真空条件下紧压致密得到多晶体(纳米微晶),成功制备了 Pd、Cu 和 Fe 等纳米晶体,从而标志着纳米结构材料(nano-structuredmaterials)的诞生。

这种技术是通过适当的热源使可凝聚性物质在高温下蒸发变为气态原子、分子,由于惰性气体的对流,气态原子、分子向上移动,并接近充满液氮的骤冷器。在蒸发过程中,蒸发产生的气态原子、分子由于与惰性气体原子发生碰撞,能量迅速损失而冷却,这种有效的冷却过程在气态原子、分子中造成很高的局域饱和,从而导致均匀的成核过程。成核后先形成原子簇或簇化合物,原子簇或簇化合物碰撞或长大形成单一纳米微粒。在接近冷却器表面时,由于单个纳米微粒的聚合而长大,最后在冷却器表面上积累起来,用聚四氟乙烯刮刀刮下并收集起来获得纳米粉体。

由于粒子是在很高的温度梯度下形成的,所以得到的粒子粒径很小(小于 10 nm),而且粒子的团聚、凝聚等形态特征可以得到良好的控制。

#### B　激光消融法

激光消融法的原理是由于半导体材料和光学材料对准分子激光的反射率较低,利用波长在紫外区的准分子激光对这些材料进行消融,能得到较好的效果。准分子激光波长较短,所以当激光脉冲打到靶上时,能直接使材料消融变成等离子体从材料表面溅射出来,这样可以阻止颗粒的凝结,使得到的纳米微粒更均匀细小。这种方法因操作简单,产生的纳米颗粒粒度小且分布均匀,因而被广泛用来制备金属及其氧化物、半导体和有机化合物等多种材料的纳米颗粒。

由于纳米粒子的比表面积较大,因此在消融过程中得到的纳米粒子很容易在空气中被氧化,为此可采用高真空度或用其他惰性气体保护靶体。目前,激光消融制备金属纳米颗粒根据其所处的环境可分为两类:一类是将金属(金属粉末)安放在充满惰性气体(某种气体或者真空)的消融室中,并让其靶面旋转,用激光直接照射后可在其旁的基片上收集得到它的纳米颗粒,通过控制气压和激光强度可以制备平均粒度不同的纳米颗粒;另一类是将金属放置在溶液中(通常为水溶液),然后利用激光对其照射可以得到包含其纳米颗粒的胶状溶液,此方法非常简单,对制备环境要求较低,制备的纳米颗粒一般呈圆球状且粒度分布均匀,纳米颗粒的大小也同样可以通过调整激光强度来控制。

　　尽管激光消融法制备纳米颗粒存在许多的优点，但是由于其低产量和放大困难使得生产成本一直很高。

　　C　通电加热蒸发法

　　通电加热蒸发法是以制备优秀的陶瓷材料 SiC 的纳米微粒为主要目的而使用的一种方法。碳棒与硅板相接触，在蒸发室内充有 Ar 或 He 气，压力为 1~10 kPa，在碳棒与硅板间通交流电（几百安培），硅板被其下面的加热器加热，随硅板温度上升，电阻下降，电路接通。当碳棒温度达白热程度时，硅板与碳棒接触的部位熔化，当碳棒温度高于 2473 K 时，在它的周围形成了 SiC 超微粒的"烟"，然后将它们收集起来。用此种方法还可制备 Cr、Ti、V、Zr、Hf、Mo、Nb、Ta 和 W 等碳化物超微粒子。有一定的工业发展前景，但是如何提纯纳米产品是下一步发展的关键。

　　D　溅射法

　　溅射法是在惰性气体或活性气体气氛中，在阳极板和阴极蒸发材料间加上几百伏的直流电压，使之产生辉光放电，放电中产生的离子撞击在阴极蒸发材料靶上，靶材的原子就会由靶材表面溅射出来，溅射原子被惰性气体冷却而凝结或与活性气体反应而形成纳米微粒。其原理如图 8-3 所示，用两块金属板分别作为阳极和阴极，阴极为蒸发用材料，在两极间充入氩气（40~250 Pa），两极间施加的电压范围为 0.3~1.5 kV。

　　用溅射法制备纳米微粒有如下优点：不需要坩埚；蒸发材料（靶）放在什么地方都可以（向上、向下都行）；高熔点金属也可制成纳米微粒；可以具有很大的蒸发面；使用反应性气体的反应性溅射可以制备化合物纳米微粒，可形成纳米颗粒薄膜等。

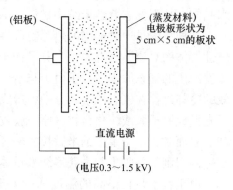

图 8-3　溅射法制备纳米微粒原理图

### 8.6.2.2　前驱物为气体或液体的气相法

　　A　等离子体气相化学反应法

　　等离子体气相化学反应法（PCVD）的基本原理是在惰性气体或反应性气氛下通过直流放电使气体电离产生高温等离子体，从而使原料熔化和蒸发，蒸气遇到周围的气体就会冷却或发生反应形成纳米微粒。在惰性气体下，由于等离子体温度高，采用此法几乎可以制取任何金属的纳米复合微粒。等离子气相合成法（PCVD）法又可分为直流电等离子体法（DC 法）、高频等离子体法（RF 法）和混合等离子体法。下面介绍混合等离子体法。

　　混合等离子体法是采用 RF 等离子与 DC 等离子组合的混合方式来获得超微粒子。感应线圈产生高频磁场将气体电离产生 RF 等离子体，由载气携带的原料经等离子体加热、反应生成超微粒子并附着在冷却壁上。由于气体或原料进入 RF 等离子体的空间会使 RF 等离子弧焰被搅乱，这时通入 DC 等离子电弧来防止 RF 等离子受干扰，使粒子生成更容易。该方法的主要优点是：不会有电极物质（熔化或蒸发）混入等离子体中，产品纯度高；反应物质在等离子空间停留时间长，可以充分加热和反应；可以使用惰性气体，产品多样化。

B 激光诱导化学气相沉积法

激光诱导化学气相沉积法（LICVD）于 20 世纪 80 年代初，始创于美国麻省理工学院的能源实验室。其原理是将参加反应的各种反应物气体均匀混合后，经喷嘴喷入反应室形成高速、稳定的气体射流；为防止射流发散，通常在喷嘴外加设同轴保护气体（一般为氩气）管产生同轴气流。在喷嘴出口附近，气体射流与高能量的连续激光束垂直正交，反应气体分子与光子流发生交互作用。如果反应物的红外吸收带与激光振荡波波长相匹配，反应物分子将有效地吸收激光光子能量，产生能量共振，反应物气体立即由室温升高至反应温度，其加热速度可达 106~108 ℃/s。于是，在激光作用区内形成高温、明亮的反应火焰，反应物在瞬间发生分解、化合反应，在气流中均匀形成许多生成物的超微粒的小核坯。这些小核坯在反应火焰区内继续随气体流动，因相互间碰撞、凝聚而不断长大。当它们在气流惯性和同轴氩气的带动下离开反应火焰区时，便被气体快速冷却并停止生长，作为成品微粉进入收集器。而反应的副产物气体以及未反应尽的气体则由真空泵抽走。

与其他制备方法相比，该方法主要优点是产品纯度高；粉体的粒径均匀、粒径分布窄，并且形状规则；制备出的粉体表面清洁，粒子间无黏结，团聚弱，易于分散。不足之处主要是反应原料必须是气体或具有挥发性的有机化合物，并且存在有与激光波长相对应的红外吸收带，这就限制了产品的种类；此外，对于大多数反应体系来说，气体射流与激光束只交叉一次，激光能量利用率低；反应区尺寸不易过大，使纳米粉的产率有限，这些直接导致生产成本偏高。

C 火焰燃烧化学气相沉积法

火焰燃烧化学气相沉积法（FACVD）过程包括将液态或气态的前驱体喷射或输送至火焰中燃烧，以达到分散或预混合的目的。液体前驱体在火焰中将分解或蒸发，并发生化学反应或燃烧，火焰和燃烧将提供蒸发、分解和化学反应所需要的热能，火焰同时还能加热基底，加强扩散和基底表面对原子的吸附。它与传统 CVD 最大的不同在于：液体前驱体的蒸发方式不同，该法中前驱体的蒸发、分解及燃烧几乎同时进行，大大缩短了化学反应时间。

FACVD 采用的燃料是氢气或碳氢化合物。使用碳氢化合物时常常会有烟灰生成，而使用氢气无杂质引入，而且过程更快。火焰的温度通常高达 1727~2727 ℃，因此一般进行的是均相气相反应，实现粉末的沉积，因而此法常在工业上用于粉体的制备。在用于膜的制备时，需改变燃料与前驱体的比例以降低火焰温度。控制晶型、表面形态、粒子尺寸的最主要的参量就是火焰的温度及分布、前驱体的选择和在火焰中的停留时间、燃料与前驱体的比例。在火焰中加入添加剂也可以改变产物尺寸、结构和形态。

这种方法可以使用挥发性和非挥发性的前驱物，具有非线性沉积功能，可在立体基底上进行沉积包覆，产物无需后续处理。反应物在分子尺度上快速混合，过程所耗时间显著缩短。与传统 CVD 相比，FACVD 在多组分膜的制备中可更好地进行化学计量控制，因为蒸发、分解与化学反应加快了，沉积速率也相应提高。在制备氧化物膜时，可在开放的大气环境中操作，无需任何精密反应器或真空系统，所以成本相对较低。

D 化学气相凝聚法

1994 年，W. Chang 提出一种新的纳米微粒合成技术——化学气相凝聚法（简称 CVC

法），成功地合成了 $SiC$、$Si_3N_4$、$ZrO_2$ 和 $TiO_2$ 等多种纳米微粒。

化学气相凝聚法是利用气相原料通过化学反应形成基本粒子并进行冷凝聚合成纳米微粒的方法。该方法主要是通过金属有机前驱物分子热解获得纳米粉体，利用高纯惰性气体作为载气，携带金属有机前驱物，例如六甲基二硅烷等，进入钼丝炉（见图 8-4）炉温为 1100~1400 ℃，气体的压力保持在 100~1000 Pa 的低压状态。在此环境下，原料热解成团簇，进而凝聚成纳米粒子，最后附着在内部充满液氮的转动衬底上，经刮刀刮下进入纳米粉收集器。利用这种方法可以合成粒径小、分布窄、无团聚的多种纳米颗粒。

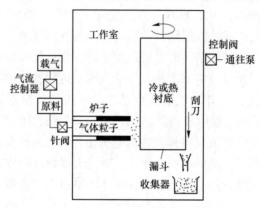

图 8-4    化学蒸发凝聚装置示意图
（工作室压力为 100~1000 Pa）

# 8.7    湿化学制备方法

目前，钴酸锂湿化学合成方法主要有络合法、共沉淀法、溶胶–凝胶法、软溶胶-凝胶法、氧化还原溶胶-凝胶、喷雾干燥法等，可合成钴酸锂前驱物以及水热合成法直接合成钴酸锂。

## 8.7.1    络合法

刘景等采用络合法合成 $LiCoO_2$。该法将分析纯的 $LiOH \cdot H_2O$、$Co(NO_3)_2 \cdot 6H_2O$ 和 EDTA［乙二胺四乙酸（$HOOCCH_2)_2NCH_2CH_2N(CH_2COOH)_2$］按摩尔比 1∶1∶1 溶解在 80 ℃的蒸馏水中，充分搅拌，同时加入少量的 $H_2O_2$。溶液保持在 60 ℃条件下缓慢蒸发溶剂，直至得到紫红色的固态前驱物。将前驱化合物干燥，分别在 600 ℃、700 ℃ 和 800 ℃下合成 10 h 制备 $LiCoO_2$ 粉体。试验表明，合成的 $LiCoO_2$ 粉体结晶良好，层状结构发育完善，平均粒径为 60 nm 而且粒径分布窄，比表面积大。电池充放电测试表明，正极的电化学性能与 $LiCoO_2$ 粉体的合成温度有关，其 700 ℃合成得到的 $LiCoO_2$ 正极材料具有最优的电化学性能：首次放电比容量高达 167 mA·h/g，30 次循环后其可逆比容量仍高 144 mA·h/g，容量损失 13.8%。

### 8.7.2 共沉淀法

齐力等用醋酸锂（$CH_3COOLi \cdot 2H_2O$）、醋酸钴［$Co(CHCOO)_2 \cdot 4H_2O$］为原料，在草酸（$H_2C_2O_4 \cdot 2H_2O$）的作用下，溶液中搅拌生成沉淀，并用氨水调 pH = 6~7，干燥后，400 ℃预热 1 h，850 ℃焙烧 8 h，装配成试验电池，在 3.0~4.2 V，0.5 mA/cm² 充放电电流下，首次充电容量为 140 mA·h/g 以上，放电容量为 125 mA·h/g，首次充放电效率为 86.7%，并且放电平台较高。第二次循环时充电容量有所下降（130 mA·h/g），但充放电效率为 96.7%，第二次循环以后，充放电容量基本保持一致，循环 10 次容量仍保持在 120 mA·h/g 以上。

### 8.7.3 溶胶-凝胶法

溶胶-凝胶法是近年来新兴的一种材料合成方法，它已广泛应用于钨钛石型氧化物和尖晶石型氧化物等的合成。

据周运鸿等报道，首先将按一定比例配制的 $LiNO_3$ 和 $CoNO_3$ 混合溶液加入合成的聚丙烯酸中，得到透明的溶胶，然后对溶胶进行减压脱水，真空干燥和常压干燥后得到干凝胶前体。将干凝胶首先在 450 ℃氮气气氛中进行降解，最后 450~750 ℃进行高温处理，得到最终样品。采用这种方法合成的正极材料具有初始容量高和循环性能理想的优点，且合成的温度相对较低。

夏熙等将 0.3 mol/L LiAc 溶液在剧烈搅拌下迅速加到 0.3 mol/L $Co(CHCOO)_2$ 溶液中，pH≈5，用 1 mol/L $NH_4OH$ 溶液调节 pH≈8，搅拌 20~30 min，得蓝色溶胶，在 40~50 ℃干燥，得红色湿凝胶，再在 110 ℃左右减压脱水得紫红色干凝胶。用玛瑙研钵磨细，分别置于马弗炉中于 400 ℃、500 ℃、600 ℃煅烧 16 h，得到不同煅烧温度下的超微细粉末。试验表明：合成的 $LiCoO_2$ 粒径约 30 nm，Co 质量分数为 59.80%，杂元素含量较低。充放电试验结果表明，纳米 $LiCoO_2$ 具有较高的放电容量及优于普通 $LiCoO_2$ 的循环稳定性。将纳米样按质量分数 10% 加入普通样中，最佳混样的放电容量虽未提高，但循环稳定性大大改善。

王兴杰等将氢氧化锂、碱式碳酸钴和柠檬酸按一定比例混合溶于一定量去离子水中形成溶液，在旋转蒸发仪中（75 ℃、6 mol/min）反应 2~3 h，形成深红色溶胶，然后真空除水 0.5 h 形成黏稠的凝胶，取出转移至真空干燥箱中，于 120 ℃真空干燥一定时间，得到蓬松的红色干凝胶。将干凝胶在一定温度下预处理得到黑褐色的絮状物，研磨后，重新放入马弗炉中焙烧得到所需样品。试验结果表明：在焙烧过程中由于有机物的燃烧造成的局部高温以及释放的大量 $CO_2$ 和 CO，导致焙烧温度不高于 500 ℃时就能够形成单一相的 $LiCoO_2$，且晶粒细小，粒径均一；随着温度的升高，晶粒逐渐长大，从而实现了 $Li-CoO_2$ 晶体的生成与生长阶段的明显分离。通过对焙烧温度和时间的控制，可以较好地控制材料结构的规整性。

### 8.7.4 氧化还原溶胶-凝胶法

刘兴泉等采用氧化还原溶胶-凝胶（Redox-sol-gel）软化学方法来合成钴酸锂。他们将一定的 $Co(NO_3)_2 \cdot 6H_2O$、$LiOH \cdot H_2O$ 分别溶于去离子水中，再将适量浓 $NH_3 \cdot H_2O$ 和适

量的 $H_2O_2$ 加入 LiOH 溶液中，搅拌混合均匀，在 $Co(NO_3)_2$ 溶液中加入适量乙醇，然后将 LiOH 混合溶液在搅拌下加入上述含 $Co(NO_3)_2$ 的混合溶液中，生成溶胶（Sol）后继续强力搅拌使之成为凝胶（Gel），快速蒸发溶剂和水分，再于 105 ℃下烘干过夜，成为干凝胶。800 ℃恒温 2 h 制得的 $LiCoO_2$ 具有较大的比表面积和均匀的粒径分布，平均粒径为 350 nm。电化学测试表明，$LiCoO_2$ 的充放电平台较为平坦，平台电压为 3.90~4.15 V，首次充电容量大于 160 mA·h/g，放电容量达到 157.10 mA·h/g，效率达 97.3%。

## 8.7.5　软溶胶-凝胶法

软溶胶-凝胶法（SSP）是金属基体在高浓碱性或其他溶液中，通过声、光、电、水热等方式反应，在溶液中形成氧化物或其他化合物超微粉、薄膜的方法。软溶胶-凝胶法是针对溶胶-凝胶法提出来的。溶胶-凝胶（S-G）技术是指金属有机或无机化合物经过溶液、溶胶、凝胶而固化，再经热处理而成氧化物或其他化合物固体的方法。SSP 是金属溶于溶液生成含此金属离子的溶胶，而后再由于吸附作用使均匀分布的溶胶在某一局部形成凝胶，以至于最后在溶液中形成粉末或薄膜。

陶颖等将 Co 片在 4.0 mol/L LiOH 溶液的聚四氟乙烯烧杯中 100 ℃下处理 20 h。Co 片、化学纯的 $LiOH·H_2O$。具体操作如下：Co 片按 10 mm×10 mm×0.5 mm 取材后机械抛光至镜面，在丙酮中用超声波清洗后，用铬酸处理 16 h，再用二次蒸馏水超声波清洗、吹干备用。$LiOH·H_2O$ 与二次蒸馏水配制 4.0 mol/L LiOH 溶液。制出的薄膜用二次蒸馏水漂洗数次以减少残留的 LiOH 溶液，吹干即得成品。用软溶胶-凝胶技术在浓 LiOH 溶液中一步合成 $LiCoO_2$ 薄膜。由 XRD、SEM、AAS 等测试方法可知 $LiCoO_2$ 晶体结构好，薄膜致密、无明显的孔隙和缺陷，其厚度为 30 μm。

## 8.7.6　水热合成法

章福平按化学式计量将分析纯 $LiNO_3$ 和 $Co(NO_3)_2·6H_2O$ 混合均匀，加适量酒石酸，用氨水调 pH 至 6~8，900 ℃加热 27 h 得坚硬灰黑色 $LiCoO_2$。采用 XRD、光电子能谱、库仑滴定和循环-伏安法技术研究表明，合成的 $LiCoO_2$ 具有六方晶系 $R$-3m 空间群结构，相应的晶格参数为 $a=0.2810$ nm，$c=1.4088$ nm，其中 $Co^{3+}$ 为低自旋，且表面存在 $Li_2O$ 同时，其二次锂电池的电容量达 120 mA·h/g，半容量工作电压达 3.8 V。Amatucci 等人利用水热法以 CoOOH 为前驱体合成 $LiCoO_2$，研究表明，在 160 ℃的高压釜中反应 48 h，可以从混合物得到单相的 $LiCoO_2$。但其循环性能并不好，需要在高温下热处理，提高其结晶度后，$LiCoO_2$ 的循环性能才得以改善。Tomoaki Watanabe 等人采用双阳极体系，利用 Co 金属阳极作为钴源，4 mol/L LiOH 溶液作为 Li 源，$H_2O_2$ 作为氧化剂，通过水热-电化学方法（软化学方法）在各种基体上生成 $LiCoO_2$ 膜；Seung Wan Song 等人也直接用 LiOH 溶液水热处理（HT）钴单质生成 $LiCoO_2$ 正极材料，并考虑了 LiOH 浓度变化对 $LiCoO_2$ 材料的影响，得出当 LiOH 浓度为 4 mol/L 时，$LiCoO_2$ 具有的性能最好。Kyoo Seung Han 等人就在 LiOH 溶液中利用水热处理钴单质单步合成 $LiCoO_2$，LiOH 浓度选择在 4~7 mol/L。如 Alexander Burukhin 等人采用 $Co(NO_3)_2·6H_2O$、$LiOH·H_2O$ 以及 $H_2O_2$(50%) 溶液，利用水热处理方法直接合成 $LiCoO_2$。

### 8.7.7　喷雾干燥法

李阳等以 Li/Co 摩尔比的配比称量乙酸锂和乙酸钴，并称取一定量的高分子化合物聚乙二醇，配成 $0.05 \sim 1.0$ mol/L 的溶液并用气流式喷雾干燥器干燥，喷雾干燥所得到聚乙二醇与乙酸锂、乙酸钴的混合粉体在 $800 \, ^\circ\mathrm{C}$ 经过 4 h 的煅烧即获得 $LiCoO_2$ 超细粉末。通过喷雾干燥法，可以在较短时间内，较低的煅烧温度和较简单的工艺条件下获得无杂相的 $\alpha\text{-}NaFeO_2$ 层状结构的 $LiCoO_2$ 超细粉末，具有优良的电化学性能。

# 8.8　溶胶-凝胶制备技术

溶胶-凝胶（Sol-gel）法是广泛应用于制备无机功能材料的一种传统化学方法，制备的氧化物、硫化物等功能材料可广泛地应用于介电、铁电、高温超导、磁性以及生物医用材料等领域。溶胶（Sol）是具有液体特征的胶体体系，分散的胶体粒子（$1 \sim 1000$ nm）是固体或者大分子。凝胶（Gel）是具有固体特征的胶体体系，被分散的物质形成连续的网状骨架，骨架空隙中充有液体或气体，凝胶中分散相的含量很低，一般为 $1\% \sim 3\%$。1846 年，Elbelmen 首次采用该方法制备出 $SiO_2$ 材料。但是，当时由于凝胶干燥的步骤所需的时间较长，Sol-gel 法的实际应用价值并没有获得认可。自 20 世纪 30 年代以来，干燥的时间大为缩短，使得 Sol-gel 法不仅得到学术界和工业界的广泛关注，其应用领域也不断得到发展。在 Sol-gel 法中，不同组分能达到分子级的均匀混合，在高温煅烧时，不同组分之间的相互扩散可以得到复杂成分的化合物，特别是含多种成分的化合物。正因为如此，Sol-gel 法首先应用于氧化物领域，特别是含复杂组分的氧化物领域。例如，在制备 $YFeO_3$ 硬磁材料时，根据 $Fe_2O_3\text{-}Y_2O_3$ 的二元相图，Y 与 Fe 的原子比例必须严格等于 $1:1$，否则材料中会含有 $Y_2O_3$ 或者 $Fe_2O_3$ 杂质。此时，采用 Sol-gel 法可以得到单相无杂质的 $YFeO_3$ 硬磁材料。除了氧化物体系，在 20 世纪 80 年代，Sol-gel 法又被应用于制备含有多组分的微晶玻璃，从而显著地拓展 Sol-gel 法的应用领域范围。此外，传统的 Stöber 方法可以制备出尺寸均匀的 $SiO_2$ 微球，将 Stöber 方法稍加拓展，可以制备出尺寸均匀的碳球，且该材料对氧化还原反应具有较好的催化效果。

最近十年以来的研究结果表明，Sol-gel 法的应用领域还可拓展至金属纳米材料。例如，南京大学都有为院士课题组采用柠檬酸等为螯合剂，制备出 FePt 薄膜以及 $Ni_3Fe$、Ni 纳米粒子。南京大学杨绍光教授课题组也采用溶胶-凝胶法制备出 Ni、Co、Fe、Bi、Sb、Cu、Co-Ni、Ag-Ni、Fe-Co、FePt 等金属纳米材料。李平云等人采用溶胶-凝胶法制备 Ni、Co、Cu、Bi、Sb、Te、Pt、Pd、Ag、Cd、Sn、$Cu_3Pt$、Ni-Pt、$Ni_3Sn$、$Ni_3Fe$、Ni-Co 金属粉体材料以及 Ni-Te、$Ag_2Te$、Co-Te、CdTe、$Bi_2Te_3$、$Sb_2Te_3$ 等由金属-半金属组成的半导体纳米材料，并提出了使用该方法设计制备金属纳米材料的热力学原理。此外，吉林师范大学杨景海等研究者也采用溶胶-凝胶法制备 Ni、CoPt、Fe-Pt 金属纳米材料。国外学者也采用该方法制备 Ni、Co、Cu、Ni-Cu 等金属纳米材料。武汉理工大学傅正义等人采用溶胶-凝胶法制备 CoCrCuNiAl 高熵合金纳米材料。本节在前期研究工作的基础上，针对溶胶-凝胶法设计制备金属材料的实验路线及原理以及材料的性能与应用方面进行简要综述，以期抛砖引玉。

### 8.8.1　溶胶-凝胶法的一般实施路线

溶胶-凝胶法的实施过程中，首先是将金属盐（如金属醇盐、硝酸盐、乙酸盐等）溶解在溶剂中，其中溶剂可为有机溶剂、水溶剂及有机溶剂与水溶剂共存的混合溶剂，然后使溶剂逐渐挥发形成溶胶和凝胶，最后对干凝胶进行热处理得到目标产物。目前已发现若干种体系可以形成溶胶和凝胶。例如，正硅酸乙酯及金属醇盐（如异丙醇钛、异丙醇铝和异丙醇锆）的水解缩聚可形成溶胶和凝胶，并制备 $SiO_2$、$TiO_2$、$Al_2O_3$、$ZrO_2$ 等氧化物。由于 Si、Ti、Al 与 O 的结合能力较强，目前尚未有使用 Sol-gel 法制备金属 Si、Al、Zr 的报道。此外，某些金属难以形成金属醇盐。此时可采用金属无机盐代替有机盐，相应可使用柠檬酸、乙二胺四乙酸（EDTA）、抗坏血酸等配位能力较强的有机酸作为螯合剂，再加上少量的分散剂（如聚乙烯吡咯烷酮、十六烷基三甲基溴化铵、十二烷基硫酸钠等）。如图 8-5 所示，溶剂可为水溶剂，也可使用乙醇、丙酮、正丙醇、异丙醇、乙二醇等为有机溶剂。首先将各种物质在溶剂中均匀混合物。然后使溶剂蒸发形成稳定的溶胶，此时溶液的黏度逐渐增加，并逐渐形成溶胶和凝胶，待溶剂完全蒸发后，形成干凝胶，随后将干凝胶煅烧。当在空气中煅烧时，最终形成氧化物材料，这种实验路线也是传统的溶胶-凝胶法制备氧化物材料的实验实施方案。当在保护性气氛（氮气、氩气以及 $H_2$、$Ar/H_2$ 等还原性气氛）中煅烧时，可以制备 Ni、Co、Te 以及 Ni-Fe、Ni-Co 等合金金属材料。此外，也有研究工作表明，将前驱体溶液或者干燥的前驱体在空气中点燃或放入预先升温的马弗炉中时，在一定的温度范围内也能得到 Ni、Cu、Co 金属纳米材料。但是，在较高温度下金属纳米材料转变为氧化物材料。例如，Trusov 等人的研究工作表明，采用甘氨酸为螯合剂（甘氨酸与硝酸镍的摩尔比为 2∶1）时，在空气中燃烧的产物为 Ni 和 NiO。以柠檬酸、丙三醇、丙氨酸为螯合剂时，在空气中热处理时，也只能得到 Ni 和 NiO 的混合物。

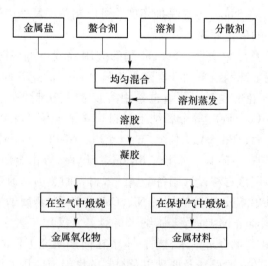

图 8-5　溶胶-凝胶法的一般实施路线图

溶胶-凝胶法的重点在于形成稳定的溶胶和凝胶。为此，在选择实验路线时应合理选择金属盐、溶剂与螯合剂。一般而言，硝酸盐与乙酸盐可有效地溶解于水溶剂，金属有机化合物（如乙酰丙酮化合物）可有效地溶解于有机溶剂（乙醇、丙酮、乙二醇、N,N-二甲基甲酰胺等）。螯合剂的选择范围比较广泛。目前，大多数研究者都选用柠檬酸作为螯合剂，我们的研究工作则表明，具有配位能力的有机酸（抗坏血酸、乳酸、丙酮酸、葡萄糖酸、焦性没食子酸、EDTA 等）、糖类（葡萄糖、果糖、麦芽糖、蔗糖、核糖、乳糖、半乳糖、木糖、棉子糖、菊糖、环糊精等）、多元醇类（乙二醇、1,2-丙二醇、丙三醇、季戊四醇等）、胺类（甲酰胺、乙二胺、三乙醇胺、N,N-二甲基甲酰胺、N,N-二甲基乙酰胺、丙烯酰胺等）、间苯二酚、大分子物质如明胶、可溶性淀粉、羧甲基纤维素、壳聚糖等都可作为制备金属 Ni 的螯合剂。但是将这些物质应用于制备其他金属纳米材料时，可能存在问题。例如，葡萄糖具有一定的还原性，可以与硝酸银发生银镜反应。此时，葡萄糖的螯合效应得到抑制。柠檬酸也有一定的还原性，也有研究者报道利用柠檬酸在溶液中还原硝酸银和 $[PdCl_4]^{2-}$，此时柠檬酸的螯合效应也得到抑制。其原因在于，金属离子在水溶液中的标准电极电位（SEP，Standard Electrode Potential）有所不同。$Ni^{2+}$ 的 SEP 为 $-0.2363$ V，而 $Ag^+$ 的 SEP 为 0.7991 V，因此，$Ni^{2+}$ 难以被螯合剂还原，此时螯合剂的还原性得到抑制，显示出螯合效应。而对于 $Ag^+$，螯合剂的螯合效应得到抑制，显示出还原性。因此，对于不同的金属元素，应选择不同的螯合剂。螯合剂的 SEP 应大于金属离子的 SEP，此时螯合剂的还原性可以得到抑制。但是，各种有机物的 SEP 尚无手册可供检索，此时螯合剂的选择可能更多依赖于研究者的经验。除了螯合体系，其他体系如间苯二酚-甲醛体系、环氧树脂体系等也可形成稳定的溶胶和凝胶。但是，相应的实验报道还较为少见，实验研究也值得探索。因此，本节的论述重点在于基于螯合效应且在气氛保护下的溶胶-凝胶法制备金属纳米材料。

### 8.8.2　溶胶-凝胶法制备的不同金属纳米材料

如前所述，采用不同的螯合剂可制备不同的金属纳米材料。目前，采用 Sol-gel 法制备的金属纳米材料主要包括 Ni、Co、Cu、Bi、Sb、Te、Ag、Pt、Pd、Cd、Sn 及 Ni-Cu、NiCo、Ni-Pt、Cu-Pt、Bi-Sb、$Ni_3Sn$、$Ni_3Fe$、$Bi_2Te_3$、$Sb_2Te_3$、$Ag_2Te$、$NiTe_{1.5}$、$In_2Te_3$、SnTe、SnSb、$CoTe_2$、CdTe、CoPt（含掺杂）、Fe-Pt（含掺杂）、$Ni_{2.9}SnTe_2$、$CuGaTe_2$、CoCrCuNiAl 等金属纳米材料。其中，研究最多的是 Ni 纳米材料。

## 思 考 题

（1）常见的无机非金属材料有哪些，其性能特点主要是什么？
（2）硅酸盐晶体结构有哪几种？
（3）简述气相法制备纳米颗粒的原理。
（4）举例说明身边的无机非金属材料及其制备工艺。

## 参 考 文 献

[1] 陈照峰. 无机非金属材料学 [M]. 西安：西北工业大学出版社，2016.

［2］吴音，刘蓉翾. 新型无机非金属材料制备与性能测试表征［M］. 北京：清华大学出版社，2016.

［3］何秀兰. 无机非金属材料工艺学［M］. 北京：化学工业出版社，2016.

［4］朱继平. 无机材料合成与制备［M］. 合肥：合肥工业大学出版社，2010.

［5］林建华，荆西平. 无机材料化学［M］. 北京：北京大学出版社，2006.

# 9 非金属材料成型工艺

## 9.1 注 浆 成 型

注浆成型，也称浇注成型。定义及原理：是基于多孔石膏模具能够吸收水分的物理特性，将陶瓷粉料配成具有流动性的泥浆，然后注入多孔模具内（主要为石膏模），水分在被模具（石膏）吸入后便形成了具有一定厚度的均匀泥层，脱水干燥过程中同时形成具有一定强度的坯体，此种方式被称为注浆成型。其完成过程可分为三个阶段：

（1）泥浆注入模具后，在石膏模毛细管力的作用下吸收泥浆中的水，靠近模壁的泥浆中的水分首先被吸收，泥浆中的颗粒开始靠近，形成最初的薄泥层；

（2）水分进一步被吸收，其扩散动力为水分的压力差和浓度差，薄泥层逐渐变厚，泥层内部水分向外部扩散，当泥层厚度达到注件厚度时，就形成雏坯；

（3）石膏模继续吸收水分，雏坯开始收缩，表面的水分开始蒸发，待雏坯干燥形成具有一定强度的生坯后，脱模即完成注浆成型。

注浆成型的优点有：

（1）适用性强，不需复杂的机械设备，只要简单的石膏模就可成型；

（2）能制出任意复杂外形和大型薄壁注件；

（3）成型技术容易掌握，生产成本低；

（4）坯体结构均匀。

注浆成型的缺点有：

（1）劳动强度大，操作工序多，生产效率低；

（2）生产周期长，石膏模占用场地面积大；

（3）注件含水量高，密度小，收缩大，烧成时容易变形；

（4）模具损耗大；

（5）不适合连续化、自动化、机械化生产。

常规注浆成型方法有：

（1）单面注浆，泥浆与模型的接触只有一面，称为单面注浆；

（2）双面注浆，泥浆与模型和模芯的工作面两面接触，双面吸水，称为双面注浆。

### 9.1.1 陶瓷注浆成型工艺要点

注浆成型是一种适应性广、生产效率高的成型方法，凡是形状复杂或不规则、不能用其他方法成型以及薄胎制品都可用注浆成型来生产。但是，由于温度、湿度对坯体成型影响较大，直接关系到半成品的质量和成品率的高低，所以生产时必须对环境温度、湿度进行严格的控制以及季节的变化采取相应的措施。

### 9.1.1.1 对石膏模型的要求

（1）设计合理，易于脱模，各部位及吸水均匀，能保证坯体收缩一致。

（2）孔隙率和吸水率适度，比可塑成型模型略大。

（3）模型的湿度要严格控制，一般应保持 5% 左右的吸水率，过干会引起坯体开裂；过湿会延长注浆时间，甚至难以成型。

### 9.1.1.2 对泥浆性能的要求

为了提高注浆生产效率，并获得高质量的坯件，要求泥浆具有良好的性能。

（1）流动性好，要求泥浆在含水率较低的情况下黏度小，倾注时泥浆流出一根连绵不断的细线，使之容易流动到模型的各部位。

（2）稳定性好，要求泥浆中的瘠性原料不沉淀，即悬浮性好，使成型后的坯体各部位组织均匀。

（3）触变性适宜，即黏度不宜过大。

（4）渗透性好，即过滤性好，要求泥浆中的水分能顺利通过黏附在模壁上的泥层而被石膏吸收。

（5）不含气泡，以利于增加坯体的强度。

### 9.1.1.3 对环境温度、湿度的要求

注浆成型的卫生瓷操作的温度一般控制在 25~37 ℃为好，夜间的温度可以提高一些，但也不能超过 50 ℃。如果超过 50 ℃，一方面坯体的外表面干燥速度过快，而坯体内表面的干燥速度则相对较慢，造成坯体在干燥过程中内外收缩不均，导致坯体在干燥过程中开裂；另一方面温度超过 50 ℃容易使石膏模过干、过热，而且石膏模形状复杂，各部分干湿度不均，在成型过程中很容易造成吃浆过快以及成型后坯体气孔率增大等缺陷。成型操作的湿度一般控制在 50%~70%，过高则坯体的干燥速度太慢，影响下道工序的正常进行，过低坯体干燥速度加快，收缩速度也在加快，容易产生开裂，特别是成型复杂的产品在应力集中的部位，开裂更加严重。

### 9.1.1.4 注浆成型的坯体对季节的要求

注浆成型的坯体质量对季节的变化比较敏感，特别是春秋季节对坯体成型影响最大。春秋季节风比较大，空气又比较干燥，在这样的条件下，如果不采取合理的措施，坯体在成型阶段就造成大面积的风裂，严重影响坯体的收成率。主要原因是风不可能均匀地吹到坯体的各个部位，造成坯体各个部位干燥不均匀，局部收缩过快而产生开裂。

因此，春秋季节坯体成型要注意的问题是：

（1）成型车间不能开窗户，门上要挂门帘，避免外面的风直接吹到室内的坯体上，必要时可以用薄膜全部将坯体盖起来，这样在干燥过程中收缩均匀。

（2）春秋季要经常在成型操作室内四周喷洒一些水，喷水的目的是增加室内的湿度。喷洒水量要求刚进入春秋季节时少喷洒，慢慢地增多，在接近夏季和冬季时慢慢减少，但要注意阴雨天要少喷洒甚至不洒水。夏季风比较小，湿度较大，室内不要喷洒水可以开窗户。冬季一定要把窗户缝糊好，保证室内温度。

因此，在生产过程中根据季节的变化采取相应的保护措施以及控制好生产环境的温度和湿度，对提高产品质量和收成率是十分有益的。

### 9.1.2 陶瓷注浆成型缺陷分析

#### 9.1.2.1 气孔与针眼

气孔与针眼形成的原因如下:

(1) 泥浆的流动性差,黏度大,致使泥浆中的气泡不易排出;

(2) 泥浆未经陈腐,或电解质种类及用量不当;

(3) 搅拌泥浆太剧烈,或注浆速度太快,使泥浆中夹有气泡,或泥浆真空脱泡处理不严;

(4) 石膏模过湿、过干、过旧,或模型表面沾有灰尘。

#### 9.1.2.2 泥缕

混缕形成的主要原因是泥浆的黏度大,流动性差,或因倾浆操作不当,或模型工作面沾有浆滴。还有一种情况,因进浆时集中于模型内某一局部,由于泥浆的冲击而形成这一局部颗粒取向排列不同,致使干燥收缩时隆起成筋状,即使经过车修或用刀削平,烧后仍有明显的泥缕。

#### 9.1.2.3 开裂

开裂形成的原因如下:

(1) 泥浆配方不当;

(2) 陈腐不足、不均;

(3) 操作不当、厚薄坯;

(4) 脱模太早或太迟;

(5) 接坯的双部分干湿不一致。

#### 9.1.2.4 变形

变形形成的原因如下:

(1) 泥浆水分太高,干燥收缩过大;

(2) 泥浆混合不匀,干燥收缩不一;

(3) 倾浆操作不当,坯体厚薄不匀;

(4) 模型过湿,或脱模过早,出模操作不当,湿坯没有放平、放正。

# 9.2 压 制 成 型

压制成型是在一定压力下,使细粒物料在型模中受压后成为具有确定形状与尺寸、一定密度和强度的成型方法。

### 9.2.1 压制成型过程中细粒物料的位移和变形

在模型内自由松装的细粒物料,在无外力情况下,是依靠颗粒之间的摩擦力和机械咬合,而相互搭接,在颗粒间形成大的孔隙,这种现象称为拱桥效应。

拱桥效应的特点:

(1) 颗粒间仅存在简单的面、线、点接触,具有不稳定性和流动性,处于暂时平衡状态；

（2）当向颗粒上稍施外力时，使拱桥效应遭到破坏，则颗粒向着自己有利方向发生位移，产生重新排列，导致颗粒间接触面积增大，孔隙度减少。

颗粒粉末位移的形式有移近（A）、分离（B）、滑动（C）、转动（D）和嵌入（E），使颗粒间接触面减少或增加。

随着施加压力的增大，除使颗粒间产生最大位移外，还发生颗粒变形。细粒物料变形类别如下。

（1）弹性变形：固体颗粒除去外力后可以恢复原状的变形。

（2）塑性变形：具塑性的固体颗粒除去外力后不能恢复原状的变形为塑性变形，且物料塑性越大则变形越大；塑性变形程度随压力增大而增加。

（3）脆性断裂：当脆性物料在外力下产生的颗粒结构发生的破坏性变形，易产生新的颗粒断面并使颗粒数增加。

压制机理如下。

第一阶段（A）：由于颗粒位移而重新排列并排除孔隙内气体，使物料致密化。在这一阶段耗能较少但物料体积变化较大。

第二阶段（$B_1$，$B_2$）：若属脆性物料时，则易被压碎，新生的细颗粒会充填在细小孔隙内，重新排列结果使密度增大，新生颗粒表面上的自由化学键能使各颗粒黏结，发生是脆性变形体（$B_1$）。

若属塑性物料时，颗粒发生塑性变形时其颗粒间相互围绕着流动，产生强烈的范德华力黏结起来，发生塑性变形体（$B_2$）。

实际上，在大多数情况下，两种机理同时发生，并在一定条件下能够引起机理的转换。

### 9.2.2　细粒物料密度在压制时变化规律

模型中细粒物料在加压时其密度变化可分为三个阶段。

（1）在第一阶段内，压块的密度增加以颗粒位移为主，同时也可能发生少量颗粒变形。

（2）在第二阶段内，情况视压制物料不同而异。对于又硬又脆的物料，压制时，压块物料密度曲线变化比较平坦，但随着物料塑性增加，其密度增加较快。对于任一种物料压制时，加压压力皆在第一阶段结束，最多使压力增大到第二阶段的压力极限值。塑性好的物料密度在加压时第二阶段基本消失。

（3）在第三阶段内，压块的致密化以颗粒变形为主，同时也发生裂碎颗粒的少量位移。

### 9.2.3　压制过程中力的分布和压块密度变化

在压制过程中，对模型中细粒物料施加的压力主要消耗在两部分：

（1）静压力，消耗于内摩擦力（$p_1$）；

（2）压力损失，消耗于外摩擦力（$p_2$）。

压制过程中施加的总压力（$p$）至少为静压力和压力损失之和，即

$$p = p_1 + p_2 \tag{9-1}$$

$p_2$ 值的大小表示为：

$$p_2 = \mu \cdot p_{侧} \cdot S \tag{9-2}$$

式中　$\mu$——物料与模壁间摩擦系数；

　　　$p_{侧}$——侧压力，$N/cm^2$；

　　　$S$——物料与模壁的接触面积，$cm^2$。

### 9.2.4　压块黏结机理

在没有加黏结剂情况下，压块黏结机理有以下两种观点。

第一种观点：认为压块的强度取决于压块内固体颗粒间存在的摩擦力（即内摩擦力），因为细粒物料的颗粒表面是凹凸不平的粗糙体态，所以在紧密接触后表面会相互楔住和钩结而发生颗粒间机械啮合。

产生的现象：用树枝状或楔形的粒子比用球形或平滑粒子能够制得更牢固的压块，其抗压强度可相差几十倍，而抗拉强度相差 100 倍左右。在测试过程中人们还发现每一种压块本身的抗拉强度比抗压强度要小几十倍。

解释现象：倘若颗粒间的黏结不是由于机械啮合的原因，而是颗粒间分子黏结力相互作用的话，则压块的抗拉强度与抗压强度的差别应为 3~5 倍，而不可能如此悬殊。因此确认在压制过程中，随着压制压力增加，颗粒间的接触表面积增加，促使固体物料颗粒间的啮合（如钩结、楔住）作用加强，颗粒间的摩擦力大大增加，从而使压块强度得到提高。

第二种观点：压块强度主要取决于颗粒间分子力的相互作用及薄膜水分子力和天然胶结物质分子力的作用，这三种力统称为分子黏结力。当压制压力逐渐增高时，物料颗粒间接触表面积也相应增大，会促使有更多的接触表面处于分子力作用的范围，在宏观上就表现为压块强度提高。

得出结论：在压制过程中，随着压制压力增加，颗粒间接触表面积相应地增大，由于分子黏结力与颗粒间接触表面积是成正比例地增大，从而使分子黏结力的作用加强，导致压块强度提高。

上述两个观点都能解释实践中某些现象，就说明了它们都能正确反映事物内部规律的某个侧面，但皆有各自的片面性。事实上，在无黏结剂压制过程中，上述两个观点所描述两种机理是同时存在的，只是由于不同原料的颗粒物理性能（硬度、塑性、脆性和弹性等），化学性能（润湿性、吸附能力及化学组成等）和压制过程进展的程度不同，而表现出的作用强弱不一样而已。无黏结剂压块的强度是随矿物塑性增大而增大的。

产生原因：塑性好的颗粒压制时，压块强度是由颗粒间的机械啮合和分子力的联结作用共同构成，而后者更为主要。脆且硬的颗粒压制性较差，压块强度主要靠颗粒间的机械啮合（内摩擦力）起作用，而分子间的连接力及薄膜水的黏结力的作用不显著，往往需要加入黏结剂后方可提高该压块强度。同一种颗粒在正常压制压力条件下，压块强度皆是由于颗粒间的机械啮合和分子力的相互联结两种机理共同作用的结果。

# 9.3  接触低压成型

接触低压成型工艺的特点是以手工铺放增强材料，浸渍树脂，或用简单的工具辅助铺放增强材料和树脂。接触低压成型工艺的另一特点是成型过程中不需要施加成型压力（接触成型），或者只施加较低成型压力（接触成型后施加 0.01~0.7 MPa 压强，最大压强不超过 2.0 MPa）。

接触低压成型工艺过程，是先将材料在阴模、阳模或对模上制成设计形状，再通过加热或常温固化，脱模后再经过辅助加工而获得制品。属于这类成型的工艺有手糊成型、喷射成型、袋压成型、树脂传递模塑成型、热压罐成型和热膨胀模塑成型（低压成型）等。其中前两种为接触成型。

接触低压成型工艺中，手糊成型工艺是聚合物基复合材料生产中最先发明的，适用范围最广，其他方法都是手糊成型工艺的发展和改进。接触成型工艺的最大优点是设备简单，适应性广，投资少，见效快。根据近年来的统计，接触低压成型工艺在世界各国复合材料工业生产中，仍占有很大比例，如美国占 35%，西欧占 25%，日本占 42%，中国占 75%。这说明了接触低压成型工艺在复合材料工业生产中的重要性和不可替代性，它是一种永不衰落的工艺方法。但其最大缺点是生产效率低、劳动强度大、产品重复性差等。

## 9.3.1  原材料

接触低压成型的原材料有增强材料、基体材料和辅助材料等。

### 9.3.1.1  增强材料

接触成型对增强材料的要求：（1）增强材料易于被树脂浸透；（2）有足够的形变性，能满足制品复杂形状的成型要求；（3）气泡容易扣除；（4）能够满足制品使用条件的物理和化学性能要求；（5）价格合理（尽可能便宜），来源丰富。

用于接触成型的增强材料有玻璃纤维及其织物，碳纤维及其织物，芳纶纤维及其织物等。

### 9.3.1.2  基体材料

接触低压成型工艺对基体材料的要求：（1）在手糊条件下易浸透纤维增强材料，易排除气泡，与纤维黏结力强；（2）在室温条件下能凝胶，固化，而且要求收缩小，挥发物少；（3）黏度适宜：一般为 0.2~0.5 Pa·s，不能产生流胶现象；（4）无毒或低毒；（5）价格合理，来源有保证。

生产中常用的树脂有不饱和聚酯树脂、环氧树脂，有时也用酚醛树脂、双马来酰亚胺树脂、聚酰亚胺树脂等。

几种接触成型工艺对树脂的性能要求见表 9-1。

表 9-1  成型工艺对树脂的要求

| 成型方法 | 对树脂性能要求 |
| --- | --- |
| 胶衣制作 | （1）成型时不流淌，易消泡；<br>（2）色调均匀，不浮色；<br>（3）固化快，不产生皱纹，与铺层树脂黏结性好 |

| 成型方法 | 对树脂性能要求 |
|---|---|
| 手糊成型 | （1）浸渍性好，易浸透纤维，易排除气泡；<br>（2）敷后固化快，放热少，收缩小；<br>（3）易挥发物少，制品表面不发黏；<br>（4）层间黏结性好 |
| 喷射成型 | （1）保证手糊成型的各项要求；<br>（2）触变性恢复要早；<br>（3）温度对树脂黏度影响小；<br>（4）树脂适用期要长，加入促进剂后，黏度不应增大 |
| 袋压成型 | （1）浸润性好，易浸透纤维，易排出气泡；<br>（2）固化快，固化放热量要小；<br>（3）不易流胶，层间黏结力强 |

### 9.3.1.3　辅助材料

接触成型工艺中的辅助材料，主要是指填料和色料两类，而固化剂、稀释剂、增韧剂等，归属于树脂基体体系。

### 9.3.2　模具及脱模剂

模具是各种接触成型工艺中的主要设备。模具的好坏，直接影响产品的质量和成本，必须精心设计制造。

设计模具时，必须综合考虑以下要求：（1）满足产品设计的精度要求，模具尺寸精确、表面光滑；（2）要有足够的强度和刚度；（3）脱模方便；（4）有足够的热稳定性；（5）重量轻、材料来源充分及造价低。

接触成型模具分为阴模、阳模和对模三种，不论是哪种模具，都可以根据尺寸大小，成型要求，设计成整体或拼装模。

模具材料应满足以下要求：（1）能够满足制品的尺寸精度，外观质量及使用寿命要求；（2）模具材料要有足够的强度和刚度，保证模具在使用过程中不易变形和损坏；（3）不受树脂侵蚀，不影响树脂固化；（4）耐热性好，制品固化和加热固化时，模具不变形；（5）容易制造，容易脱模；（6）减轻模具重量，方便生产；（7）价格便宜，材料容易获得。能用作手糊成型模具的材料有木材、金属、石膏、水泥、低熔点金属、硬质泡沫塑料及玻璃钢等。

脱模剂基本要求：（1）不腐蚀模具，不影响树脂固化，对树脂黏结力小于 0.01 MPa；（2）成膜时间短，厚度均匀，表面光滑；（3）使用安全，无毒害作用；（4）耐热、能以受加热固化的温度作用；（5）操作方便，价格便宜。

接触成型工艺的脱模剂主要有薄膜型脱模剂、液体脱模剂和油膏、蜡类脱模剂。

# 9.4   喷射法成型

喷射成型技术是手糊成型的改进，半机械化程度。喷射成型技术在复合材料成型工艺中所占比例较大，如美国占 9.1%，西欧占 11.3%，日本占 21%。目前，国内用的喷射成型机主要从美国进口。

## 9.4.1   喷射成型工艺原理及优缺点

喷射成型工艺是将混有引发剂和促进剂的两种聚酯分别从喷枪两侧喷出，同时将切断的玻纤粗纱，由喷枪中心喷出，使其与树脂均匀混合，沉积到模具上，当沉积到一定厚度时，用辊轮压实，使纤维浸透树脂，排除气泡，固化后成制品。

喷射成型的优点：（1）用玻纤粗纱代替织物，可降低材料成本；（2）生产效率比手糊的高 2~4 倍；（3）产品整体性好，无接缝，层间剪切强度高，树脂含量高，抗腐蚀、耐渗漏性好；（4）可减少飞边，裁布屑及剩余胶液的消耗；（5）产品尺寸、形状不受限制。

喷射成型的缺点为：（1）树脂含量高，制品强度低；（2）产品只能做到单面光滑；（3）污染环境，有害工人健康。

喷射成型效率达 15 kg/min，故适合于大型船体制造，已广泛用于加工浴盆、机器外罩、整体卫生间、汽车车身构件及大型浮雕制品等。

## 9.4.2   生产准备

场地喷射成型场地除满足手糊工艺要求外，要特别注意环境排风。根据产品尺寸大小，操作间可建成密闭式，以节省能源。

原材料主要是树脂（主要用不饱和聚酯树脂）和无捻玻纤粗纱。

模具准备工作包括清理、组装及涂脱模剂等。

喷射成型机分压力罐式和泵式两种。

（1）泵式供胶喷射成型机是将树脂引发剂和促进剂分别由泵输送到静态混合器中，充分混合后再由喷枪喷出，称为枪内混合型。其组成部分为气动控制系统、树脂泵、助剂泵、混合器、喷枪、纤维切割喷射器等。树脂泵和助剂泵由摇臂刚性连接，调节助剂泵在摇臂上的位置，可保证配料比例。在空压机作用下，树脂和助剂在混合器内均匀混合，经喷枪形成雾滴，与切断的纤维连续地喷射到模具表面。这种喷射机只有一个胶液喷枪，结构简单，重量轻，引发剂浪费少，但因系内混合，使完后要立即清洗，以防止喷射堵塞。

（2）压力罐式供胶喷射成型机是将树脂胶液分别装在压力罐中，靠进入罐中的气体压力，使胶液进入喷枪连续喷出。其由两个树脂罐、管道、阀门、喷枪、纤维切割喷射器、小车及支架组成。工作时，接通压缩空气气源，使压缩空气经过气水分离器进入树脂罐、玻纤切割器和喷枪，使树脂和玻璃纤维连续不断地由喷枪喷出，树脂雾化，玻纤分散，混合均匀后沉落到模具上。这种喷射机是树脂在喷枪外混合，故不易堵塞喷枪嘴。

### 9.4.3　喷射成型工艺控制

喷射工艺参数选择：（1）树脂含量喷射成型的制品中，树脂含量（质量分数）控制在60%左右；（2）喷雾压力当树脂黏度为0.2 Pa·s，树脂罐压力为0.05~0.15 MPa时，雾化压力为0.3~0.55 MPa，方能保证组分混合均匀；（3）喷枪夹角不同夹角喷出来的树脂混合交距不同，一般选用20°夹角，喷枪与模具的距离为350~400 mm。改变距离，要高速喷枪夹角，保证各组分在靠近模具表面处交集混合，防止胶液飞失。

喷射成型应注意事项：（1）环境温度应控制在（25±5）℃，过高，易引起喷枪堵塞；过低，混合不均匀，固化慢；（2）喷射机系统内不允许有水分存在，否则会影响产品质量；（3）成型前，模具上先喷一层树脂，然后再喷树脂纤维混合层；（4）喷射成型前，先调整气压，控制树脂和玻纤含量；（5）喷枪要均匀移动，防止漏喷，不能走弧线，两行之间的重叠富庶小于1/3，要保证覆盖均匀和厚度均匀；（6）喷完一层后，立即用辊轮压实，要注意棱角和凹凸表面，保证每层压平，排出气泡，防止带起纤维造成毛刺；（7）每层喷完后，要进行检查，合格后再喷下一层；（8）最后一层要喷薄些，使表面光滑；（9）喷射机用完后要立即清洗，防止树脂固化，损坏设备。

## 9.5　模压法成型

模压成型工艺是复合材料生产中最古老而又富有无限活力的一种成型方法。它是将一定量的预混料或预浸料加入金属对模内，经加热、加压固化成型的方法。

模压成型工艺的主要优点：（1）生产效率高，便于实现专业化和自动化生产；（2）产品尺寸精度高，重复性好；（3）表面光洁，无需二次修饰；（4）能一次成型结构复杂的制品；（5）批量生产，价格相对低廉。

模压成型的不足之处在于模具制造复杂，投资较大，加上受压机限制，最适合于批量生产中小型复合材料制品。随着金属加工技术、压机制造水平及合成树脂工艺性能的不断改进和发展，压机吨位和台面尺寸不断增大，模压料的成型温度和压力也相对降低，使得模压成型制品的尺寸逐步向大型化发展，目前已能生产大型汽车部件、浴盆、整体卫生间组件等。

模压成型工艺按增强材料物态和模压料品种可分为如下几种。

（1）纤维料模压法是将经预混或预浸的纤维状模压料，投入到金属模具内，在一定的温度和压力下成型复合材料制品的方法。该方法简便易行，用途广泛。根据具体操作上的不同，有预混料模压和预浸料模压法。

（2）碎布料模压法是将浸过树脂胶液的玻璃纤维布或其他织物，如麻布、有机纤维布、石棉布或棉布等的边角料切成碎块，然后在金属模具中加温加压成型复合材料制品。

（3）织物模压法是将预先织成所需形状的两维或三维织物浸渍树脂胶液，然后放入金属模具中加热加压成型为复合材料制品。

（4）层压模压法是将预浸过树脂胶液的玻璃纤维布或其他织物，裁剪成所需的形状，然后在金属模具中经加温或加压成型复合材料制品。

（5）缠绕模压法是将预浸过树脂胶液的连续纤维或布（带），通过专用缠绕机提供一定的张力和温度，缠在芯模上，再放入模具中进行加温加压成型复合材料制品。

（6）片状塑料（SMC）模压法是将 SMC 片材按制品尺寸、形状、厚度等要求裁剪下料，然后将多层片材叠合后放入金属模具中加热加压成型制品。

（7）预成型坯料模压法是先将短切纤维制成品形状和尺寸相似的预成型坯料，将其放入金属模具中，然后向模具中注入配制好的黏结剂（树脂混合物），在一定的温度和压力下成型。

模压料的品种有很多，可以是预浸物料、预混物料，也可以是坯料。当前所用的模压料品种主要有预浸胶布、纤维预混料、BMC、DMC、HMC、SMC、XMC、TMC 及 ZMC 等品种。

### 9.5.1　原材料

合成树脂复合材料模压制品所用的模压料要求合成树脂具有：（1）对增强材料有良好的浸润性能，以便在合成树脂和增强材料界面上形成良好的黏结；（2）有适当的黏度和良好的流动性，在压制条件下能够和增强材料一道均匀地充满整个模腔；（3）在压制条件下具有适宜的固化速度，并且固化过程中不产生副产物或副产物少，体积收缩率小；（4）能够满足模压制品特定的性能要求。按以上的选材要求，常用的合成树脂有不饱和聚酯树脂、环氧树脂、酚醛树脂、乙烯基树脂、呋喃树脂、有机硅树脂、聚丁二烯树脂、烯丙基酯、三聚氰胺树脂、聚酰亚胺树脂等。为使模压制品达到特定的性能指标，在选定树脂品种和牌号后，还应选择相应的辅助材料、填料和颜料。

增强材料模压料中常用的增强材料主要有玻璃纤维开刀丝、无捻粗纱、有捻粗纱、连续玻璃纤维束、玻璃纤维布、玻璃纤维毡等，也有少量特种制品选用石棉毡、石棉织物（布）和石棉纸以及高硅氧纤维、碳纤维、有机纤维（如芳纶纤维、尼龙纤维等）和天然纤维（如亚麻布、棉布、煮炼布、不煮炼布等）等品种，有时也采用两种或两种以上纤维混杂料作增强材料。

辅助材料一般包括固化剂（引发剂）、促进剂、稀释剂、表面处理剂、低收缩添加剂、脱模剂、着色剂（颜料）和填料等辅助材料。

### 9.5.2　模压料的制备

以玻璃纤维（或玻璃布）浸渍树脂制成的模压料为例，其生产工艺可分为预混法和预浸法两种。

（1）预混法：先将玻璃纤维切割成 30~50 mm 的短切纤维，经蓬松后在捏合机中与树脂胶液充分捏合至树脂完全浸润玻璃纤维，再经烘干（晾干）至适当黏度即可。其特点是纤维松散无定向，生产量大，用此法生产的模压料比容大，流动性好，但在制备过程中纤维强度损失较大。

（2）预浸法：纤维预浸法是将整束连续玻璃纤维（或布）经过浸胶、烘干、切短而成。其特点是纤维成束状，比较紧密，制备模压料的过程中纤维强度损失较小，但模压料的流动性及料束之间的相容性稍差。

### 9.5.3 SMC、BMC、HMC、XMC、TMC 及 ZMC 生产技术

片状模压料（SMC，Sheet Molding Compound）是由树脂糊浸渍纤维或短切纤维毡，两边覆盖聚乙烯薄膜而制成的一类片状模压料，属于预浸毡料范围。是目前国际上应用最广泛的成型材料之一。

SMC 是用不饱和聚酯树脂、增稠剂、引发剂、交联剂、低收缩添加剂、填料、内脱模剂和着色剂等混合成树脂糊浸渍短切纤维粗纱或玻璃纤维毡，并在两面用聚乙烯或聚丙烯薄膜包覆起来形成的片状模压料。SMC 作为一种发展迅猛的新型模压料，具有许多特点：（1）重现性好，不受操作者和外界条件的影响；（2）操作处理方便；（3）操作环境清洁、卫生，改善了劳动条件；（4）流动性好，可成型异形制品；（5）模压工艺对温度和压力要求不高，可变范围大，可大幅度降低设备和模具费用；（6）纤维长度 40~50 mm，质量均匀性好，适宜于压制截面变化不大的大型薄壁制品；（7）所得制品表面光洁度高，采用低收缩添加剂后，表面质量更为理想；（8）生产效率高，成型周期短，易于实现全自动机械化操作，生产成本相对较低。

SMC 作为一种新型材料，根据具体用途和要求的不同又发展出一系列新品种，如BMC、TMC、HNC、XMC 等。

（1）团状模压料（BMC，Bulk Molding Compound），其组成与 SMC 极为相似，是一种改进型的预混团状模压料，可用于模压和挤出成型。两者的区别仅在于材料形态和制作工艺上。BMC 中纤维含量较低，纤维长度较短，为 6~18 mm，填料含料较大，因而 BMC 制品的强度比 SMC 制品的强度低，BMC 比较适合于压制小型制品，而 SMC 适合于大型薄壁制品。

（2）厚片状模压料（TMC，Thick Molding Compound），其组成和制作与 SMC 相似，厚达 50 mm。由于 TMC 厚度大，玻璃纤维能随机分布，改善了树脂对玻璃纤维的浸润性。此外，该材料还可以采用注射和传递成型。

（3）高强度模压料（HMC，Hight Molding Compound）和高强度片状模压料 XMC 主要用于制造汽车部件。HMC 中不加或少加填料，采用短切玻璃纤维，纤维含量为 65%左右，玻璃纤维定向分布，具有极好的流动性和成型表面，其制品强度约是 SMC 制品强度的 3倍。XMC 用定向连续纤维，纤维含量达 70%~80%，不含填料。

（4）ZMC 是一种模塑成型技术，ZMC 三个字母并无实际含义，而是包含模塑料、注射模塑机械和模具三种含义。ZMC 制品既保持了较高的强度指标，又具有优良的外观和很高的生产效率，综合了 SMC 和 BMC 的优点，获得了较快的发展。

# 9.6 层压成型及卷管成型

### 9.6.1 层压成型工艺

层压成型是将预浸胶布按照产品形状和尺寸进行剪裁、叠加后，放入两个抛光的金属模具之间，加温加压成型复合材料制品的生产工艺。它是复合材料成型工艺中发展较早、也较成熟的一种成型方法，该工艺主要用于生产电绝缘板和印制电路板材。现在，印制电

路板材已广泛应用于各类收音机、电视机、电话机和移动电话机、计算机、各类控制电路等所有需要平面集成电路的产品中。

层压工艺主要用于生产各种规格的复合材料板材,具有机械化、自动化程度高、产品质量稳定等特点,但一次性投资较大,适用于批量生产,并且只能生产板材,且规格受到设备的限制。

层压工艺过程大致包括预浸胶布制备、胶布裁剪叠合、热压、冷却、脱模、加工、后处理等工序,如图9-1所示。

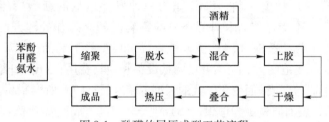

图9-1　酚醛的层压成型工艺流程

### 9.6.2　卷管成型工艺

卷管成型工艺是用预浸胶布在卷管机上热卷成型的一种复合材料制品成型方法,其原理是借助卷管机上的热辊,将胶布软化,使胶布上的树脂熔融。在一定的张力作用下,辊筒在运转过程中,借助辊筒与芯模之间的摩擦力,将胶布连续卷到芯管上,直到要求的厚度,然后经冷辊冷却定型,从卷管机上取下,送入固化炉中固化。管材固化后,脱去芯模,即得复合材料卷管。

卷管成型按其上布方法的不同而可分为手工上布法和连续机械法两种。其基本过程是:首先清理各辊筒,然后将热辊加热到设定温度,调整好胶布张力。在压辊不施加压力的情况下,将引头布先在涂有脱模剂的管芯模上缠上约1圈,然后放下压辊,将引头布贴在热辊上,同时将胶布拉上,盖贴在引头布的加热部分,与引头布相搭接。引头布的长度为800~1200 mm,视管径而定,引头布与胶布的搭接长度,一般为150~250 mm。在卷制厚壁管材时,可在卷制正常运行后,将芯模的旋转速度适当加快,在接近设计壁厚时再减慢转速,至达到设计厚度时,切断胶布。然后在保持压辊压力的情况下,继续使芯模旋转1~2圈。最后提升压辊,测量管坯外径,合格后,从卷管机上取出,送入固化炉中固化成型。

# 9.7　缠绕法成型

缠绕成型工艺是将浸过树脂胶液的连续纤维(或布带、预浸纱)按照一定规律缠绕到芯模上,然后经固化、脱模,获得制品。根据纤维缠绕成型时树脂基体的物理化学状态不同,分为干法缠绕、湿法缠绕和半干法缠绕三种。

### 9.7.1　干法缠绕

干法缠绕是采用经过预浸胶处理的预浸纱或带,在缠绕机上经加热软化至粘流态后缠绕到芯模上。由于预浸纱（或带）是专业生产，能严格控制树脂含量（精确到2%以内）和预浸纱质量。因此，干法缠绕能够准确地控制产品质量。干法缠绕工艺的最大特点是生产效率高，缠绕速度可达100~200 m/min，缠绕机清洁、劳动卫生条件好，产品质量高。其缺点是缠绕设备贵，需要增加预浸纱制造设备，故投资较大此外，干法缠绕制品的层间剪切强度较低。

### 9.7.2 湿法缠绕

湿法缠绕是将纤维集束（纱式带）浸胶后，在张力控制下直接缠绕到芯模上。

湿法缠绕的优点为：（1）成本比干法缠绕低40%；（2）产品气密性好，因为缠绕张力使多余的树脂胶液将气泡挤出，并填满空隙；（3）纤维排列平行度好；（4）湿法缠绕时，纤维上的树脂胶液，可减少纤维磨损；（5）生产效率高（达200 m/min）。

湿法缠绕的缺点为：（1）树脂浪费大，操作环境差；（2）含胶量及成品质量不易控制；（3）可供湿法缠绕的树脂品种较少。

### 9.7.3 半干法缠绕

半干法缠绕是纤维浸胶后，到缠绕至芯模的途中，增加一套烘干设备，将浸胶纱中的溶剂除去，与干法相比，省却了预浸胶工序和设备；与湿法相比，可使制品中的气泡含量降低。

三种缠绕方法中，以湿法缠绕应用最为普遍；干法缠绕仅用于高性能、高精度的尖端技术领域。

### 9.7.4 纤维缠绕成型的优点

（1）能够按产品的受力状况设计缠绕规律，能充分发挥纤维的强度。

（2）比强度高：一般来讲，纤维缠绕压力容器与同体积、同压力的钢质容器相比，重量可减轻40%~60%。

（3）可靠性高：纤维缠绕制品易实现机械化和自动化生产，工艺条件确定后，缠出来的产品质量稳定，精确。

（4）生产效率高：采用机械化或自动化生产，需要操作工人少，缠绕速度快（240 m/min），故劳动生产率高。

（5）成本低：在同一产品上，可合理配选若干种材料（包括树脂、纤维和内衬），使其再复合，达到最佳的技术经济效果。

### 9.7.5 缠绕成型的缺点

（1）缠绕成型适应性小，不能缠任意结构形式的制品，特别是表面有凹的制品，这是因为缠绕时，纤维不能紧贴芯模表面而架空。

（2）缠绕成型需要有缠绕机、芯模、固化加热炉、脱模机及熟练的技术工人，需要的投资大，技术要求高。因此，只有大批量生产时才能降低成本，才能获得较高的技术经济效益。

### 9.7.6　原材料

缠绕成型的原材料主要是纤维增强材料、树脂基体和填料。

（1）增强材料。缠绕成型用的增强材料，主要是各种纤维纱，如无碱玻璃纤维纱、中碱玻璃纤维纱、碳纤维纱、高强玻璃纤维纱、芳纶纤维纱及表面毡等。

（2）树脂基体。树脂基体是指树脂和固化剂组成的胶液体系。缠绕制品的耐热性，耐化学腐蚀性及耐自然老化性主要取决于树脂性能，同时对工艺性能、力学性能也有很大影响。缠绕成型常用树脂主要是不饱和聚酯树脂，也有时用环氧树脂和双马来酰亚胺树脂等。对于一般民用制品如管、罐等，多采用不饱和聚酯树脂。对力学性能的压缩强度和层间剪切强度要求高的缠绕制品，则可选用环氧树脂。航天航空制品多采用具有高断裂韧性与耐湿性能好的双马来酰亚胺树脂。

（3）填料。填料种类很多，加入后能改善树脂基体的某些功能，如提高耐磨性，增加阻燃性和降低收缩率等。在胶液中加入空心玻璃微珠，可提高制品的刚性，减小密度降低成本等。在生产大口径地埋管道时，常加入30%石英砂，借以提高产品的刚性和降低成本。为了提高填料和树脂之间的粘接强度，填料要保证清洁和表面活性处理。

### 9.7.7　芯模

成型中空制品的内模称芯模。一般情况下，缠绕制品固化后，芯模要从制品内脱出。

芯模设计的基本要求是：（1）要有足够的强度和刚度，能够承受制品成型加工过程中施加于芯模的各种载荷，如自重、制品重、缠绕张力、固化应力、二次加工时的切削力等；（2）能满足制品形状和尺寸精度要求，如形状尺寸、同心度、椭圆度、锥度（脱模）、表面光洁度和平整度等；（3）保证产品固化后，能顺利从制品中脱出；（4）制造简单，造价便宜，取材方便。

缠绕成型芯模材料分熔、溶性材料和组装式材料两类。熔、溶性材料是指石蜡、水溶性聚乙烯醇型砂、低熔点金属等，这类材料可用浇铸法制成空心或实心芯模，制品缠绕成型后，从开口处通入热水或高压蒸汽，使其溶、熔，从制品中流出，流出的溶体，冷却后重复使用。组装式芯模材料常用的有铝、钢、夹层结构、木材及石膏等。另外还有内衬材料，内衬材料是制品的组成部分，固化后不从制品中取出，内衬材料的作用主要是防腐和密封，当然也可以起到芯模作用，属于这类材料的有橡胶、塑料、不锈钢和铝合金等。

### 9.7.8　缠绕机

缠绕机是实现缠绕成型工艺的主要设备，对缠绕机的要求是：（1）能够实现制品设计的缠绕规律和排纱准确；（2）操作简便；（3）生产效率高；（4）设备成本低。

缠绕机主要由芯模驱动和绕丝嘴驱动两大部分组成。为了消除绕丝嘴反向运动时纤维松线，保持张力稳定及在封头或锥形缠绕制品纱带布置精确，实现小缠绕角（0°～15°）缠绕，在缠绕机上设计有垂直芯轴方向的横向进给（伸臂）机构。为防止绕丝嘴反向运动时纱带转拧，伸臂上设有能使绕丝嘴翻转的机构。

20世纪60年代，我国研制成功链条式缠绕机，70年代引进德国WE-250数控缠绕机，改进后实现国产化生产，80年代后我国引进了各种型式缠绕机40多台，经过改进后，自主设计制造成功微机控制缠绕机，并进入国际市场。

（1）绕臂式平面缠绕机。其特点是绕臂（装有绕丝嘴）围绕芯模做均匀旋转运动，芯模绕自身轴线做均匀慢速转动，绕臂（即绕丝嘴）每转一周，芯模转过一个小角度。此小角度对应缠绕容器上一个纱片宽度，保证纱片在芯模上一个紧挨一个地布满容器表面。芯模快速旋转时，绕丝嘴沿垂直地面方向缓慢地上下移动，此时可实现环向缠绕，使用这种缠绕机的优点是，芯模受力均匀，机构运行平稳，排线均匀，适用于干法缠绕中小型短粗筒形容器。

（2）滚翻式缠绕机。这种缠绕机的芯模由两个臂支撑，缠绕时芯模自身轴旋转，两臂同步旋转使芯模翻滚一周，芯模自转一个与纱片宽相适应的角度，而纤维纱由固定的伸臂供给，实现平面缠绕，环向缠绕由附加装置来实现。由于滚翻动作机构不宜过大，故此类缠绕机只适用于小型制品，且使用不广泛。

（3）卧式缠绕机。这种缠绕机由链条带动小车（绕丝嘴）做往复运动，并在封头端有瞬时停歇，芯模绕自身轴做等速旋转，调整两者速度可以实现平面缠绕、环向缠绕和螺旋缠绕，这种缠绕机构造简单，用途广泛，适宜于缠绕细长的管和容器。

（4）轨道式缠绕机。轨道式缠绕机分立式和卧式两种。纱团、胶槽和绕丝嘴均装在小车上，当小车沿环形轨道绕芯模一周时，芯模自身转动一个纱片宽度，芯模轴线和水平面的夹角为平面缠绕角 $\alpha$。从而形成平面缠绕型，调整芯模和小车的速度可以实现环向缠绕和螺旋缠绕。轨道式缠绕机适合于生产大型制品。

（5）行星式缠绕机。芯轴和水平面倾斜成 $\alpha$ 角（即缠绕角）。缠绕成型时，芯模做自转和公转两个运动，绕丝嘴固定不动。调整芯模自转和公转速度可以完成平面缠绕、环向缠绕和螺旋缠绕。芯模公转是主运动，自转为进给运动。这种缠绕机适合于生产小型制品。

（6）球形缠绕机。球形缠绕机有4个运动轴，球形缠绕机的绕丝嘴转动，芯模旋转和芯模偏摆，基本上和摇臂式缠绕机相同，第四个轴运动是利用绕丝嘴步进实现纱片缠绕，减少极孔外纤维堆积，提高容器臂厚的均匀性。芯模和绕丝嘴转动，使纤维布满球体表面。芯模轴偏转运动，可以改变缠绕极孔尺寸和调节缠绕角，满足制品受力要求。

（7）电缆式纵环向缠绕机。电缆式纵环向缠绕机适用于生产无封头的筒形容器和各种管道。装有纵向纱团的转环与芯模同步旋转，并可沿芯模轴向往复运动，完成纵向纱铺放，环向纱装在转环两边的小车上，当芯模转动，小车沿芯模轴向做往复运动时，完成环向纱缠绕。根据管道受力情况，可以任意调整纵环向纱数量比例。

（8）新型缠管机。新型缠管机与现行缠绕机的区别在于，它是靠管芯自转，并同时能沿管长方向做往复运动，完成缠绕过程。这种新型缠绕机的优点是：绕丝嘴固定，为工人处理断头、毛丝以及看管带来很大方便；多路进纱可实现大容量进丝缠绕，缠绕速度快，布丝均匀，有利于提高产品重量和产量。

# 9.8　拉挤成型工艺

拉挤成型工艺是将浸渍树脂胶液的连续玻璃纤维束、带或布等，在牵引力的作用下，通过挤压模具成型、固化，连续不断地生产长度不限的玻璃钢型材。这种工艺最适于生产各种断面形状的玻璃钢型材，如棒、管、实体型材（工字形、槽形、方形型材）和空腹型材（门窗型材、叶片等）等。

拉挤成型是复合材料成型工艺中的一种特殊工艺，其优点是：（1）生产过程完全实现自动化控制，生产效率高；（2）拉挤成型制品中纤维含量可高达80%，浸胶在张力下进行，能充分发挥增强材料的作用，产品强度高；（3）制品纵向、横向强度可任意调整，可以满足不同力学性能制品的使用要求；（4）生产过程中无边角废料，产品不需后加工，故较其他工艺省工，省原料，省能耗；（5）制品质量稳定，重复性好，长度可任意切断。

拉挤成型工艺的缺点是产品形状单调，只能生产线形型材，而且横向强度不高。

### 9.8.1　拉挤工艺的原材料

树脂基体在拉挤工艺中，应用最多的是不饱和聚酯树脂，约占本工艺树脂用量的90%以上，另外还有环氧树脂、乙烯基树脂、热固性甲基丙烯酸树脂、改性酚醛树脂、阻燃性树脂等。

增强材料拉挤工艺用的增强材料，主要是玻璃纤维及其制品，如无捻粗纱、连续纤维毡等。为了满足制品的特殊性能要求，可以选用芳纶纤维、碳纤维及金属纤维等。不论是哪种纤维，用于拉挤工艺时，其表面都必须经过处理，使之与树脂基体能很好地粘接。

辅助材料拉挤工艺的辅助材料主要有脱模剂和填料。

### 9.8.2　拉挤成型模具

模具是拉挤成型技术的重要工具，一般由预成型模和成型模两部分组成。

（1）预成型模具。在拉挤成型过程中，增强材料浸渍树脂后（或被浸渍的同时），在进入成型模具前，必须经过由一组导纱元件组成的预成型模具，预成型模的作用是将浸胶后的增强材料，按照型材断面配置形式，逐步形成近似成型模控形状和尺寸的预成型体，然后进入成型模，这样可以保证制品断面含纱量均匀。

（2）成型模具。成型模具横截面面积与产品横截面面积之比一般应大于或等于10，以保证模具有足够的强度和刚度，加热后热量分布均匀和稳定。拉挤模具长度是根据成型过程中牵引速度和树脂凝胶固化速度决定的，以保证制品拉出时达到脱模固化程度。一般采用钢镀铬，模腔表面要求光洁、耐磨，借以减少拉挤成型时的摩擦阻力和提高模具的使用寿命。

### 9.8.3　拉挤成型工艺

拉挤成型工艺过程由送纱、浸胶、预成型、固化定型、牵引、切断等工序组成。无捻粗纱从纱架引出后，经过排纱器进入浸胶槽浸透树脂胶液，然后进入预成型模，将多余树脂和气泡排出，再进入成型模凝胶、固化。固化后的制品由牵引机连续不断地从模具拔出，最后由切断机定长切断。在成型过程中，每道工序都可以有不同方法：如送纱工序可以增加连续纤维毡，环向缠绕纱或用三向织物以提高制品横向强度；牵引工序可以是履带式牵引机，也可以用机械手；固化方式可以是模内固化，也可以用加热炉固化；加热方式可以是高频电加热，也可以用熔融金属（低熔点金属）等。

### 9.8.4 其他拉挤成型工艺

拉挤成型工艺除立式和卧式机组外，尚有弯曲形制品拉挤成型工艺，反应注射拉挤工艺和含填料的拉挤工艺等。

**思 考 题**

(1) 陶瓷材料主要有哪些成型方法？描述陶瓷注浆成型的过程。
(2) 什么是拱桥效应，为何形成？
(3) 列举生活中的无机非金属材料，并说明其成型工艺。
(4) 简述无机非金属材料喷射成型的特点。

**参 考 文 献**

[1] 何秀兰，吴泽，柳军旺．无机非金属材料工艺学 [M]．北京：化学工业出版社，2016.
[2] 刘新佳，姜银方，蔡郭生．材料成形工艺基础 [M]．北京：化学工业出版社，2006.
[3] 郝洪顺，徐利华，仉小猛，等．注浆成型工艺制备高耐磨氧化铝陶瓷 [J]．硅酸盐学报，2008，36 (11)：1615-1619.
[4] 梁国正，顾嫒娟．模压成型技术 [M]．北京：化学工业出版社，1999.
[5] 庞厚君，徐金富，叶以富．多孔铝的低压成形工艺及其影响因素 [J]．机械工程材料，2005，29 (11)：59-63.
[6] 汪琦．喷射成型技术 [J]．化工装备技术，1992，13 (4)：19-22.
[7] 王文明，潘复生．喷射成形技术的发展概况及展望 [J]．重庆大学学报（自然科学版），2004，27 (1)：101-106，111.
[8] 汪泽霖．用预浸料成型玻璃钢制品方法——热压成型（三）[J]．玻璃钢，2019 (1)：11.
[9] 王显峰，韩振宇，张勇，等．复合材料缠绕法的对比研究 [J]．硅酸盐学报，2007，35 (3)：358-363.
[10] 刘万辉．材料成形工艺 [M]．北京：化学工业出版社，2014.

# 10 复合材料制备工艺技术

## 10.1 概　　述

复合材料是指把两种以上宏观上不同的材料，合理地进行复合而制得的一种材料，目的是通过复合来提高单一材料所不能发挥的各种特性。它包括基体相和增强相，基体相是一种连续相材料，它把改善性能的增强相材料团结成一体，并起传递应力的作用；增强相一般为分散相，主要起承受应力和显示功能的作用，这两相最终以符合的固相材料出现。

### 10.1.1　复合材料的制备

聚合物基黏土纳米复合材料的制备方法分为三种，即原位插层聚合法、溶液共混法及熔融共混法。

#### 10.1.1.1　原位插层聚合法制备黏土/聚合物纳米复合材料

单体原位插层聚合，即在位分散聚合。首先将黏土分散于液体单体或单体溶液中，然后通过热、辐射等引发聚合，或在黏土片层之间插入有机、无机引发剂、催化剂等引发单体在黏土片层内外聚合，最终得到插层/解离纳米复合材料。Tudor 首次采用原位聚合法制备了聚丙烯纳米复合材料，发现可溶性金属茂化合物可以置入层状硅酸盐，并在层内外对丙烯的聚合反应有同等程度的催化作用，甲基烷氧基铝处理的锂蒙脱石由于可以除去黏土表面的质子酸所以更合适过度金属催化剂进入。Messersmith 等首次报道了原位插层法制备黏土/环氧树脂纳米复合材料的方法。采用经过了一种烷基铵阳离子改性的蒙脱土改性双酚 A 型二环氧甘油醚环氧树脂，研究了固化剂种类、固化反应条件等对所形成纳米复合材料结构的影响。单体原位插层聚合法制备纳米复合材料中的纳米粒子完好无损，同时在位填充过程中只经过一次聚合，不需热加工，避免了由此产生的大分子降解，从而保证基体各种性能的稳定。

#### 10.1.1.2　溶液共混法制备黏土/聚合物纳米复合材料

把树脂基体溶解于适当的溶剂中，然后加入层状结构黏土纳米粒子，在溶液状态下把聚合物嵌入到无机物层间域中，除去溶液，得到纳米复合材料的方法称聚合物溶液共混插层法。Hackett 等采用溶液共混法制备 MMT/PEO 纳米复合材料的方法。他们选用极性不同的各种溶剂，如水、甲醇、乙腈、甲醇-水（1∶1）、甲醇-乙腈（1∶1）等进行系列研究，发现溶剂极性对聚合物插层有着至关重要的作用。采用聚合物溶液插层法制备纳米复合材料时，黏土片层内释放出大量溶剂分子获得的熵增大可以补偿大分子链进入受限黏土片层时减少的熵值，促进黏土的插层与解离。溶剂小分子插入黏土片层过程时减少的熵值，促进黏土的插层与解离。溶剂小分子插入黏土片层过程为熵减过程，而聚合物大分子置换层间溶剂分子过程则为熵增过程，所以溶剂化作用太弱不利于溶剂分子插入有机黏土片层间，溶剂化作用太清也不易得到预期结构的纳米复合材料，因而应综合考虑所选溶剂对聚合物的溶解能力和对黏土片层间吸附的有机阳离子的溶剂化作用。而对单体溶液插层原位引发聚合反应来说，溶剂不但要对单体和硅酸盐产生溶剂化作用，还要使溶剂分子自身能够有效进入黏土的层间，并且能够溶解聚合反应所形成的大分子。所以，在溶液共混插层工艺中，溶剂的选择非常重要。

10.1.1.3　熔融共混法制备黏土/聚合物纳米复合材料

熔融共混法是将表面处理过的黏土与聚合物在软化点以上通过热、力等作用，使聚合物大分子进入层状硅酸盐黏土片层之间，并使黏土片层间距增大或使黏土片层解离成为纳米尺度片层的一种纳米复合材料的制备方法。

聚苯乙烯是最早应用熔融插层法制备黏土纳米复合材料的一种聚合物。将 PS 与有机改性黏土混合并制成小球，然后在真空下加热到 165 ℃，25 h 后可以得到有机黏土/PS 插层纳米复合材料聚丙烯是一种非极性高聚物，直接通过熔融共混制备插层黏土纳米复合材料比较困难。为了解决这个问题，Usuki 报道了采用含有羟基极性基团的低聚物与其共混制备聚丙烯熔融插层纳米复合材料的方法。熔融插层法的优点在于该法可以采用普通聚合物共混改性工艺方法及设备进行制备，不需要有机溶剂，成本低、环境友好并易于实现工业化生产。聚合物插层效果与硅酸盐表面活性基团和高聚物极性组分间的界面相互作用有关。理想的有机硅酸盐夹层结构、单位面积上的活性官能团数目及表面活性剂链的长短等均是插层纳米复合材料制备的关键影响因素。

## 10.1.2　复合材料的特性

10.1.2.1　比强度和比模量

复合材料的突出特点是比强度与比模量高。比强度是抗拉强度与密度之比，比强度高的材料能够承受高的应力；比模量是弹性模量与密度之比，比模量高说明材料轻而且刚性大。

10.1.2.2　抗疲劳性能

抗疲劳性能好的原因主要是缺陷少的高性能碳纤维的抗疲劳性好，其次是由于基体材料的塑性好，能消除或减少应力集中的尺寸和数量，使疲劳源（纤维和基体中的缺陷处等）难以萌生出微裂纹，限制微裂纹的出现。一般金属材料的疲劳强度极限是其抗张强度的 30%~50%，而碳纤维复合材料的疲劳强度为其抗张强度的 70%~80%。

10.1.2.3　复合材料界面

如上所述，复合材料是由基体、增强剂组成的多相材料，基体与增强剂之间存在界面，界面对复合材料的性能起着重要的作用。复合材料的界面并不是简单的几何平面，而是包含着两相之间的过渡区域的三维界面相，界面相内的化学组分，分子排列，热性能，力学性能呈连续的梯度性变化。界面相很薄，只有微米的数量级，却有着极其复杂的结构。

A　浸润性理论

浸润性理论是 1963 年由 Zisman 提出的。该理论认为，浸润是形成界面的基本条件之一，两组分如能实现完全浸润，则树脂在高能表面的物理吸附所提供的黏结强度可超过基体的内聚能。浸润理论认为，两相间的结合模式属于机械黏结与润湿吸附。表面不论多么平整光滑，从微观上看都是凹凸不平的。在形成复合材料的两相相互接触过程中，若树脂液增强材料的浸润性差，两相接触的只是一些点，接触面有限如图 10-1（a）所示。若浸润性好，液相可扩展到另一相表面的坑凹之中，因而两相接触面积大，结合紧密，产生了机械锚合作用。如图 10-1（b）所示。

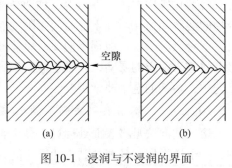

图 10-1　浸润与不浸润的界面
（a）不浸润；（b）浸润

　　B　化学键理论

化学键理论认为要使两相之间实现有效的黏结，两相的表面应含有能相互发生化学反应的活性基团，通过官能团的反应以化学键结合形成界面。若两相之间不能直接进行化学反应，也可通过偶联剂的媒介作用以化学键互相结合。

化学键理论是应用最广，也是应用最成功的理论。硅烷偶联剂就是在化学键理论基础上发展的用来提高基体与玻璃纤维间界面结合的有效试剂。硅烷偶联剂一端可与玻纤表面以硅氧见结合，另一端可参与与基体树脂的固化反应。

# 10.2　玻璃纤维制备工艺技术

## 10.2.1　玻璃纤维分类

玻璃纤维是一种性能优异的无机非金属材料。英文原名为 glass fiber 或 fiberglass，成分为二氧化硅、氧化铝、氧化钙、氧化硼、氧化镁、氧化钠等。它是以玻璃球或废旧玻璃为原料经高温熔制、拉丝、络纱、织布等工艺，最后形成各类产品。玻璃纤维单丝的直径从几微米到二十几微米，相当于一根头发丝的 1/20 ~ 1/5，每束纤维原丝都由数百根甚至上千根单丝组成，通常作为复合材料中的增强材料，电绝缘材料和绝热保温材料，电路基板等，广泛应用于国民经济各个领域。

玻璃纤维其主要成分为二氧化硅、氧化铝、氧化钙、氧化硼、氧化镁、氧化钠等，根据玻璃中碱含量的多少，可分为无碱玻璃纤维（氧化钠 0 ~ 2%，属铝硼硅酸盐玻璃）、中碱玻璃纤维（氧化钠 8% ~ 12%，属含硼或不含硼的钠钙硅酸盐玻璃）和高碱玻璃纤维（氧化钠 13%以上，属钠钙硅酸盐玻璃）。

无碱玻璃，是一种硼硅酸盐玻璃，是目前应用最广泛的一种玻璃纤维用玻璃成分。其具有良好的电气绝缘性及力学性能，广泛用于生产电绝缘用玻璃纤维，也大量用于生产玻璃钢用玻璃纤维，它的缺点是易被无机酸侵蚀，故不适于用在酸性环境。无碱玻璃纤维 $R_2O$ 含量（质量分数）小于 0.8%，是一种铝硼硅酸盐成分。它的化学稳定性、电绝缘性能、强度都很好，主要用作电绝缘材料、玻璃钢的增强材料、复合电缆支架和轮胎帘子线。

中碱玻璃纤维，$R_2O$ 含量（质量分数）为 11.9% ~ 16.4%，是一种钠钙硅酸盐成分，因其含碱量高，不能作电绝缘材料，但其化学稳定性和强度尚好。一般作乳胶布、方格布基材、酸性过滤布、窗纱基材等，也可作对电性能和强度要求不很严格的玻璃钢增强材料。

高碱玻璃纤维自身存在的强度低、耐水和耐碱性差的缺陷，这种缺陷是无法克服的。用它作增强制品，最终只会损害用户的利益。

### 10.2.2 生产工艺流程

玻璃纤维生产工艺有两次成型-坩埚拉丝法和一次成型-池窑拉丝法两种。

坩埚拉丝法工艺繁杂，先把玻璃原料高温熔制成玻璃球，然后将玻璃球二次熔化，高速拉丝制成玻璃纤维原丝。这种工艺有能耗高、成型工艺不稳定、劳动生产率低等种种弊端，基本被大型玻璃纤维生产厂家淘汰。

池窑拉丝法把叶蜡石等原料在窑炉中熔制成玻璃溶液，排除气泡后经通路运送至多孔漏板，高速拉制成玻纤原丝。窑炉可以通过多条通路连接上百个漏板同时生产。这种工艺工序简单、节能降耗、成型稳定、高效高产，便于大规模全自动化生产，成为国际主流生产工艺，用该工艺生产的玻璃纤维占全球产量的90%以上。

玻璃纤维制品生产工艺可分为配合料制造、玻璃熔制、纤维成型、制品加工四大工艺工序。池窑拉丝法是当前最先进的生产方式，已是国际上的主流技术。

#### 10.2.2.1 池窑拉丝法生产工艺

池窑拉丝法生产工艺是：先根据产品所需玻璃的化学成分组成要求，精确计算出各种矿物原料、化工原料的用量，将各原料细粉称量混合后投入玻璃熔窑内，经高温熔融制成玻璃，在熔融料道底部装有用铂铑合金制造的多孔漏板，当玻璃液从漏板孔流出的时候，受到高速运转拉丝机的牵引，同时涂覆浸润剂，制成纤维，又称原丝。原丝经过捻线机加捻、整经机整经等工序即可织成各种结构和性能的玻璃布。原丝经烘干（或风干）可制成短切纤维、短切毡、无捻粗纱或织成方格布。

#### 10.2.2.2 纤维玻璃的熔制

玻璃的熔制过程是指配合料在高温下经过硅酸盐反应、熔融再转化成均质玻璃液的过程。熔融是指配合料反应后固相相融的过程，澄清是指从熔融的玻璃中排除气泡的过程，而均化是指把线道、条纹以及节瘤等缺陷减少到容许程度的过程，也是把玻璃的化学成分均化的过程。这些过程是分阶段交叉进行的。

#### 10.2.2.3 玻璃纤维的成型原理

高温黏性的玻璃液呈滴状从漏嘴流出后被下面的拉丝机以一定的恒定速度牵伸并固化成一定直径的连续玻璃纤维。在漏嘴出口下部由于玻璃液的表面张力和牵伸力的平衡形成一个形状如新月形的直径渐渐变细的部分称为丝根。由漏嘴出口直到最终直径不变的纤维这段距离称为纤维成型线。包含这段纤维线的区间称为纤维成型区。在漏嘴出口到拉丝机上纤维卷取点的距离称为拉丝作业线，这段距离视工艺要求可以人为地规定得长些或短些。纤维成型过程中纤维成型总是比拉丝作业线短得多。丝根和纤维成型线是否稳定是拉丝机能否得到直径均匀的优质纤维和降低断头的关键。与此有关的工艺参数主要有液面高度、漏板温度、拉丝速度、玻璃液性质、冷却条件、牵伸比及气流控制等。

#### 10.2.2.4 池窑拉丝成型工艺

池窑漏板的安装与升温具体步骤如下：（1）漏板浇注模具及材料准备；（2）浇注漏

板托砖；（3）漏板安装；（4）漏板升温。

　　成型工艺装置包括漏板、丝根冷却器、喷水雾器、单丝涂油器、分束器、集束器、慢拉辊、气流扩散板和拉丝机。

　　所谓成型工艺位置线就是指漏板、涂油器、集束器和拉丝机的排线轮与机头之间的布局位置关系。这种布局可以是单层布置也可以是双层布置。

　　纤维成型区的气流控制。纤维成型区从工艺角度上看也可以视为整个单根纤维丝所构成的扇面区域，这个区域中气状态既不容易直观看到也不易为人们所重视。实际上气流状态的好坏对于稳定拉丝作业和得到优质产品的重要性丝毫不亚于以上所述的硬件漏板、温度控制系统、涂油器、集束器以及拉丝机等质量的好坏。气流状态首先影响玻璃从液态丝根被牵伸为纤维时的冷却过程，气流不稳定轻则造成纤维直径粗细不匀重则造成断头。另外，纤维以很高速度在运动，周围气体介质必然要对它有摩擦力以附加在纤维上的张力形式出现。显然为克服气体摩擦力而造成的纤维张力大小是直接和气流的状态有关系的。实验证明，因气流状态不理想造成的张力值能占纤维上总张力的40%左右，这是一个不小的数值不可忽视。

### 10.2.3　生产用设备要求

　　配料主设备是气力发送罐单仓泵、螺旋给料机、气力混合罐、双向分配器和电子秤。

　　熔制设备主要包括熔窑和附属设备。附属设备主要有投料机、鼓泡器、燃烧系统（由熔窑燃烧系统和通路燃烧系统两部分组成）和金属换热器。鼓泡器的工作原理是为了强化玻璃液的均化效果和澄清效果，采用池底鼓泡是十分有效的办法。它是将净化的压缩空气从窑底鼓泡管送入玻璃液中，使它在熔窑深层的玻璃液中产生一定压力的气泡并迅速上升到玻璃液的表面而破裂。在上升过程中吸收了玻璃液中的小氯泡，使其本身迅速长大并搅动四周的玻璃液，强制其均化和促进澄清。鼓泡器就是在熔化池热点附近设置一排鼓泡点鼓出的气泡将沿着熔窑的宽度方向上升形成一排"幕帘"，将深化池分成两个单独的循环区域，这一排鼓泡设在玻璃液热点附近，将推动两股环流向前后两个方向运动，前面的环流有着阻挡玻璃液回流的作用，后边的环流迫使配合料较长时间滞留在熔化区域中进行充分熔化，而不会越出鼓泡区，即不会跑料。金属换热器的作用为：一般水平烟道进口的烟气温度在1500 ℃以下，经水平烟道和垂直烟道的冷却后也仍可能达1300~1400 ℃。通过金属换热器回收余热可使助燃空气温度预热到700~850 ℃。相当于增加30%~40%的热能利用率，提高了燃料的理论燃烧温度，增强了火焰辐射强度，对提高单元窑熔化能力也有好处。因此，其综合节能效果好。

　　玻璃熔窑选用的主要耐火材料：（1）致密氧化铬砖；（2）致密氧化锆砖；（3）标准锆砖；（4）烧结莫来石砖；（5）电熔铬刚玉砖；（6）电熔锆刚玉砖。

　　玻璃纤维的成型池窑拉丝采用微粉原料制成配合料，经窑头料仓、螺旋投料机送入单元熔窑。熔化好的玻璃液自单元窑熔化部流出后，即进入主通路或称澄清均化或调节通路，进行进一步澄清均化和温度调理，然后进入过渡通路或称分配通路和作业通路或称成型通路，再经流液槽进入铂铑合金漏板。漏板底部一般密布800~4000只漏嘴。池窑拉丝生产线通常分上下两层，作业上层为漏板拉丝操作区，底层为拉机卷绕操作区。

铂合金漏板是玻璃纤维生产中主要装置之一，形状为一个槽形容器。在拉过程中熔融玻璃流入漏板，由它将其调制到适合温度，然后通过底板上的漏嘴流出，并在出口处被高速旋转的拉丝机拉伸为连续玻璃纤维。在以上过程中，漏板自身通过电流发热调制玻璃液的温度，并维持足够均匀的温度分布以满足拉丝工艺需求。漏板由底板其上有所需数目的漏嘴、侧壁、堵头、接线端子（也称为电极）、滤网和法兰等组成。漏板材料要求漏板的使用工作温度为 1200 ℃左右，工作环境处于高温氧化和玻璃液浸蚀的状态。正常的拉丝作业又需要漏板尽可能长期保持良好的尺寸稳定性和导电性。此外，材料的选择受到其机加工性能经济性等因素的制约，因此，漏板材料大体上应具备如下要求：

（1）较高的熔点、高温强度和较好的抗变形能力；
（2）良好的高温抗菌素氧化性和化学稳定性；
（3）良好的延展性和可焊性，易于加工成型；
（4）抗玻璃液浸蚀能力强；
（5）可以循环使用且使用和回收损耗低；
（6）适宜拉丝的热电性能。

成型工艺装置包括漏板、丝根冷却器、喷水雾器、单丝涂油器、分束器、集束器、慢拉辊、气流扩散板和拉丝机。

拉丝机是生产连续玻璃纤维的主要设备。它的主要功能是将漏板漏嘴流出的玻璃液拉伸成一定细度的玻璃纤维，并以某种排线方式将其规则地卷绕成为特定要求的原丝筒，以供下道工序使用。拉丝机的种类从广义上可归纳为两类，即硬筒机头拉丝机和软筒拉丝机。

# 10.3 碳纤维制备工艺技术

碳纤维是纤维状的碳素材料，含碳量（质量分数）在 90%以上。它是利用各种含碳的有机纤维在惰性气体中、高温状态下碳化而制得的较高纯度碳链。碳纤维具有十分优异的力学性能，是目前已大量生产的高性能纤维中具有最高的比强度和最高的比模量的纤维，特别是在 2000 ℃以上的高温惰性环境中，碳材料是唯一强度不下降的物质，是其他主要结构材料（金属及其合金）所无法比拟的。碳纤维呈黑色，坚硬，具有强度高、重量轻等特点，是一种力学性能优异的新材料，它的密度不到钢的 1/4，碳纤维树脂复合材料抗拉强度是钢的 7.9 倍，抗拉弹性模量高于钢。除了优异的力学性能外，碳纤维还兼具其他多种优良性能，如低密度、耐高温、耐腐蚀、耐摩擦、抗疲劳、震动衰减性高、电及热传导性高、热膨胀系数低、X 光穿透性高，非磁体但有电磁屏蔽性等。

我国自 20 世纪 60 年代开始碳纤维研究开发至今已有近 40 年的历史，但进展缓慢，同时由于发达国家对我国几十年的技术封锁，至今没能实现大规模工业化生产，工业及民用领域的需求长期依赖进口，严重影响了我国高技术的发展，尤其制约了航空航天及国防军工事业的发展，与我国的经济社会发展进程极不相称。因此，研制生产高性能、高质量的碳纤维，以满足军工和民用产品的需求，扭转大量进口的局面，是当前我国碳纤维工业发展的迫切任务。

### 10.3.1  生产方法

目前，工业化生产碳纤维按原料路线可分为聚丙烯腈（PAN）基碳纤维、沥青基碳纤维和黏胶基碳纤维三大类。碳纤维生产就是不断除去杂质元素（主要为 H、N、O、K、Na），减少缺陷，净化、重整碳链的过程。从黏胶纤维制取高力学性能的碳纤维必须经高温拉伸石墨化，碳化效率低、技术难度大、设备复杂、成本较高，产品主要为耐烧蚀材料及隔热材料所用；由沥青制取碳纤维，原料来源丰富，碳化收率高，但因原料调制处理复杂、产品性能较低，也未得到大规模发展；由聚丙烯腈纤维原丝可制得高性能的碳纤维，其生产工艺较其他方法简单，而且产品的力学性能优良，用途广泛，因而自 20 世纪 60 年代问世以来，取得了长足的发展，成为当今碳纤维工业生产的主流。

与聚丙烯腈基碳纤维相比，沥青基碳纤维发展相对滞后。1987 年 9 月，日本三菱、旭化成建成了年产 500 t 高性能沥青基碳纤维装置，这标志着沥青基碳纤维已处于工业化过渡的新阶段。沥青基碳纤维的炭化收率比聚丙烯腈基高，原料沥青价格也远比聚丙烯腈便宜，在理论上，这些差别将使沥青基碳纤维的成本比聚丙烯腈基碳纤维低。然而，要制得高性能碳纤维，原料沥青中的杂质等必须完全脱除，沥青转化为中间相沥青，这使得高性能沥青基碳纤维的成本大大增加。实际上，高性能沥青基碳纤维的成本反而比聚丙烯腈基碳纤维高。故目前仅限于只追求性能而不计成本的极少数如宇航部门使用。

聚丙烯腈基碳纤维的生产主要包括原丝生产和原丝碳化两个过程。原丝生产过程主要包括聚合、脱泡、计量、喷丝、牵引、水洗、上油、烘干收丝等工序。碳化过程主要包括放丝、预氧化、低温碳化、高温碳化、表面处理、上浆烘干、收丝卷绕等工序。在生产聚丙烯腈（PAN）基碳纤维的时候，被称为"母体"的聚丙烯腈纤维首先要通过聚合和纺纱，然后将这些母体放入氧化炉中在 200~300 ℃进行氧化。另外，还要在碳化炉中，在温度为 1000~2000 ℃进行碳化制成碳纤维。

尽管碳纤维生产流程相对较短，但生产壁垒很高，其中碳纤维原丝的生产壁垒是难中之难，具体表现在碳纤维原丝的喷丝工艺、聚丙烯腈聚合工艺、丙烯腈与溶剂及引发剂的配比等。目前，世界碳纤维技术主要掌握在日本的东丽公司、东邦 Tenax 集团和三菱人造丝集团，这三家企业技术严格保密，而其他碳纤维企业均是处于成长阶段，生产工艺在摸索中不断完善。

根据产品规格的不同，碳纤维目前被划分为宇航级和工业级两类，也称为小丝束和大丝束。通常把 48 K 以上碳纤维称为大丝束碳纤维，包括 48 K、60 K、120 K、360 K 和 480 K 等。宇航级碳纤维初期以 1 K、3 K、6 K 为主，逐渐发展为 12K 和 24K，主要应用于国防军工和高技术领域，以及体育休闲用品，像飞机、导弹、火箭、卫星和钓鱼竿、高尔夫球杆、网球拍等。比如，一架空客 A380 需耗用 30 t 碳纤维、一架波音 787 飞机需耗用 20 多吨碳纤维。工业级碳纤维应用于不同民用工业，包括纺织、医药卫生、机电、土木建筑、交通运输和能源等。

### 10.3.2  碳纤维市场需求与用途

2008 年，我国全面启动和实施的大飞机重大专项整体配套项目中，包括了碳纤维在内的诸多化工新材料项目，随着以该专项为代表的国内各领域对碳纤维产品的需求增加，许多碳纤维研究项目或千吨级产业化项目纷纷启动。我国碳纤维行业缺乏具有自主知识产权的核心产业化技术，产业发展不会一蹴而就。在高性能碳纤维复合材料项目中，国家将重点支持千吨级高性能碳纤维和聚丙烯腈原丝生产工艺技术，预氧化炉、碳化炉等大型关键设备制造，纺丝油剂、碳纤维上浆剂、预浸料等重要辅助材料开发，以及高性能树脂基体材料开发、高性能碳纤维复合材料应用技术的产业化等。

据了解，目前全球碳纤维产能约 3.5 万吨，我国市场年需求量 6500 t 左右，属于碳纤维消费大国。但我国碳纤维 2007 年产能仅 200 t 左右，而且主要是低性能产品，没有形成规模化产业，绝大部分依赖进口，价格非常昂贵，比如标准型 T300 市场价格曾高达4000～5000 元/kg。由于缺少具有自主知识产权的技术支撑，国内企业目前尚未掌握完整的碳纤维核心关键技术。

# 10.4　芳纶纤维制备工艺技术

对位芳纶简称对位芳香族聚酰胺纤维，其中的聚对苯二甲酰对苯二胺（PPTA）纤维，由于 PPTA 表现出溶致液晶性，是一种重要的主链型高分子液晶。高分子液晶的工业化是以对位芳纶的另一个差别化产品浆粕纤维（PPTA-pulp）。它具有长度短（不大于 4 mm）、毛羽丰富、长径比高、比表面积大（可达 7～9 $m^2/g$）等优点，可以更好地分散于基体中制成性能优良的各向同性复合材料，其良好的耐热性、耐腐蚀性和好的力学性能，在摩擦密封复合材料（代替石棉）中得到了更好的应用。某些国家浆粕的应用高达芳纶用量的 96%。

## 10.4.1　对位芳纶的主要性能

对位芳纶最突出的性能是其高强度、高模量和出色的耐热性。同时，它还具有适当的韧性可供纺织加工。标准 PPTA 芳纶的重量比拉伸强度是钢丝的 6 倍，玻璃纤维的 3 倍，高强尼龙工业丝的 2 倍；其拉伸模量是钢丝的 3 倍，玻璃纤维的 2 倍，高强尼龙工业丝的 10 倍；在 200 ℃下经历 100 h，仍能保持原强度的 75%，在 160 ℃下经历 500 h，仍能保持原强度的 95%。据此，对位芳纶大多被用作轻质、耐热的纺织结构材料或复合结构增强材料。对位芳纶性能的缺点是压缩强度和压缩模量较低、耐潮湿和耐紫外辐射性差、表面与基体复合黏合性差。为了适应不同的应用需要，厂商开发了不同型号的对位芳纶品种，对位芳纶的主要应用特性见表 10-1。

表 10-1　对位芳纶的主要应用特性

| 商品牌号 | 应用特性 | 密度/g·cm⁻³ | 拉伸强度/cN·dtex⁻¹ | 拉伸模量/cN·dtex⁻¹ | 伸长率/% | LOI | 分解温度/℃ | 吸湿率/% |
|---|---|---|---|---|---|---|---|---|
| Kevlar 29 | 标准 | 1.44 | 20.3 | 490 | 3.6 | 29 | 500 | 7 |
| Kevlar 49 | 高模 | 1.45 | 20.8 | 780 | 2.4 | 29 | 500 | 3.5 |
| Kevlar 119 | 高伸 | 1.44 | 21.2 | 380 | 4.4 | 29 | 500 | 7 |
| Kevlar 129 | 高强 | 1.44 | 23.4 | 670 | 3.3 | 29 | 500 | 7 |
| Kevlar 149 | 高模 | 1.47 | 16.8 | 1150 | 1.3 | 29 | 500 | 1.2 |

续表 10-1

| 商品牌号 | 应用特性 | 密度 /g·cm⁻³ | 拉伸强度 /cN·dtex⁻¹ | 拉伸模量 /cN·dtex⁻¹ | 伸长率/% | LOI | 分解温度 /℃ | 吸湿率 /% |
|---|---|---|---|---|---|---|---|---|
| Twaron Reg | 标准 | 1.44 | 21 | 500 | 4.4 | 29 | 500 | 6.5 |
| Twaron HM | 高模 | 1.45 | 21 | 750 | 2.5 | 29 | 500 | 3.5 |
| Technora | 高强 | 1.39 | 24.7 | 520 | 4.6 | 25 | 500 | 2 |
| Armos | 高强高模 | 1.43 | 35~39 | 1050 | 3.5~4.0 | 39~42 | 575 | 2.0~3.5 |
| Rusar C | 高强高模 | 1.46 | 36.3 | 1074 | 2.6 | 35 | 575 | 2.25 |
| Rusar HT | 高强高模 | 1.47 | 34.7 | 1200 | 2.6 | 45 | 575 | 1.35 |

另外，据悉俄罗斯的芳纶性能最好，芳杂环共聚芳纶是俄罗斯的强项，但其产业化水平不高，在世界市场上所占份额很少。若按性能高低排序，几种俄罗斯芳纶依次为 Rusar®、Armos®、SVM®、Terlon 系列，其中 Rusar® 系列是俄罗斯芳纶的最新品种。

### 10.4.2　对位芳纶的纺丝工艺

由于对位芳纶两步法纺丝过程复杂，故生产成本较高。由于硫酸有腐蚀性，对设备的要求很高，且残存的浓硫酸会使纤维在纺丝过程中导致聚合物的降解，这就限制了纤维的强度和模量。为缩短流程、简化工艺，人们探索出由聚合物原液直接纺丝制纤维的新工艺。

旭化成公司生产对位芳纶，其工艺流程图如图 10-2 所示。

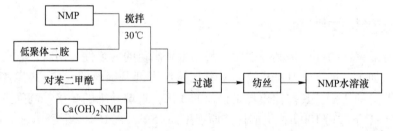

图 10-2　旭化成公司生产对位芳纶工艺流程

褚风奎等人的直接成纤工艺把缩聚后的聚合溶液不经纺丝，直接处理得到短纤维。该法中聚合物溶液由 NMP、氯化锂、吡啶和 PPTA 构成，其中聚合物的浓度必须要能形成液晶态，以保证后续沉析过程的顺利进行。该工艺受搅拌速度的影响很大，一般搅拌速度增加会造成短纤维长径比增加。由该法获得的短纤维长度为 1~50 mm，直径为 2~100 μm。其简化工艺流程为：低温溶液缩聚 → 沉析成纤 → 水洗 → 烘干 → 短纤维。

杜邦公司的 Kevlar 纤维用两步法工艺，其步骤如下。

（1）溶解。将合成好的聚合物与冷冻浓硫酸混合，固体含量（质量分数）约为 19.4%。

（2）熔融。将混合好的纺丝液加热到 85 ℃ 的纺丝温度，此时形成液晶溶液。

（3）挤出。纺丝液经过滤后用齿轮泵从喷丝口挤出。

（4）拉伸。挤出液在一个被称为气隙的约为 8 mm 的空气层，在气隙中进行约为 6 倍的拉伸。

（5）凝固。液态丝条在温度为 5~20 ℃、质量分数为 5%~20% 的硫酸凝固浴中凝固成型。

（6）水洗、中和、干燥。丝条从凝固浴出来后水洗，在 160~210 ℃加热干燥。

（7）卷绕。干的 Kevlar 纤维在卷筒上卷绕。

此工艺的纺丝速度大于 200 m/min。

三大高性能纤维中，芳纶的产量和需求量是最大的，回顾 1995 年世界对位芳纶的产量约 4.2 万吨，2004—2005 年期间年对位芳纶世界总产量约 5.5 万吨。对位芳纶的生产商主要是 Dupont 公司和 Teijin 公司两家，其产量分别约占世界对位芳纶总产量的 55% 和 45%，其他国家或公司仅有少量生产。据报道，近年来世界对位芳纶需求年增长率为 10% 以上。为此，Dupont 公司计划在未来几年内把现有 Kevlar 的产能提高 50%；Teijin 公司则从 2000 年收购 Twaron 业务以来进行了三次大规模扩产，近期产能计划达到 23000 t。

我国进行现代化建设也迫切需要发展高性能芳纶，目前年用量在 3000 t 以上。20 世纪 80 年代起，我国开始进行对位芳纶的研制工作，先后多家单位开发过芳纶Ⅰ、芳纶Ⅱ、芳纶Ⅲ（类似俄罗斯芳纶），但一直处于小试和中试阶段，尚未实现产业化。目前，国内多家单位正在实现对位芳纶产业化。

近年来，随着世界经济和科技的快速发展，对位芳纶的用途不断扩展，尤其在复合材料、轮胎橡胶、建筑和电子通信领域的应用进展显著。经过 40 年的研究开发，对位芳纶从少量应用于军工、航天的特殊材料将发展成为在工业和民用领域也广泛使用的标准材料。不仅如此，当前活跃的对位芳纶改性和差别化研究也预示其正在快速成为一类通用材料的发展趋势。

最近几年来，全球对位芳纶需求量为 5.5 万~5.7 万吨，消耗量年增长率为 10%~12%。目前，全球对位芳纶仍然处在供应十分紧缺的状态下，原因是绝大部分对位芳纶生产量仍然控制在杜邦和帝人两家公司手中，其他公司生产能力有限；加之曾经发生的"9·11"事件使防弹级芳纶的需求增长，加剧了对位芳纶的供应短缺。为此，杜邦和帝人公司多次进行扩产，其他公司也积极开发。

回顾 1995 年我国对位芳纶的年用量是 50 t，到了 2005 年以后已经达到了 3000 t，10 年之间增长了 60 倍。作为一类高性能材料，对位芳纶的优异性能在不同的领域被开发应用。实际上，对位芳纶不但可以单独用作各种结构材料和功能材料，而且还可与其他材料复合应用。

目前，芳纶的主要消耗领域是橡胶工业、摩擦密封材料、防弹防护、复合材料和绳缆市场。尤其是对位芳纶在橡胶工业领域的用量稳步增长，年增长率接近 13%；在橡胶制品中，胶管、传动带和胶料用短纤维的用量百分比分别为 41%、26% 和 14%。根据芳纶最终用途的市场区分，对位芳纶的用途分类见表 10-2。

表 10-2  芳纶的用途分类

| 按用途分类 | 最终用途举例 | 应用特性 |
| --- | --- | --- |
| 轮胎 | 飞机轮胎，赛车轮胎，高速轿车轮胎，货车和工程车轮胎，摩托车轮胎，自行车轮胎 | 重量轻，强度高，模量高，尺寸稳定，收缩率低，耐刺破 |

| 按用途分类 | 最终用途举例 | 应用特性 |
|---|---|---|
| 橡胶制品 | 输送带，传动带，汽车用软管，液压系统软管，海洋勘探用软管，油气管道，胶辊，涂覆织物，空气弹簧 | 强力高，模量高，尺寸稳定，耐热好，耐化学品 |
| 防弹材料 | 防弹衣，头盔，防弹护甲，交通工具保护，战略设施保护 | 强度高，能量耗散性好，质量轻，舒适性好 |
| 防护服装 | 消防服，防火毯，耐热工作服，阻燃织物，防切割手套，耐切割座椅面料 | 耐热性，阻燃性，耐切割性 |
| 摩擦密封绝缘材料 | 刹车衬带，离合器衬片，密封圈，盘根，垫圈，触变剂，工业用纸，绝缘材料 | 纤维原纤化，耐热性，耐化学腐蚀，阻燃性，力学性能好 |
| 复合材料 | 航天航空结构件增强，造船，高速列车厢内隔板，压力容器，集装箱结构，运动及休闲器具，塑料添加剂，土木工程，混凝土加固 | 质量轻，强度高，模量高，耐冲击，耐磨耗 |
| 绳缆 | 管道电缆增强，通用电缆增强，机械结构用绳缆，船用缆绳 | 强度高，尺寸稳定性好，耐腐蚀，耐热，介电性好 |
| 通信电子器材 | 光缆增强材料，机载星载舰载雷达罩，透波结构材料，轻型天线，特种印刷线路板，电子电器运动结构件，控制操纵用电缆 | 强度高，模量高，尺寸稳定性好，透波性好，绝缘性好 |

# 10.5　黏胶纤维制备工艺技术

## 10.5.1　黏胶纤维生产的基本过程

　　黏胶纤维的原料和成品，其化学组成都是纤维素纤维，仅是形态、结构以及物理机械性质发生了变化。黏胶纤维生产的任务，就是通过化学和机械的方法，将浆粕中很短的纤维制成各种形态，并具有所要求的品质，适合各种用途的纤维成品。各种黏胶纤维，不论采用何种浆粕原料和生产设备，其生产的基本过程都是相同的，都必须经过下列四个过程：

　　（1）黏胶的制备；

　　（2）黏胶在纺丝前的准备；

　　（3）纤维的成型；

　　（4）纤维的后处理。

　　生产黏胶短纤维的主要过程也和这个相同，其中前两个工序在本厂称为制胶工序，后两个称为纺丝工序。

## 10.5.2　制胶工序

### 10.5.2.1　黏胶的制备工艺流程

　　把浆粕制成黏胶，要经过两个化学过程。首先将浆粕与碱液作用，生成碱纤维素，然后再使碱纤维素与二硫化碳作用，生成纤维素黄酸酯。通过这两个反应，在不能直接溶于稀碱液中的纤维素分子上，引入极性很强的磺酸基团，从而使它溶解而制得黏胶。这时黏胶为粗制黏胶，还要经过精制过程才能进行纺丝，如图10-3所示。

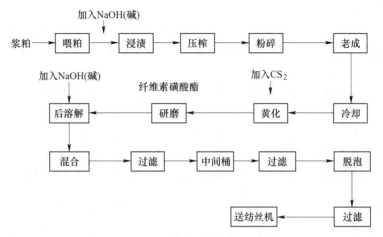

图 10-3　黏胶的制备工艺流程

### 10.5.2.2　黏胶的制备过程

A　浆粕的准备

黏胶纤维厂必须贮存一定数量的浆粕，各批浆粕在使用前还需要进行混合，以使各批黏胶的原料性能基本上一致。

B　碱纤维素的制备

浆粕浸渍于一定浓度的碱中，生成碱纤维素。反应方程式如下：

$$C_6H_9O_4—OH + NaOH \longrightarrow C_6H_9O_4—Na + H_2O$$

碱纤维素经过压榨，除去多余的碱液，然后进行粉碎。粉碎后的碱纤维素成为松散的絮状。

C　纤维素的老成

把粉碎后的碱纤维素，在空气中暴露适当的时间，由于空气中氧的作用，纤维素分子链发生断裂，平均聚合度下降，使制成的黏胶的黏度得到适当调整，避免因黏胶黏度过高而使工艺过程发生困难。碱纤维素的老成程度，根据纤维品种的特性而不同，有些品种没有专门的老成过程。

D　纤维素磺酸酯的制备

碱纤维与二硫化碳作用，生成纤维素磺酸酯。其反应如下：

$$Cell—OH \cdot NaOH + CS_2 \longrightarrow Cell—O—O—SNa$$
$$|$$
$$S$$

各种黏胶纤维对纤维素磺酸酯的品质要求是不同的。

E　纤维素磺酸酯的溶解

将纤维素磺酸酯均匀地溶于稀碱液中，制成黏胶。这是一种橘黄色的黏性溶液。

### 10.5.2.3　黏胶在纺丝前的准备

黏胶制成以后，要经过精致过程才能进行纺丝。这一过程对于黏胶的纺丝性能和提高纤维成品的质量具有很重要的意义。

（1）胶的混合。将几批黏胶充分混合，以消除各批黏胶品质上的差异，从而提高现为产品质量上的均一性。

（2）胶的过滤。通过过滤工序，除去黏胶中的各种固态或半溶状态的粒子，避免因这些粒子堵塞喷丝孔而造成纺丝困难，或造成纤维产品质量下降。生产上的纺丝黏胶，要经过 3~4 次过滤。

（3）脱泡。排除黏胶中的气泡，防止由此使纺丝断头和使成品质量下降。

（4）黏胶的熟成。在控制的温度下，黏胶在静止或流动的状态下贮存一定时间，以获得良好的纺丝性能。黏胶的熟成程度，根据各种纤维的特点而有不同的要求。

通过以上各道工序，使粗制黏胶精致，为黏胶纺丝制造合格的黏胶，从而达到纺丝的要求。以上包括黏胶的制备在本厂统称为制胶，在制胶车间也称为原液车间进行制胶工序。

### 10.5.3  纺丝工序

从黏胶变成具有一定品质的再生纤维素丝条的过程，是在纺丝机上通过酸性的凝固浴酸浴完成的，形成的纤维素丝条经过牵伸、切断、精炼等工序得到品质符合要求的丝束，然后经过烘干工序赋予其一定的回潮率使之手感穿着更舒适，再经过打包工序包装成具有一定质量的纤维包等待出厂。

纺丝工序生产流程如图 10-4 所示。

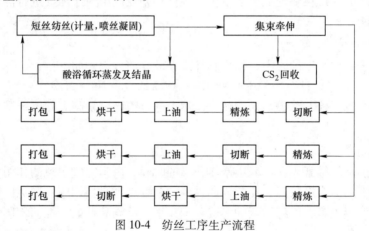

图 10-4   纺丝工序生产流程

随着磺酸酯的分解，纤维素的极性羟基得以恢复，因而在纤维素大分子间产生新的联结点，它们在相互作用的引力范围内，牵制越来越多的缔合体，通过凝固的渗透和盐析作用，促使纤维内的水分释放出来，而形成胶体。

#### 10.5.3.1  凝固浴的组成及作用

黏胶纤维凝固的组分主要有硫酸、硫酸钠、硫酸锌。此外，为了某些工艺目的和提高纤维的物理力学性能，常在凝固浴中加入少量的助剂。

酸浴中各组分作用如下。

（1）硫酸能参与三个方面的作用。一是使纤维素磺酸酯分解而析出再生纤维素和放出二硫化碳；二是中和黏胶中的碱；三是分解副反应产物。

（2）硫酸钠的主要作用是通过盐析作用促使黏胶凝固和抑制硫酸离解度，使纤维素磺酸值分解速度放缓。

（3）硫酸锌的主要作用是改进纤维成型效果，使纤维具有较高的韧性和较优良的耐劳性能。

### 10.5.3.2 影响成型的因素

黏胶的组成性质、成型的速度、凝固浴组成及循环量、成型温度、凝固浴浸长、喷丝孔形状等都影响纺丝成型质量。

### 10.5.4 丝条的拉伸

拉伸常被称为化学纤维成型的第二阶段或第二次成型，用拉伸的方法使物理力学性能较差的初生纤维的纤维素大分子沿纤维轴取向，是制造优质纤维的重要条件之一。黏胶纤维的拉伸一般由喷丝头拉伸、塑化拉伸及纤维的回缩三个阶段组成。

（1）喷丝头拉伸。喷丝头拉伸是指导丝盘的线速度与黏胶自喷丝孔喷出速度间的比率。

（2）塑化拉伸。塑化拉伸是在二浴中进行的。刚离开凝固浴的丝条，虽已均匀凝固，但尚未完成再生，在高温的低酸热水浴中丝条处于可塑状态，大分子链有较大的活动余地，另以强烈的拉伸就能使大分子和缔合体沿拉伸轴向取向，在拉伸的同时，纤维素基本再生，使拉伸的效果固定下来。同时，合适的二浴温度对成品质量和二硫化碳的回收都有有利的影响。

（3）纤维的回缩。丝束经过强烈拉伸以后，纤维素大分子及其聚集体大多沿着拉伸方向取向，大分子间的作用力很强，使纤维大分子几乎处在僵直状态。纤维的强度虽然较高，但纤维的伸度较低，脆性较高实用性较差。为改善纤维的脆性，常在拉伸后给予纤维适当的回缩，在不过多地损害纤维强度的情况下，改善纤维的脆性，使纤维的伸度有所提高。

### 10.5.5 纤维的后处理

黏胶纤维纺丝成型以后还会含有较多的杂质，如硫酸、硫酸盐、二硫化碳及硫黄等，它们在纤维内的存在，在烘干时对纤维起破坏作用，或降低纤维的物理力学性能和染色性能。某些杂质在成品纤维中的存在会影响纺织加工的顺利进行和织物的外观，降低织物的使用性能，后处理的目的就是除去或减少这些杂质，提高纤维的使用性能。

黏胶短纤维后处理有丝束状后处理及短纤维后处理两种方式。短纤维后处理为现在大多工厂采用的方式。丝条切断后，纤维在长网式精炼机上以棉层状在长网的带动下连续向前移动，在精炼机的各种洗淋槽内淋出，精炼后的纤维经风送后进入烘干机。烘干后，纤维经精开松机进入打包机，打成成品。

## 10.6 聚合物基复合材料制备工艺技术

聚合物基复合材料的性能在纤维与树脂体系确定后，主要取决于成型工艺。所谓成型工艺包括两方面的内容：一是成型，即将预浸料按产品的要求，铺置成一定的形状，一般就是产品的形状；二是进行固化，即使已铺置成一定形状的叠层预浸料，在温度、时间和压力等因素影响下使形状固定下来，并能达到预计的性能要求。

目前在生产中采用的成型工艺方法有：（1）手糊成型-显法铺层成型；（2）真空袋压法成型；（3）压力袋成型；（4）树脂注射和树脂传递成型；（5）喷射成型；（6）真空辅助树脂注射成型；（7）夹层结构成型；（8）模压成型；（9）注射成型；（10）挤出成型；（11）纤维缠绕成型；（12）拉挤成型；（13）连续板材成型；（14）层压或卷制成型；（15）热塑性片状模塑料热冲压成型；（16）离心浇铸成型。

在这些成型方法中大部分已广泛应用，本节仅做一般介绍。随着科学技术的发展，聚合物基复合材料的成型工艺将向更完善更精密的方向发展。

## 10.6.1　手糊工艺

手糊工艺是聚合物基复合材料制造中最早采用的最简单的方法。其工艺过程是先在模具上涂刷含有固化剂的树脂混合物，再在其上铺贴一层按要求剪裁好的纤维织物，用刷子、压辊或刮刀压挤织物，使其均匀浸胶并排除气泡后，再涂刷树脂混合物和铺贴第二层纤维织物，反复上述过程直至达到所需厚度为止。然后，在一定压力作用下加热固化成型（热压成型）或者利用树脂体系固化时放出的热量固化成型（冷压成型），最后脱模得到复合材料制品。

手糊成型工艺是复合材料最早的一种成型方法。虽然它在各国复合材料成型工艺中所占比重呈下降趋势，但仍不失为主要工艺，这是由于手糊成型具有下列优点：

（1）不受产品尺寸和形状限制，适宜尺寸大、批量小、形状复杂产品的生产；

（2）设备简单，投资少，设备折旧费低。

为了得到良好的脱模效果和理想的制品，需要同时使用几种脱模剂，这样可以发挥多种脱模剂的综合性能。

## 10.6.2　模压成型工艺

模压成型是一种对热固性树脂和热塑性树脂都适用的纤维复合材料成型方法。将定量的模塑料或颗粒状树脂与短纤维的混合物放入敞开的金属对模中，闭模后加热使其熔化，并在压力作用下充满模腔，形成与模腔相同形状的模制品，再经加热使树脂进一步发生交联反应而固化，或者冷却使热塑性树脂硬化，脱模后得到复合材料制品。

模压成型工艺是一种古老技术，早在20世纪初就出现了酚醛塑料模压成型。模压成型工艺有较高的生产效率，制品尺寸准确，表面光洁，多数结构复杂的制品可一次成型，无须二次加工，制品外观及尺寸的重复性好，容易实现机械化和自动化等优点。模压工艺的主要缺点是模具设计制造复杂，压机及模具投资高，制品尺寸受设备限制，一般只适合制造批量大的中小型制品。

模压成型工艺的上述优点，使其成为复合材料的重要成型方法，在各种成型工艺中所占比例仅次于手糊/喷射和连续成型，居第三位。近年来，随着专业化、自动化和生产效率的提高，制品成本不断降低，使用范围越来越广泛。模压制品主要用作结构件、连接件、防护件和电气绝缘等，广泛应用于工业、农业、交通运输、电气、化工、建筑、机械等领域。模压制品质量可靠，在兵器、飞机、导弹、卫星上也都得到应用。

### 10.6.3 喷射成型工艺

喷射成型一般是将分别混有促进剂和引发剂的不饱和聚酯树脂从喷枪两侧（或在喷枪内混合）喷出，同时将玻璃纤维无捻粗纱用切割机切断并由喷枪中心喷出，与树脂一起均匀沉积到模具上。待沉积到一定厚度，用手辊滚压，使纤维浸透树脂、压实并除去气泡，最后固化成制品。

喷射成型对所用原材料有一定要求，例如树脂体系的黏度应适中，容易喷射雾化、脱除气泡和浸润纤维以及不带静电等。最常用的树脂是在室温或稍高温度下即可固化的不饱和聚酯等。喷射法使用的模具与手糊法类似，而生产效率可提高数倍，劳动强度降低，能够制作大尺寸制品。用该方法虽然可以成型比较复杂形状的制品，但其厚度和纤维含量都较难精确控制，树脂含量（质量分数）一般在60%以上，孔隙率较高，制品强度较低，施工现场污染和浪费较大。利用喷射法可以制作大篷车车身、船体、广告模型、舞台道具、贮藏箱、建筑构件、机器外罩、容器、安全帽等。

### 10.6.4 挤出成型工艺

挤出成型工艺是热塑性复合材料的成型方法。挤出成型主要包括加料、塑化、成型、定型四个过程。挤出成型需要完成粒料输运、塑化，和在压力作用下使熔融物料通过机头口模获得所要求的断面形状制品。增强粒料的挤出过程如图10-5所示。粒料从料斗3进入挤塑机的机筒7，在热压作用下发生物理变化，并向前推进。由于滤板8、机头9和机筒7的阻力，使粒料压实、排除气，与此同时，外部热源与和物料摩擦热使料粒受热塑化，变成熔融黏流态，凭借螺杆推力，定量地从机头挤出。

另外，还有连续缠绕成型工艺、挤压成型工艺、注射成型工艺等。

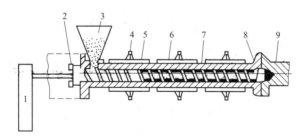

图10-5　挤出成型示意图
1—转动机构；2—止推轴承；3—料斗；4—冷却系统；5—加热器；
6—螺杆；7—机筒；8—滤板；9—机头

## 10.7　金属基复合材料制备工艺

金属基复合材料的制备工艺方法对复合材料的性能有很大的影响，因此一直是金属基复合材料的重要研究内容之一。金属基复合材料的工艺研究主要有以下五个方面：（1）金属基体与增强材料的结合和结合方式；（2）金属基体/增强材料界面和界面产物在工艺过程中的形成及控制；（3）增强材料在金属基体中的分布；（4）防止连续纤维在制备工艺过程中的损伤；（5）优化工艺参数，提高复合材料的性能和稳定性，降低成本。

表 10-3 列出了目前常用的金属基复合材料的制备方法。由此可见，金属基复合材料的制备方法是多种多样的。但为了便于介绍，根据各种方法的基本特点把金属基复合材料的制备工艺分为固态法、液态法、喷射与喷涂沉积法和原位复合法四大类。

**表 10-3　常用的金属基复合材料制备工艺**

| 制备方法 | 适用增强材料的类型 | 典型金属基复合材料 |
|---|---|---|
| 扩散结合 | 连续纤维 | $B_f/Al$、$C_f/Al$、$Borsic/Ti$ |
| 粉末冶金（HIP、CIP） | 连续、短纤维、颗料、晶须 | $SiC_f/Al$、$SiC_w/Al$、$SiC_p/Al$ |
| 压铸 | 连续、短纤维、颗粒、晶须 | $Al_2O_{3f}/Al$、$SiC_p/Al$、$SiC_w/Al$、$Cr/Al$ |
| 半固态复合铸造 | 颗粒 | $SiC_p/Al$、$Al_2O_{3p}/Al$ |
| 喷射沉积 | 颗粒 | $SiC_p/Al$ |
| 原位复合 | 连续纤维、晶须 | $NbC_f/Ni$、$TiC_p/Al$ |

金属基复合材料的广泛应用是与其制备方法和设备的研究开发密切相关的，这是因为金属基复合材料的制备工艺简化和易控制后，可以降低成本，提高材料的性能和稳定性。

## 10.7.1　固态法

金属基复合材料的固态制备工艺主要为扩散结合和粉末冶金两种方法。

### 10.7.1.1　扩散结合

扩散结合工艺是传统金属材料的一种固态连接技术，在一定的温度和压力下，把表面新鲜清洁的相同或不相同的金属，通过表面原子的互相扩散而连接在一起。因而，扩散结合也成为一种制造连续纤维增强金属基复合材料的传统工艺方法。

扩散结合工艺中，增强纤维与基体的结合主要分为纤维的排布、复合材料的叠合和真空封装及热压三个关键步骤。

增强纤维的排布可以采用以下方法。一是采用有机黏结剂。将增强纤维的单丝或多丝的条带分别浸渍加热后易挥发的有机黏结剂（如聚苯乙烯十二甲苯），按复合材料设计要求的间距排列在金属基体的薄板或箔上，形成预制件。二是采用带槽的薄板或箔片，将纤维排布在其中。三是采用等离子喷涂。先在金属基体箔片上用缠绕法排布好一层纤维，然后再喷涂一层与基体金属相同的金属，这样便将增强纤维与基体金属粘接固定在一起。四是将与基体润湿性差的增强纤维预先进行表面化学或物理处理，然后再通过基体金属熔池，使金属充分浸渍到纤维表面或纤维束中，形成金属基复合丝。这种复合丝既可与金属基体箔片交互排布，也可直接排布成预制件，然后进行扩散结合。

扩散结合工艺中的第一个关键步骤是叠合与封装。叠合是将排布好纤维的幅片（单丝缠绕）或条带预制件剪裁成一定形状，根据复合材料制品的要求叠合成一定厚度。为防止复合材料在热压中的氧化，叠合好的复合材料坯料应真空封装于金属模套中。在金属模套的内壁涂上云母粉类的涂料以利于热压后复合材料与金属模套的分离，注意不能涂与金属基体发生反应的涂料。

扩散结合工艺中的第二个关键步骤是热压。一般封装好的叠层在真空或保护气氛下直接放入热压模或平板进行热压合。热压过程中要控制好热压工艺参数，即热压温度、压力和时间。在真空热压炉中制备硼纤维增强铝的热压板材时，温度控制在铝的熔点温度以下，一般为 500~600 ℃，压力为 50~70 MPa，热压时间控制在 0.5~2 h。

扩散结合热压工艺中，压力应有一定下限。在热压时，基体金属箔或薄板在压力作用下发生塑性变形，经一定温度和时间的作用扩散而焊合在一起，并将增强纤维固结在其中，形成金属基复合材料。如果扩散结合的压力不足，金属塑性变形无法达到与纤维结合时，就会形成"眼角"空洞。

采用扩散结合方式制备金属基复合材料，工艺相对复杂，工艺参数控制要求严格，纤维排布、叠合以及封装手工操作多，成本高。但扩散结合是连续纤维增强并能按照铺层要求排布的唯一可行的工艺。在扩散结合工艺中增强纤维与基体的湿润问题容易解决，而且在热压时可通过控制工艺参数的办法来控制界面反应。因此，在金属基复合材料的早期生产中大量采用扩散结合工艺。

### 10.7.1.2　粉末冶金

粉末冶金既可用于连续长纤维增强，又可用于短纤维、颗粒或晶须增强的金属基复合材料。长纤维增强金属基复合材料的粉末冶金法是将预先设计好的一定体积百分比的长纤维和金属基体粉末混装于容器中，在真空或保护气氛下预烧结。然后将预烧结体进行热等静压加工。一般采用粉末冶金工艺制备的长纤维增强金属基复合材料中纤维的体积分数为 40%~60%，最多可达 75%。与扩散结合法相比，粉末冶金法制备的纤维增强金属基复合材料的纤维分布不够均匀，因此性能稳定性差。但可以通过二次加工，如热挤压来改善。短纤维、颗粒或晶须增强金属基复合材料的粉末冶金工艺过程主要分为两部分。首先将增强材料（短纤维、颗粒或晶须）与金属粉末混合均匀（大多采用机械混合）。然后进行封装、除气或采用冷等静压，再进行热等静压或热压烧结法，以提高复合材料的致密性。经过热等静压或烧结后的复合材料，一般还要经过二次加工（热轧、热挤压或热锻等）后才可获得金属基复合材料或复合材料零件毛坯。

此外，还可将混合好的增强材料（颗粒、晶须或短纤维）与金属粉末压实封装于包套金属中，然后加热直接进行热挤压成型，同样可以获得致密的金属基复合材料。与其他制备工艺相比较，粉末冶金法制备金属基复合材料具有以下优点。

（1）热等静压或烧结温度低于金属熔点，因而由高温引起的增强材料与金属基体的界面反应少，减小了界面反应对复合材料性能的不利影响。同时，可以通过热等静压或烧结时的温度、压力和时间等工艺参数来控制界面反应。

（2）可根据性能要求，使增强材料（纤维、颗粒或晶须）与基体金属粉末以任何比例混合，纤维含量（质量分数）最高可达 75%，颗粒含量（质量分数）可达 50% 以上，这是液态法无法达到的。

（3）可降低增强材料与基体互相湿润的要求，也降低了增强材料与基体粉末的密度差的要求，使颗粒或晶须均匀分布在金属基复合材料的基体中。

（4）采用热等静压工艺时，其组织细化、致密、均匀，一般不会产生偏析、偏聚等缺陷，可使孔隙和其他内部缺陷得到明显改善，从而提高复合材料的性能。

（5）粉末冶金法制备的金属基复合材料可通过传统的金属加工方法进行二次加工，可以得到所需形状的复合材料构件的毛坯。

但粉末冶金法与扩散结合法一样，工艺过程比较复杂，而且金属基体必须制成粉末，因而增加了工艺的复杂性和成本。在制备铝基复合材料时，还要防止铝粉引起的爆炸。然而由于粉末冶金法的上述优点，国内外仍在致力发展粉末冶金法生产金属基复合材料。

### 10.7.2 液态法

液态法也称为熔铸法，其中包括压铸、半固态复合铸造、液态渗透、搅拌法和无压渗透法等。这些方法的共同特点是金属基体在制备复合材料时均处于液态。

液态法是目前制备颗粒、晶须和短纤维增强金属基复合材料的主要工艺方法。与固态法相比，液态法的工艺及设备相对简便易行，与传统金属材料的成型工艺，如铸造、压铸等方法非常相似，制备成本较低，因此液态法得到较快的发展。

#### 10.7.2.1 压铸

压铸成型是指在压力作用下将液态或半液态金属基复合材料或金属以一定速度充填压铸模型腔或增强材料预制体的孔隙中，在压力下快速凝固成型而制备金属基复合材料的工艺方法。其具体工艺为：首先将包含有增强材料的金属熔体倒入预热模具中后迅速加压，压力为 70~100 MPa，使液态金属基复合材料在压力下凝固。待复合材料完全固化后顶出，即制得所需形状及尺寸的金属基复合材料的坯料或压铸件。

压铸工艺中，影响金属基复合材料性能的工艺因素主要有熔融金属的温度、模具预热温度、使用的最大压力、加压速度等。在采用预制增强材料块时，为了获得无孔隙的复合材料，一般压力不低于 50 MPa，加压速度以使预制件不变形为宜，一般为 1~3 cm/s。对于铝基复合材料，熔融金属温度一般为 700~800 ℃，预制件和模具预热温度一般可控制在 500~800 ℃，并可相互补偿，如前者高些，后者可以低些，反之亦然。

采用压铸法生产的铝基复合材料的零部件，其组织细化、无气孔，可以获得比一般金属模铸件性能优良的压铸件。与其他金属基复合材料制备方法相比，压铸工艺设备简单，成本低，材料的质量高且稳定，易于工业化生产。

#### 10.7.2.2 半固态复合铸造

半固态复合铸造主要是针对搅拌法的缺点而提出的改进工艺。这种方法是将颗粒加入处于半固态的金属基体中，通过搅拌使颗粒在金属基体中均匀分布，并取得良好的界面结合，然后浇注成型或将半固态复合材料注入模具中进行压铸成型。

通常采用搅拌法制备金属基复合材料时常常会由于强烈搅拌将气体或表面金属氧化物卷入金属熔体中，同时当颗粒与金属基体湿润性差时，颗粒难以与金属基体复合，而且颗粒在金属基体中由于比重关系而难以得到均匀分布，影响复合材料性能。

半固态复合铸造的原理是将金属熔体的温度控制在液相线与固相线之间，通过搅拌使部分树枝状结晶体破碎成固相颗粒，熔体中的固相颗粒是一种非枝晶结钩，防止半固态熔体的黏度增加。当加入预热后的增强颗粒时，因熔体中含有一定量的固相金属颗粒，在搅拌中增强颗粒受阻而滞留在半固态金属熔体中，增强颗粒不会结集和偏聚而得到一定的分散。同时强烈的机械搅拌也使增强颗粒与金属熔体直接接触，促进润湿。

此法的工艺参数控制主要是：（1）金属基体熔体的温度应使熔体达到 30%~50% 固态。（2）搅拌速度应不产生湍流以防止空气裹入，并使熔体中枝晶破碎形成固态颗粒，降低熔体的黏度以利增强颗粒的加入。由于浇注时金属基复合材料是处于半固态，直接浇注成型或压铸成型所得的铸件几乎没有缩孔或孔洞，组织细化和致密。

半固态复合铸造主要应用于颗粒增强金属基复合材料，因短纤维、晶须在加入时容易结团或缠结在一起，虽经搅拌也不易分散均匀，所以不易采用此法来制备短纤维或晶须增强金属基复合材料。

### 10.7.2.3 无压渗透

无压渗透工艺是将增强材料制成预制体，置于氧化铝容器内。再将基体金属坯料置于可渗透的增强材料预制体上部。氧化铝容器、预制体和基体金属坯料均装入可通入流动氮气的加热炉中。通过加热，基体金属熔化，并自发渗透进入网络状增强材料预制体中。

无压渗透工艺能较明显降低金属基复合材料的制造成本，但复合材料的强度较低，而其刚度显著高于基体金属。例如，以 $55\% \sim 60\% Al_2O_3$ 或 SiC 预制成零件的形状，放入同样形状的刚玉陶瓷槽内，将含有 $3\% \sim 10\% Mg$ 的铝合金（基体）坯料放置在增强材料预制体上，在流动的氮气气氛下，加热至 $800 \sim 1000 ℃$，铝合金熔化并自发渗入预制体内。由于氮气与铝合金发生反应，所以在金属基复合材料的显微组织中还有 AlN。控制氮气流量、温度以及渗透速度，可以控制 AlN 的生成量。AlN 在铝基复合材料中起到提高复合材料刚度，降低热膨胀系数的作用。采用这种方法制备的 $Al_2O_3/Al$ 的刚度是铝合金基体的 2 倍，而 $SiC/Al$ 的刚度也达到钢的水平，但强度水平较低。

用无压渗透制备的金属基复合材料零件可以不用或进行少量的机加工，一般可作为强度要求低但需刚度好的零部件，如作汽车喷油嘴或制动装置的部件。

## 10.7.3 喷射沉积

喷射沉积工艺是一种 20 世纪 80 年代逐渐成熟的将粉末冶金与金属凝固两个过程相结合的新工艺。该工艺过程是将基体金属在坩埚中熔化后，在压力作用下通过喷嘴送入雾化器，在高速惰性气体射流的作用下，液态金属被分散为细小的液滴，形成所谓"雾化锥"；同时通过一个或多个喷嘴向"雾化锥"喷射入增强颗粒，使之与金属雾化液滴一齐在基板（收集器）上沉积并快速凝固形成颗粒增强金属基复合材料，如图10-6所示。

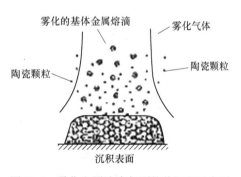

图 10-6　雾化金属液滴与颗粒共沉积示意图

该工艺与其他金属基复合材料制备工艺相比，有其独特的优越性。

（1）高致密度。直接沉积的复合材料密度一般可达到理论的 $95\% \sim 98\%$。

（2）属于快速凝固方法。冷速可达 $10^3 \sim 10^6$ K/s，因此金属晶粒及组织细化，消除了宏观偏析，合金成分均匀，同时增强材料与金属液滴接触时间短，很少或没有界面反应。

（3）具有通用性和产品多样性。该工艺适于多种金属材料基体，如高、低合金钢、铝及铝合金、高温合金等。同时可设计雾化器和收集器的形状和一定的机械运动，以直接形成盘、棒、管和板带等接近零件实际形状的复合材料的坯料。

（4）工艺流程短，工序简单，喷射沉积效率高，有利于实现工业化生产。该工艺与压铸、半固态复合铸造等工艺相比，雾化气体成本高，沉积速度较低。

### 10.7.4   原位复合

在金属基复合材料制备过程中往往会遇到增强材料与金属基体之间的相容性（即润湿性）问题，同时无论是固态法还是液态法，增强材料与金属基体之间的界面都存在界面反应。增强材料与金属基体之间的相容性往往影响金属基复合材料在高温制备和高温应用的性能和性能稳定性。如果增强材料（纤维、颗粒或晶须）能从金属基体中直接（即原位）生成，则上述问题可以得到较好的解决。因为原位生成的增强相与金属基体界面结合良好，不存在润湿和界面反应等问题，所以生成相的热力学稳定性好。这就是原位复合方法（In-situ coincidence method）。这种方法已在陶瓷基、金属间化合物基复合材料制备中得到应用。

目前开发的原位复合或原位增强方法主要有以下几种。

#### 10.7.4.1   共晶合金定向凝固法

共晶合金定向凝固法是由单晶和定向凝固制备方法衍生而来的，用此方法制备的材料称为定向凝固共晶复合材料。共晶合金定向凝固法要求合金成分为共晶或接近共晶成分。定向凝固时，参与共晶反应的 α 和 β 两相同时从液相中生成，其中一相以棒状（纤维状）或层片状规则排列生成。定向凝固共晶复合材料的原位生长必须满足三个条件：（1）有温度梯度（$G_L$）的加热方式；（2）满足平面凝固条件；（3）两相的成核和生长要协调进行。二元共晶材料的平面凝固条件是：

$$\frac{G_L}{R} \geqslant \frac{m_L(C_E - C_0)}{D_L} \tag{10-1}$$

式中    $G_L$——液相温度梯度；

$R$——凝固速度；

$m_L$——液相线斜率；

$C_E$——共晶成分；

$C_0$——合金成分；

$D_L$——溶质在液相中的扩散系数。

定向凝固共晶复合材料的组织是层片状还是棒状（纤维状）取决于共晶中含量较少的组元的体积分数 $X_f$，在二元共晶中当 $X_f$<32% 时呈纤维状，当 $X_f$>32% 时为层片状。

定向凝固共晶复合材料制备方法主要有精密铸造法、连续浇铸法、布里奇曼-斯托克布格尔法、区域熔炼法和丘克拉斯基法等。为了提高定向凝固设备的温度梯度，在上述方法中还有功率降低法（$G_L$ 为 30~50 ℃/cm）、快速凝固法（$G_L$ 约为 100 ℃/cm）、液态金属冷却法（$G_L$ 约为 300 ℃/cm）、流态床急冷法（$G_L$ 约为 300 ℃/cm）和区域熔炼液态金属冷却法（$G_L$ 约为 1200 ℃/cm）。

定向凝固共晶复合材料主要应用于航空透平机叶片，有三元共晶合金 Al-Ni-Nb，形成 α 和 β 相为 $Ni_3Al$ 和 $Ni_3Nb$；单变度共晶合金 C-Co-Cr，形成的 α 和 β 相分别为（Co,Cr）和（Cr,Co）$_7C_3$。此外定向凝固共晶复合材料可作为功能复合材料，主要应用于磁、电和热相互作用或叠加效应的压电、电磁和热磁等功能元器件，如 InSb-NiSb 定向凝固共晶复合材料可以制作磁阻无触点开关，不接触位置和位移传感器等。

定向凝固共晶材料在合金成分选定方面的选择余地较窄。

### 10.7.4.2　直接金属氧化法

直接金属氧化法（DIMOX™）是一种可以制备金属基复合材料和陶瓷基复合材料的原位复合工艺。

DIMOX™法根据是否有预成型体又可分为唯一基体法和预成型体法，两者原理相同。唯一基体法的特点是制备金属基复合材料的原材料中没有填充物（增强材料预成型体）和增强相，只是通过基体金属的氧化或氮化来获取复合材料。

唯一基体法中，例如需制备 $Al_2O_3/Al$，则可通过铝液的氧化来获取 $Al_2O_3$ 增强相。通常铝合金表面迅速氧化，形成一种内聚、结合紧密的氧化铝膜，这层氧化铝膜使得氧无法进一步渗透，从而阻止了膜下的铝进一步氧化。但在 DIMOX™工艺中，熔化温度上升到 $900\sim1300\ ℃$，远超过铝的熔点 $660\ ℃$。加入促进氧化反应的合金元素 Si 和 Mg，使熔化金属通过显微通道渗透到氧化层外边，并顺序氧化，即铝被氧化，但液铝的渗透通道未被堵塞。该工艺可以根据氧化程度来控制 $Al_2O_3$ 的量。如果这一工艺过程在几乎所有金属被氧化之前停止的话，则所制备的复合材料就是致密互连的 $Al_2O_3$ 陶瓷基复合材料含有 $5\%\sim30\%Al$（质量分数）。

除了可以直接氧化外，还可以直接氮化。通过 DIMOX™工艺还可以获得 AlN/Al，ZrN/Al 和 TiN/Ti 等金属基或陶瓷基复合材料。

当 DIMOX™工艺采用增强材料预成型体时，增强材料预成型体是透气的，金属基体可以通过渗透的氧或氮顺序氧（氮）化形成基体。

### 10.7.4.3　反应生成法

图 10-7 为反应生成法（XD™法）原理示意图。在 XD™工艺中，可以根据所选择的原位生成的增强相的类别或形态，选择基体和增强相生成所需的原材料，如一定粒度的金属粉末，硼或碳粉，按一定比例（反应要求）混合。当这种混合物制成预制体，加热到金属熔点以上或者自蔓延的反应发生的温度时，混合物的组成元素进行放热反应，以生成在基体中弥漫的微观增强颗粒、晶须和片晶等增强相。该工艺的关键技术是可以生成一种韧相，属于专利技术。例如，一定粒度的铝粉、钛粉和硼粉以一定比例混合成型、加热后反应生成 $TiB_2$，形成 $TiB_2$ 增强的铝基复合材料。

$$Al + Ti + B \longrightarrow TiB_2 + Al$$

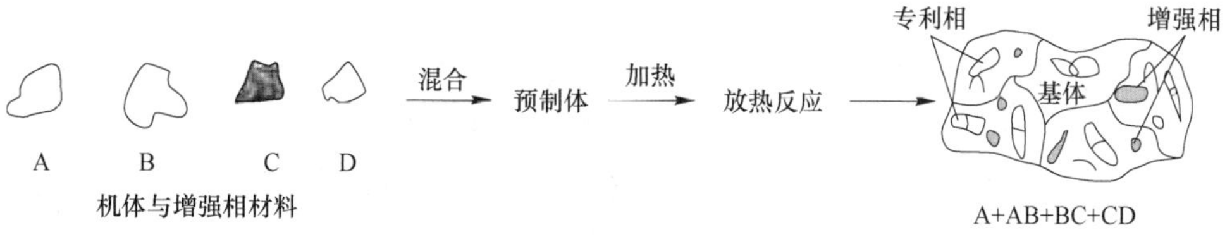

图 10-7　XD™工艺原理示意图

XD™法不仅可以用粉末反应生成复合材料，也可以在熔融的合金中导入参加反应的粉末或气体而生成复合材料。如在熔融的 Al-Ti 合金中导入载碳气体，反应生成 TiC，形成 TiC 增强铝基复合材料。

$$Al + Ti + C \longrightarrow TiC + Al$$

XD™工艺有如下特点：

（1）增强相是原位形成，具有热稳定性；

（2）增强相的类型、形态可以选择和设计；

（3）各种金属或金属间化合物均可作为基体；

（4）复合材料可以采用传统金属加工方法进行二次加工。

XD™材料包括 Al、Ti、Fe、Cu、Pb 和 Ni 基复合材料，还可以是 TiAl、$Ti_3Al$ 和 NiAl 等金属化合物基复合材料。增强相包括有硼化物、氮化物和碳化物等，其形态可以是颗粒、片晶和杆状，还可以原位生成晶须。

XD™复合材料可以经过挤压和轧制等二次加工形成锻件、挤压件、管材和叶片。

# 10.8  陶瓷基复合材料制备工艺

### 10.8.1  纤维增强陶瓷基复合材料的制备

纤维增强陶瓷基复合材料的性能取决于多种因素。从基体方面看，与气孔的尺寸及数量、裂纹的大小以及一些其他缺陷有关；从纤维方面来看，则与纤维中的杂质、纤维的氧化程度、损伤及其他固有缺陷有关；从基体与纤维的结合情况上看，则与界面的结合效果、纤维在基体中的取向以及基体与纤维的热膨胀系数差有关。正因为有如此多的影响因素，所以在实际中针对不同的材料，制作方法也会不同。

目前采用纤维增强陶瓷基复合材料的制备工艺主要有以下几种。

（1）泥浆烧铸法。泥浆烧铸法是在陶瓷泥浆中把纤维分散，然后浇铸在石膏模型中。这种方法比较古老，不受制品形状的限制，但对提高产品性能的效果不显著，成本低，工艺简单，适合于短纤维增强陶瓷基复合材料的制作。

（2）热压烧结法。热压烧结法是将长纤维切短（小于 3 mm），然后分散并与基体粉末混合，再进行热压烧结。这种短纤维增强体在与基体粉末混合时取向是无序的，但在冷压成型及热压烧结过程中，短纤维在基体压实与致密化过程中沿压力方向转动，导致在最终制得的复合材料中短纤维沿加压面择优取向，这也就产生了材料性能上一定程度的各向异性。这种方法制备的陶瓷基复合材料的纤维与基体之间的结合较好，是目前采用较多的方法。

（3）浸渍法。浸渍法适用于长纤维。首先把纤维编织成所需形状，然后用陶瓷泥浆浸渍，干燥后进行焙烧。这种方法的优点是纤维取向可自由调节，即前面所述的单向排布及多向排布等。缺点是不能制造大尺寸制品，而且所得制品的致密度较低。

下面介绍几种具体的纤维增强陶瓷基复合材料及制作过程。

（1）碳纤维增强氧化镁。以氧化镁为基体，碳纤维为增强体（体积分数为 10% 左右），在 1200 ℃进行热压成型获得复合材料，它的抗破坏能力比纯氧化镁高出 10 倍以上。但由于碳纤维与氧化镁的热膨胀系数相差一个数量级，所以这种复合材料具有较多裂纹，实用价值不大。

（2）石墨纤维增强 $LiO \cdot Al_2O_3 \cdot nSiO_2$。用石墨纤维作增强体，以氧化锂、氧化铝和石英组成的复盐为基体。把复盐先制成泥浆，然后使其附着在石墨纤维毡上，把这种毡片无规则地积层，并在 1375~1425 ℃热压 5 min，压强为 7 MPa。所得复合材料与基体材料相比耐力学冲击和耐热冲击。

（3）碳纤维增强无定型二氧化硅。基体为无定型二氧化硅，增强体为碳纤维，碳纤维的含量（质量分数）为 50%左右。这种复合材料沿纤维方向的弯曲模量可达 150GPa，而且在 800 ℃时仍能保持在 100 GPa，在室温和 800 ℃时的弯曲强度却达到了 300 MPa。在冷水和1200 ℃之间进行热冲击实验，基体没有产生裂纹。实验后测定的强度与实验前完全相同。冲击功为 $1.1 \text{ J/cm}^2$。

### 10.8.2　晶须与颗粒增韧陶瓷基复合材料的制备

晶须与颗粒的尺寸均很小，用它们进行增韧的陶瓷基复合材料的制造工艺是基本相同的。这种复合材料的制备工艺比长纤维复合材料简便得多，也不需像长纤维复合材料那样的纤维缠绕或编织用的复杂专用设备。只需将晶须或颗粒分散后并与基体粉末混合均匀，再用热压烧结的方法即可制得高性能的复合材料。

下面对这一工艺过程进行简单的介绍。与陶瓷材料相似，这种复合材料的制造工艺也可大致分为配料—成型—烧结—精加工等步骤，各步骤包含着相当复杂的内容，其产品质量不易控制。因此，随着材料的要求不断提高，这方面的研究还必将进一步深入。

#### 10.8.2.1　配料

高性能的陶瓷基复合材料应具有均质、孔隙少的微观组织。为此必须首先严格挑选原料。把几种原料粉末混合配成坯料的方法可分为干法和湿法两种。新型陶瓷领域混合处理加工的微米级、亚微米级粉末方法由于效率和可靠性等原因大多采用湿法。湿法主要以水作溶剂，但在氮化硅、碳化硅等非氧化物系原料混合时，为防止原料的氧化则使用有机溶剂。混合装置一般采用专用球磨机。为防止球磨过程中因磨球和内衬研磨下来的磨削作为杂质混入原料中，最好采用与原料材质相同的陶瓷球和内衬。

#### 10.8.2.2　成型

混好后的料浆在成型时有三种不同的情况：（1）经一次干燥制成粉末坯料后供给成型工序；（2）把结合剂添加于料浆中，不干燥坯料，保持浆状供给成型工序；（3）用压滤机将料浆状的粉脱水后成坯料供给成型工序。

把上述干燥粉料充入型模内，加压后即可成型。通常有金属模成型法和橡皮模成型法。金属模成型法的装置简单，成型成本低廉，但它的加压方向是单向的，粉末与金属模壁的摩擦力大，粉末间传递压力不太均匀，故易造成烧成后的生坯变形或开裂，只能适于形状比较简单的制件。橡皮模成型法是用静水压从各个方向均匀加压于橡皮模来成型，故不会发生生坯密度不均匀和具有方向性等问题。由于在成型过程中毛坯与橡皮模接触而压成生坯，故难以制成精密形状，通常还要用刚玉对细节部分进行修整。

另外，还有注射成型法、注浆成型法以及挤压成型法等，它们各有其特点，但也有其局限性。

#### 10.8.2.3　烧结

从生坯中除去黏合剂后的陶瓷素坯烧固成致密制品的过程称为烧结。烧结窑炉的种类繁多，按其功能可分为间歇式和连续式。前者是放入窑炉内生坯的硬化、烧结、冷却及制品取出等工序是间歇进行的。它不适于大规模生产，但适合处理特殊大型制品，且烧结条件灵活，窑炉价格也较便宜。连续窑炉适于大批量制品的烧结，由预热、烧结和冷却三部分组成。把装生坯的窑车从窑的一端以一定时间间歇推进，窑车沿导轨前进，沿着窑内设定的温度分布经预热、烧结、冷却过程后，从窑炉的另一端取出成品。

### 10.8.2.4 精加工

烧结后的许多制品还需进行精加工。精加工的目的是提高烧成品的尺寸精度和表面平滑性，前者主要用金刚石砂轮进行磨削加工，后者则用磨料进行研磨加工。

金刚石砂轮根据埋在金刚石磨粒之间的结合剂的种类不同，大致分为电沉积砂轮、金属结合剂砂轮、树脂结合剂砂轮等。电沉积砂轮的切削性能好但加工性能欠佳。金属结合剂砂轮对加工面稍差的制品也较易加工。树脂结合剂砂轮则由于强度低，耐热性差，适于表面的精加工。在实际磨削操作时，除选用砂轮外，还需确定砂轮的速度、切削量、给进量等各种磨削条件，才能获得好的结果。

# 10.9 碳/碳复合材料制备工艺技术

碳/碳复合材料是指以碳纤维或各种碳织物增强，或石墨化的树脂碳以及化学气相沉积（CVD）所形成的复合材料。碳/碳复合材料在高温热处理之后碳元素含量（质量分数）高于99%，故该材料具有密度低，耐高温，抗腐蚀，热冲击性能好，耐酸、碱、盐、耐摩擦磨损等一系列优异性能。此外，碳/碳复合材料的室温强度可以保持到2500 ℃，对热应力不敏感，抗烧蚀性能好，故该复合材料具有出色的机械特性，既可作为结构材料承载重荷，又可作为功能材料发挥作用，适于各种高温用途使用。因而它被广泛地应用于航天、航空、核能、化工、医用等各个领域。

## 10.9.1 碳/碳复合材料的发展

碳/碳复合材料是高技术新材料，自1958年碳/碳复合材料问世以来，经历了四个阶段：

（1）20世纪60年代——碳/碳工艺基础研究阶段，以化学气相沉积工艺和液相浸渍工艺的出现为代表；

（2）20世纪70年代——烧蚀碳/碳应用开发阶段，以碳/碳飞机刹车片和碳/碳导弹端头帽的应用为代表；

（3）20世纪80年代——碳/碳热结构应用开发阶段，以航天飞机抗氧化碳/碳鼻锥帽和机翼前缘的应用为代表；

（4）20世纪90年代——碳/碳新工艺开发和民用应用阶段，致力于降低成本，在高性能燃气涡轮发动机航天器和高温炉发热体等领域的应用。

由于碳/碳具有高比强度、高比刚度、高温下保持高强度，良好的烧蚀性能、摩擦性能和良好抗热震性能以及复合材料的可设计性，得到了越来越广泛的应用。当今，碳/碳复合材料在四大类复合材料中就其研究与应用水平来说，仅次于树脂基复合材料，优先于金属基复合材料和陶瓷基复合材料，已走向工程应用阶段。从技术发展看，碳/碳复合材料已经从最初阶段的两向碳/碳复合材料发展为三向、四向等多维碳/碳复合材料；从单纯抗烧蚀碳/碳复合材料发展为抗烧蚀-抗侵蚀和抗烧蚀-抗侵蚀-稳定外形碳/碳复合材料；从单功能材料发展为多功能材料。目前，碳/碳复合材料面对的最主要问题是抗氧化问题。

### 10.9.2 碳/碳复合材料的制备加工工艺

碳/碳复合材料的制备工艺为：碳纤维的选择→坯体的预制成型→坯体的致密化处理→碳/碳复合材料的高温热处理。

#### 10.9.2.1 碳纤维的选择

CF 的选择可以改变碳/碳复合材料的力学和热力学性能。纤维的选择主要依赖于成本、织物结构、性能及纤维的工艺稳定性。常用 CF 有三种，即人造丝 CF、聚丙烯腈（PAN）CF 和沥青 CF。

#### 10.9.2.2 坯体的预制成型

坯体的成型是指按产品的形状和性能要求先把 CF 预先成型为所需结构形状的毛坯，以便进一步进行碳/碳复合材料的致密化处理工艺。

短纤维增强的坯体成型方法有压滤法、浇铸法、喷涂法、热压法。连续长丝增强的坯体有两种成型方法：一是采用传统增强塑料的成型方法，预浸布、层压、铺层、缠绕等方法做成层压板，回旋体和异形薄壁结构；二是编织技术。

#### 10.9.2.3 坯体的致密处理化

碳/碳复合材料坯体致密化是向坯体中引入碳基体的过程，实质是用高质量的碳填满 CF 周围的空隙，以获得结构、性能优良的碳/碳复合材料。最常用的有液相浸渍工艺和化学气相沉积（CVD）工艺。

##### A 液相浸渍工艺

液相浸渍工艺是制造碳/碳复合材料的一种主要工艺，它是将各种增强坯体和树脂或沥青等有机物一起进行浸渍，并用热处理方法在惰性气体中将有机物转化为碳的过程。浸渍剂有树脂和沥青，浸渍工艺包括低压、中压和高压浸渍工艺。

###### a 基本原理

树脂、沥青含碳有机物受热后会发生一系列变化。以树脂为例：树脂体膨胀→挥发物（残余溶剂、水分、气体等）逸出→高分子链断，自由基形成→芳香化，形成苯环→芳香化结构→结晶化，堆积成平行碳层→堆积继续增长→无规则碳或部分石墨化碳。

###### b 树脂系统的选择

为使树脂在热解过程中尽可能多地转变为碳且不出现结构缺陷，要求树脂、沥青等含碳有机物应具备下列特性：

（1）残碳率高；

（2）碳化时应有低的蒸汽压；

（3）碳化不应过早地转变为坚硬的固态；

（4）固化后树脂、沥青的热变形温度高；

（5）固化、碳化时不易封闭坯体的孔隙通道。

c　液相浸渍法工艺

工艺过程是：浸渍→碳化→石墨化。经过这些过程后，碳/碳复合材料制品仍为疏松结构，内部含有大量孔隙空洞，需反复进行浸渍→碳化等过程使制品孔隙逐渐被充满，达到所需要的致密度。为了使含碳有机物尽可能多地渗入到纤维束中去，可采用加压浸渍→加压碳化工艺，如图10-8所示。

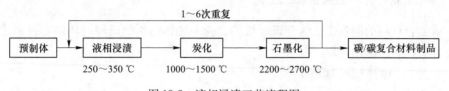

图 10-8　液相浸渍工艺流程图

液相浸渍法采用常规的技术容易制得尺寸稳定的制品，缺点是工艺繁杂、制品易产生显微裂纹、分层等。

B　化学气相沉积（CVD）工艺

CVD工艺是最早采用的一种碳/碳复合材料致密化工艺，其过程为把CF坯体放入专用CVD炉中，加热至所要求的温度，通入碳氢气体，这些气体分解并在坯体内CF周围空隙中沉积碳，如图10-9所示。

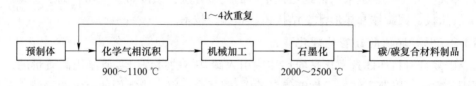

图 10-9　化学气相沉积工艺流程图

a　基本原理

碳氢气体（如$CH_4$、$C_2H_6$、$C_3H_3$、$C_2H_4$）等受热时，形成若干活性基，与CF表面接触时，就沉积出碳，以甲烷为例：

$$CH_4 + \Delta Q \longrightarrow C + 2H_2$$

其中，$\Delta Q$为裂解必需的、由外部加入的能量。

CVD法的优点是工艺简单，坯体的开口孔隙很多，增密的程度便于精确控制，易于获得性能良好的碳/碳复合材料。缺点是制备周期太长，生产效率很低。

b　CVD碳/碳复合材料的基本方法

CVD法包括等温法、热梯度法、压差法、脉冲法等。

（1）等温法。等温法是将坯体放在等温适压的环境下，让碳氢气体不断地从坯体表面流过，靠气体的扩散作用，反应气体进入样品孔隙内进行沉积，其特点是工艺简单，但周期长，制品易产生表面涂层，密度不高。

（2）热梯度法。热梯度法是在坯体内外表面形成一定温度差，让碳氢气体在坯体低温表面流过，依靠气体扩散作用，反应气体扩散进孔隙内进行沉积，反应气体先接触低温表面，样品里侧出现大量沉积，表面很少或不沉积，随着沉积过程的进行，坯体里侧被致密化，内外表面温差越来越小，沉积逐渐外移，最终得到里外完全致密的制品。此法周期较短，制品密度较高，但重复性差，不能在同一时间内沉积不同坯体和多个坯体，坯体的形状也不能太复杂。

（3）压差法。压差法是均热法的一种变化，是在沿坯体厚度方向上造成的一定的气体压力差，反应气体被强行通过多孔坯体。此法沉积速度快，沉积渗透时间较短，沉积的碳均匀，制品不易形成表面涂层。

（4）脉冲法。脉冲法改进了均热法，在沉积过程中，利用脉冲阀交替地充气和抽真空，抽真空过程有利于气体反应产物的排除。由于脉冲法能增加渗透深度，故适合于碳/碳复合材料后期致密化。

#### 10.9.2.4 碳/碳复合材料的高温热处理

根据使用要求，经常需要对致密化的碳/碳复合材料进行高温热处理，常用温度为1650~2800 ℃（如果温度超过2000 ℃也称石墨化处理），其目的是使碳/碳复合材料中的N、H、O、K、Na、Ca等杂质元素逸出；使碳发生晶格结构的变化，调节和改善某些性质；缓解沉积过程中形成的应力。制品在致密化过程中进行热处理，是为了开启其中的孔洞，形成便于进一步增密的结构。

### 10.9.3 碳/碳复合材料的性能

#### 10.9.3.1 物理性能

碳/碳复合材料在高温热处理后的化学成分，碳元素质量分数高于99%，像石墨一样，具有耐酸、碱和盐的化学稳定性。其比热容大，热导率随石墨化程度的提高而增大，线膨胀系数随石墨化程度的提高而降低等。

#### 10.9.3.2 力学性能

碳/碳复合材料的力学性能主要取决于碳纤维的种类、取向、含量和制备工艺等。单向增强的碳/碳复合材料，沿碳纤维长度方向的力学性能比垂直方向高出几十倍。碳/碳复合材料的高强高模特性来自碳纤维，随着温度的升高，碳/碳复合材料的强度不降反升，比室温下的强度还要高。强度最低的碳/碳复合材料的比强度也较耐热合金和陶瓷材料的高。

碳/碳复合材料的断裂韧性比碳材料高，表现为逐渐破坏。经表面处理的碳纤维与基体碳之间结合强度强，呈现脆性断裂。而未经表面处理的碳纤维与基体碳之间结合强度低，呈现非脆性断裂方式。

#### 10.9.3.3 热学及烧蚀性能

碳/碳复合材料导热性能好、热膨胀系数低，热冲击能力很强，可用于高温及温变较大的场合。较高的比热容适用于需要吸收大量能量的场合。

碳/碳复合材料是一种升华-辐射型烧蚀材料，且烧蚀均匀。通过表层材料的烧蚀带走大量的热，可阻止热流传入飞行器内部。

#### 10.9.3.4 摩擦磨损性能

碳/碳复合材料中碳纤维的微观组织为乱层石墨结构，其摩擦系数比石墨高，在高速高能量条件下摩擦升温高达1000 ℃以上时，其摩擦性能仍然保持平稳，这是它特有的。因此，碳/碳复合材料广泛应用于军用和民用飞机的刹车盘。

### 10.9.4　碳/碳复合材料的应用

根据碳/碳复合材料所具有的优异性能，碳纤维广泛应用于各领域中。

（1）先进飞行器上的应用，飞机的二次结构件，如垂尾、刹车片、方向舵等均采用碳纤维复合材料，航天飞机上的应用如图 10-10 所示。碳/碳复合材料还可用于导弹的鼻锥体、喷管、固体火箭的发动机等。

（2）体育休闲用品碳纤维的用量占总量的 80%，主要用在高尔夫球杆、钓鱼竿、羽毛球拍、乒乓球拍、赛艇、自行车等。

图 10-10　碳/碳复合材料
飞机刹车盘

（3）氧化纤维、碳纤维密封垫料是工业用碳/碳复合材料制品中用量最大的品种，主要用于发电厂、化工厂、化肥厂和油田等耐高压、耐腐蚀的泵和阀。

（4）在纺织工业领域，其中 30%～40% 的织机使用碳纤维剑杆头、剑杆带，这是因为碳纤维具有良好的耐磨性、刚性和导电性，能保证产品的几何尺寸稳定。

（5）刹车领域的应用，碳/碳复合材料制作的飞机刹车盘符合高性能刹车材料要求高比热容、高熔点以及高温下的强度要求，刹车盘的使用寿命是金属基的 5～7 倍，刹车力矩平稳，刹车时噪声小。现已广泛应用于赛车、火车和战斗机的刹车材料。

另外，碳纤维还应用于眼镜框、音响设备、医疗器械、人体医学、生物工程、建筑材料等领域。

# 10.10　其他复合材料制备工艺技术

### 10.10.1　高压水射流加工

在高压水射流（或统称水射流）加工中，由于水射流与工件之间的能量传递效率较低，故只能用于切割较软较薄的复合材料，而且切口坡形度较大，通常用来粗加工。

在单纯水射流加工基础上发展了磨料水射流（Abrasive-Waterjet）技术。它是在水流中加入细粒磨料，从而大大改善了射流与工件之间的能量传递，故可用磨料水射流技术来加工各种材料。

喷射压力、喷嘴直径、切割速度、材料种类与厚度等都对切割质量有一定影响。美国格鲁曼公司用不同的工艺参数做了大量试验，结果表明，喷嘴直径小，切削精度就高，材料厚度大，需要较大的喷嘴直径。由于硼纤维硬度大、强度高，在水射流的冲击下，纤维不是被切断，而是破碎，故在断开表面有伸出的短纤维头，显示切削质量较差。而凯夫拉纤维由于柔软，切削断面比较光滑。

现在，磨料水射流技术已越来越广泛地用来加工难以机械加工的材料，并逐渐被视作一种常规的加工技术。

为了适应切割各种类型材料和结构件的需要，国外研制了手提式和数控式水射流加工设备，近几年又开发出一种五轴全自动磨料水射流切削装置。

### 10.10.2　激光加工

近 20 多年来，激光加工已在制造业得到较大的发展。它可一次加工成型，适应性强，不存在刀具磨损问题。因此，激光材料加工一般比常规加工成本低。

以前激光主要用于加工金属、陶瓷、塑料和木基材料，近几年也成功地用来加工复合材料，主要是切削纤维增强树脂基复合材料，钢塑材料和纤维增强金属基复合材料，也用来钻削复合陶瓷。用激光焊接金属基复合材料也进行了研究。

激光切削的一个特点是切削效率与增强纤维的方向有密切关系。工件对激光束的热响应取决于切削方向。这一效应在碳纤维复合材料中表现得最明显。在该材料中，成分之间的热性能差异很大。用单向碳纤维板进行切削试验表明，当切削方向与纤维垂直时，热损失最大，切削速度最低。

用激光加工树脂基复合材料其切削表面出现的某些现象，如基体材料的热分解或纤维脱出，在加工金属或陶瓷材料时是不会出现的，由于纤维的热传导作用，在纤维（尤其是碳纤维）增强的树脂基复合材料切口上都有明显的肉眼可见的热影响区，并趋向于沿纤维排列方向扩展，在切削芳纶/环氧复合材料时，还会产生大量对人体有害的氰化氢气体。

### 10.10.3　超声波加工

超声波加工（简称超声加工）是一种新兴的加工方法，超声加工具有许多优点：既能加工导电材料，也能加工绝缘材料；材料硬度对加工工艺影响不大；可以加工复杂的三维型面，且加工速度与加工简单型面一样快；加工区域不存在热效应区；加工表面的化学性质和电性质不会发生变化。

超声加工技术一般用于玻璃、陶瓷及其复合材料的钻孔、铣槽和加工一些不规则型面的器件。超声加工在航空航天领域已应用于陶瓷复合材料涡轮叶片的冷却孔及金属基复合材料涡轮叶片的加工。

## 思 考 题

（1）复合材料有何性能特点？
（2）常见复合材料有哪几类？比较其用途和性能。
（3）描述碳/碳复合材料的制备过程。
（4）举例说明身边的复合材料及其制备工艺。

## 参 考 文 献

[1] 刘雄亚，谢怀勤.复合材料工艺及设备 [M].武汉：武汉理工大学出版社，2015.

[2] 冯小明，张崇才.复合材料 [M].重庆：重庆大学出版社，2007.

[3] 张锐，陈德良，杨道媛.玻璃制造技术基础 [M].北京：化学工业出版社，2009.

[4] 张东兴.聚合物基复合材料科学与工程 [M].哈尔滨：哈尔滨工业大学出版社，2018.

［5］陈文亮，王福平，雷晓晶，等．金属基复合材料的制备技术及应用发展［C］∥中国航空学会，2015.

［6］严春雷，刘荣军，曹英斌，等．超高温陶瓷基复合材料制备工艺研究进展［J］.宇航材料工艺，2012，42（4）：7-11.

［7］管映亭，金志浩．C/C复合材料致密化制备技术发展现状与前景［J］.固体火箭技术，2003，26（1）：59-63.